建筑识图与CAD

JIANZHU SHITU YU CAD

主　编　胡小玲　张　龙
副主编　黄琦兴　买海峰　杨丽敏　邓雅晴
　　　　阙光奇　苏　菊　梁　桃
参　编　黄玉秀　覃桂桃　胡　标　张馨尹
　　　　杨　靖　陈　萍　王思晴　李　莉
　　　　许业进　黄纬维

重庆大学出版社

内容提要

本书是校企合作教材，由企业技术精英及学校骨干教师合作编写而成。本书内容结合建筑领域高素质技术技能人才培养需求，以案例贯穿，实践性较强。本书包括六大模块，分别为建筑制图的基本知识、CAD绘图、建筑施工图识读与绘制、室内施工图识读与绘制、建筑电气施工图识读与绘制、打印出图等。本书引入典型的实践项目案例，采用"模块—任务"形式编写，逐层分析识图要求与重难点，逐步指导制图与识图，针对教学内容设置习题任务。

本书可作为高职高专建筑工程技术工程造价、工程管理、建筑装饰工程技术、建筑室内设计、建筑电气工程技术等专业的教学用书，也可作为工程技术人员的培训用书。

图书在版编目(CIP)数据

建筑识图与CAD / 胡小玲，张龙主编. -- 重庆 : 重庆大学出版社，2022.8

高等职业教育土建施工类专业教材

ISBN 978-7-5689-3414-5

Ⅰ. ①建… Ⅱ. ①胡… ②张… Ⅲ. ①建筑制图—识图—高等职业教育—教材②建筑设计—计算机辅助设计—AutoCAD软件—高等职业教育—教材 Ⅳ. ①TU2

中国版本图书馆CIP数据核字(2022)第127230号

高等职业教育土建施工类专业教材

建筑识图与CAD

主　编　胡小玲　张　龙

策划编辑：范春青

责任编辑：陈　力　　版式设计：范春青

责任校对：谢　芳　　责任印制：赵　晟

*

重庆大学出版社出版发行

出版人：饶帮华

社址：重庆市沙坪坝区大学城西路21号

邮编：401331

电话：(023) 88617190　88617185(中小学)

传真：(023) 88617186　88617166

网址：http://www.cqup.com.cn

邮箱：fxk@cqup.com.cn (营销中心)

全国新华书店经销

重庆魏承印务有限公司印刷

*

开本：787mm×1092mm　1/16　印张：16　字数：389千

2022年8月第1版　2022年8月第1次印刷

印数：1—2 000

ISBN 978-7-5689-3414-5　定价：42.00元

前　言

CAD 广泛应用于土木建筑、装饰装潢、城市规划、园林设计、电子电路、机械设计、服装设计等众多领域。建筑 CAD 在我国的建筑工程设计领域占据着重要地位，其影响力无处不在。“建筑 CAD”“建筑识图与 CAD”等课程是建筑工程类、艺术设计类专业的必修课，目的是使学生能够掌握建筑识图知识及制图技术技巧，能在工作中熟练运用 CAD 绘图工具，提高设计效率，适应行业需求与社会发展。

本书由企业一线技术精英及高校多位骨干教师共同编写而成，凝聚了编者们丰富的教学和企业实践、技能竞赛指导等经验。本书围绕企业典型案例，以任务导向的方法，引导初学者建立学习兴趣，提高对建筑专业知识的认知能力，提高项目训练的技术运用能力，满足就业岗位人才素质与技能需求。

模块化教学是以现场教学为主、以技能培训为核心的一种教学模式，不但注重知识的传授，更注重知识的应用，要求教师精选教学任务，提前做好准备。本教材的特色是每个模块均采用“任务为主线、教师为引导、学生为主体”的结构形式，以典型案例作为载体，以任务推进教学进程。

本书结合建筑专业特点，通过多个典型案例及教学任务，将建筑制图的基本知识与建筑 CAD 结合在一起，将理论与实践相结合。

本书在编写过程中主要突出下述几个特点：

(1) 每个任务后面均附有相应的习题，使学生可以通过练习检验学习的效果。

(2) 注重专业技能，依托项目教学将专业课程的基本技能要求逐步展开，尽可能与实际工作相结合。

(3) 本书选取实际工程施工图案例，学生通过完成任务来掌握绘图方法与绘图技巧。

本书由胡小玲进行整体设计、分工组织与统筹安排，张龙协助修改完善。各章节编写分工如下：模块 1 由胡小玲（广西电力职业技术学院）、苏菊（广西电力职业技术学院）编写，模块 2 由杨丽敏（广西理工职业技术学院）编写，模块 3 由买海峰（北海职业学院）、张龙（南宁职业技术学院）、黄琦兴（广西昇合工程设计咨询有限公司）、阙光奇（广西职业技术学院）合作编写，模块 4 由张龙（南宁职业技术学院）编写，模块 5 由邓雅晴（广西电力职业技术学院）编写，模块 6 由梁桃（广西电力职业技术学院）编写。在此，感谢以上团队成员的努力。

另外，感谢广西理工职业技术学院黄玉秀、覃桂桃，广西商业技师学院胡标、张馨尹，广西电力职业技术学院杨靖、陈萍、王思晴、李莉、许业进、黄纬维等教师对本书提出的修改建议。

由于编者水平有限，书中难免存在疏漏之处，恳请广大读者提出宝贵意见，在此表示衷心的感谢！

胡小玲

2022 年 4 月

目　录

模块 *1*

建筑制图的基本知识

任务1　国家制图标准基本规定及应用

任务目标

知识目标:

(1)了解国家有关建筑制图方面的相关规范要求。

(2)了解图幅、图线、字体、比例、尺寸标注的规范规定。

(3)了解建筑制图的绘制过程和步骤。

能力目标:

掌握建筑制图的基本知识。

任务情境

随着智能建筑的发展,建筑 CAD 软件在房屋建筑设计中起着不可或缺的作用。在设计的领域中,只有遵循统一的规范和基本制图标准,才能让设计与规范相统一。本模块从建筑制图的基本标准出发,详细学习包括图幅、图线、字体、比例、尺寸标注的规范规定。

1.1　图幅、标题栏及会签栏

1.1.1　图幅

图纸的幅面是指图纸宽度与长度组成的图面;图框是指在图纸上绘图范围的界线。图纸幅面及图框尺寸应符合表 1.1 的规定,对应的图纸大小如图 1.1 所示。一般 A0 ~ A3 图纸宜横式使用,必要时也可立式使用。

表 1.1　幅面及图框尺寸　　(单位:mm)

幅面代号	尺寸代号				
	A0	A1	A2	A3	A4
$b \times l$	841×1 189	594×841	420×594	297×420	210×297
c	10			5	
a	25				

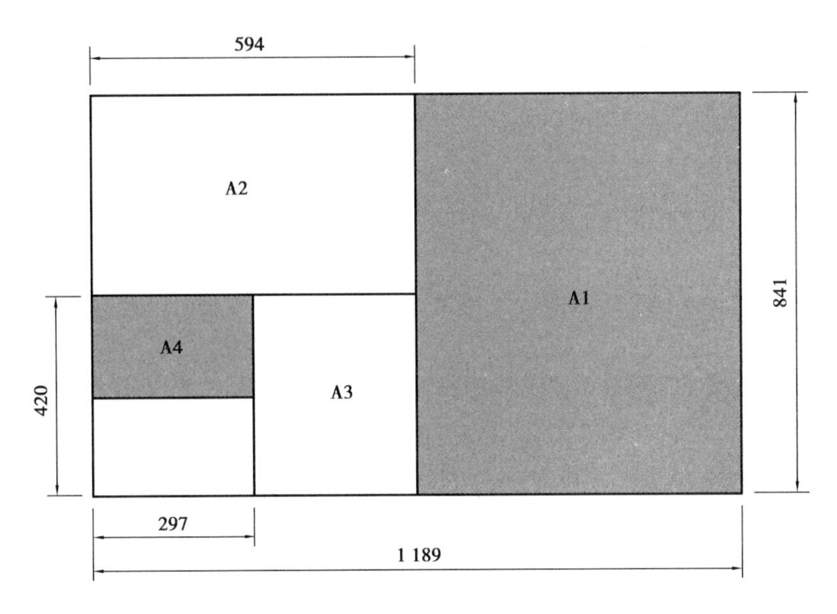

图 1.1 图纸幅面尺寸

图纸的短边一般不应加长，A0，A3 幅面长边尺寸可加长，但应符合表 1.2 的规定。

表 1.2 图纸长边加长尺寸 （单位：mm）

幅面代号	长边尺寸	长边加长后尺寸
A0	1 189	1 486，1 783，2 080，2 378
A1	841	1 051，1 261，1 471，1 682，1 892，2 102
A2	594	743，891，1 041，1 189，1 338，1 486，1 635，1 783，1 932，2 080
A3	420	630，841，1 051，1 261，1 471，1 682，1 892

注：有特殊需要的图纸，可采用 $b \times l$ 为 841 mm×891 mm 与 1 189 mm×1 261 mm 的幅面。

1.1.2 图纸形式

《房屋建筑制图统一标准》（CB/T 50001—2017）对图纸标题栏、图框线、幅面线、装订边线、对中标志和会签栏的尺寸、格式和内容都有规定。A0 ~ A3 图纸宜采用横式，必要时也可以采用立式。横式图纸如图 1.2、图 1.3 所示，立式图纸应按照图 1.4、图 1.5 所示形式进行布置。

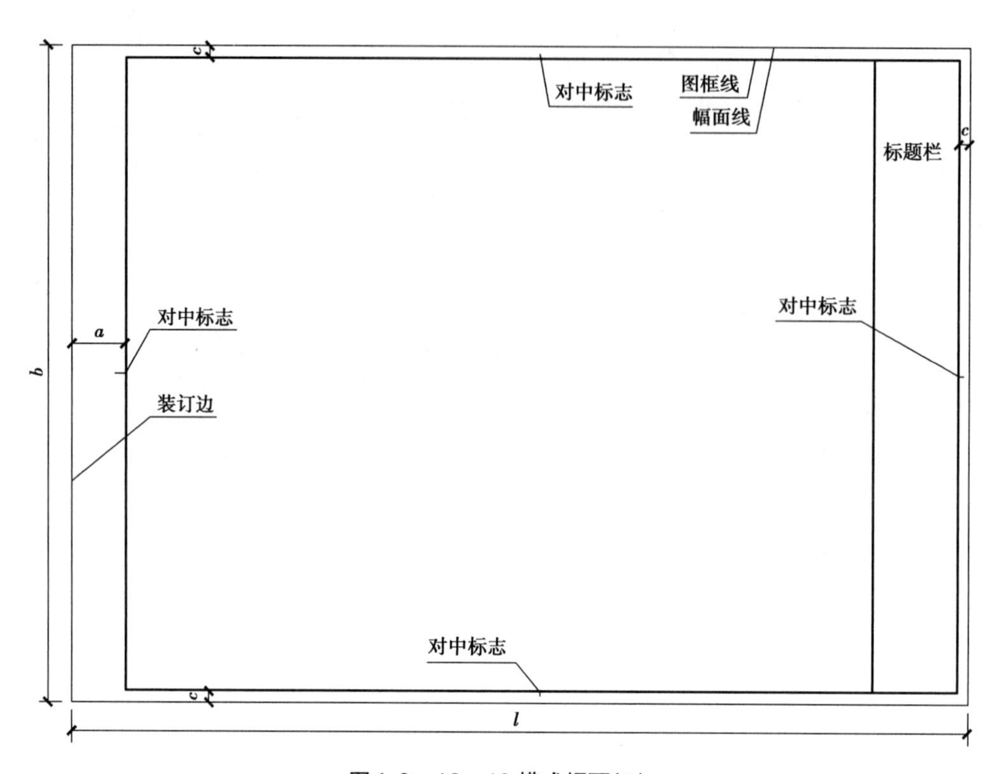

图 1.2　A0 ~ A3 横式幅面(1)

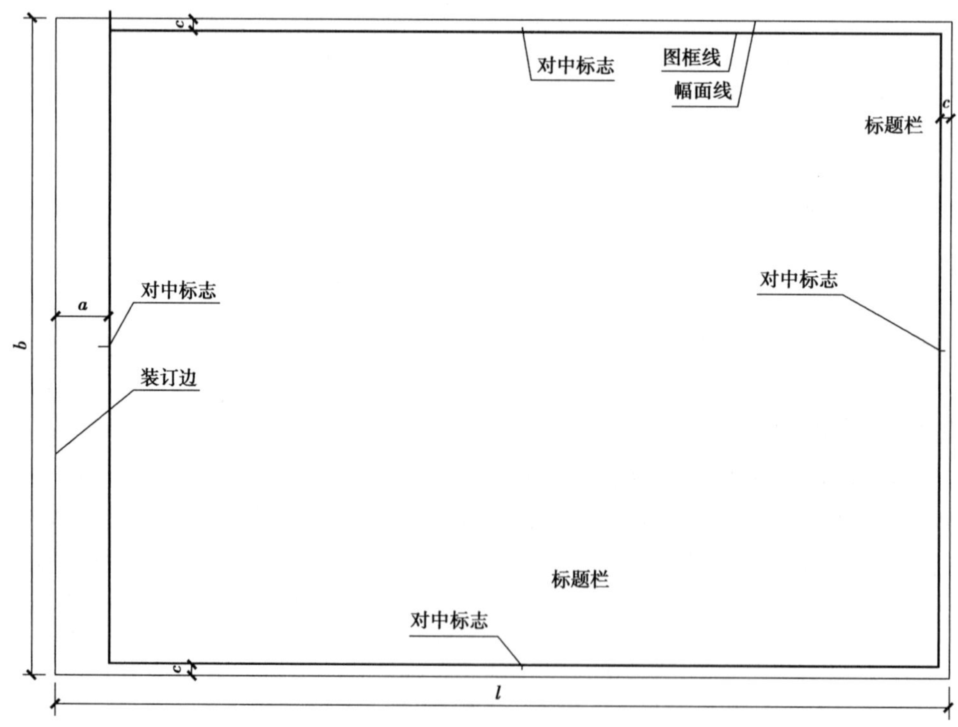

图 1.3　A0 ~ A3 横式幅面(2)

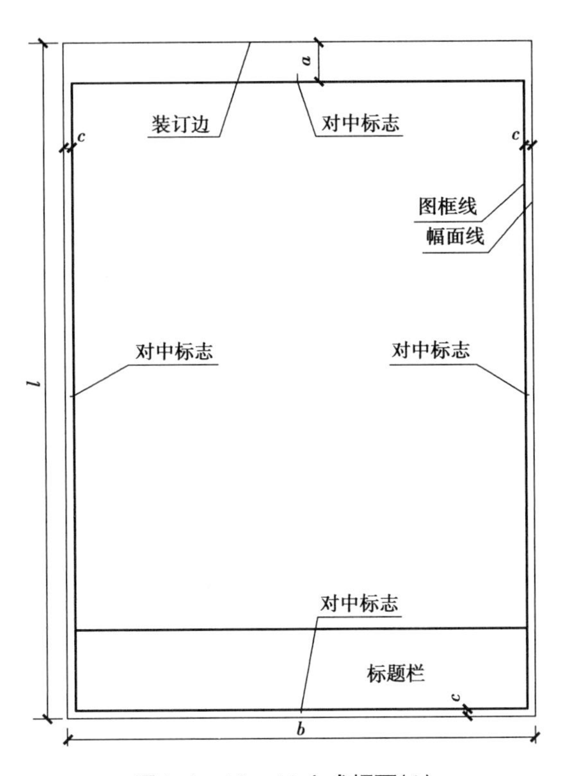

图 1.4　A0～A4 立式幅面(1)

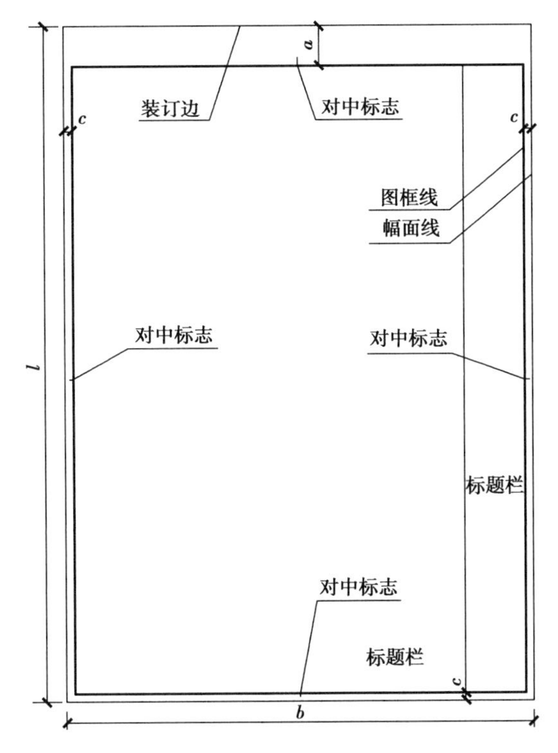

图 1.5　A0～A4 立式幅面(2)

1.1.3 标题栏及会签栏

在每张施工图中,为了方便查阅图纸,图纸右下角都有标题栏。学生制图作业的标题栏可自行设计,图 1.6 所示为学生制图作业的标题栏。会签栏则是各专业工种负责人签字区,一般位于图纸的左上角图框线外,形式如图 1.7 所示。标题栏主要以表格形式表达本张图纸的一些属性,如设计单位名称、工程名称、图样名称、图样类别、编号以及设计、审核、负责人的签名,如涉外工程应加注“中华人民共和国”字样。图 1.8、图 1.9 所示为企业常用制图标题栏。

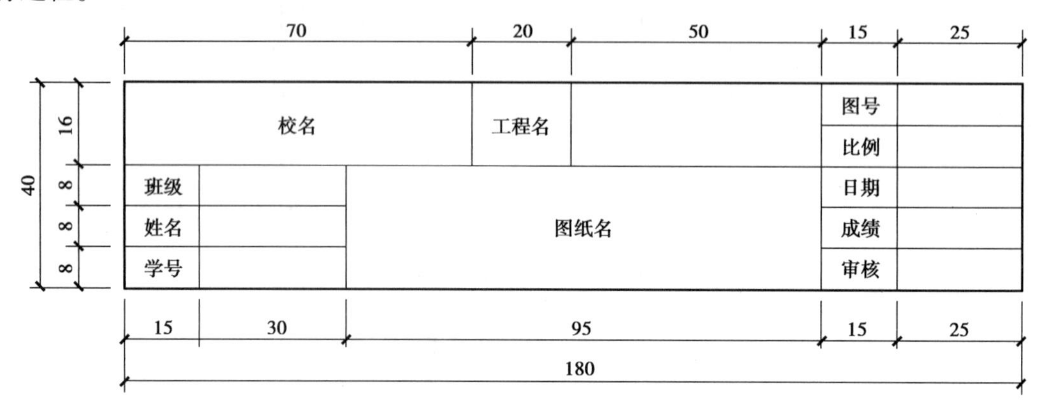

图 1.6　学生作业标题栏

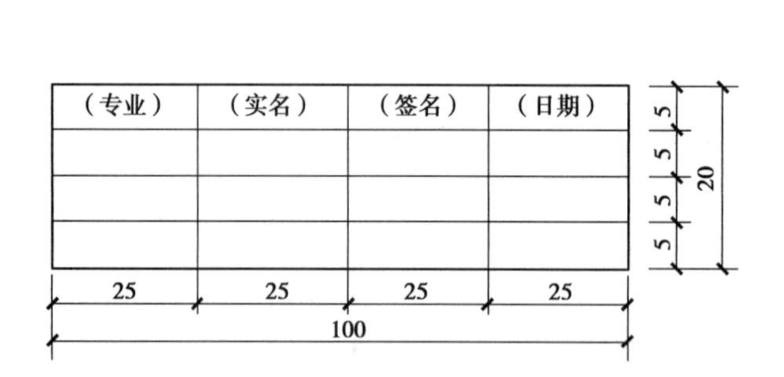

图 1.7　会签栏

建设单位名称
注册师签章
项目经理
修改记录
工程名称区
图号区
签字区
会签栏

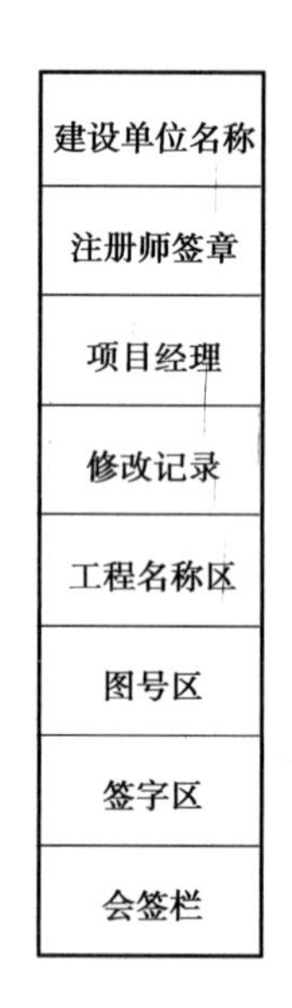

图 1.8　企业制图标题栏

建设单位名称	注册师签章	项目经理	修改记录	工程名称区	图号区	签字区	会签栏

图 1.9　企业制图标题栏

1.2 图线

1.2.1 线宽与线型

图纸上所画的线由各种不同图线组成。图线的宽度 b 宜从 1.4、1.0、0.7、0.5、0.35、0.25、0.18、0.13 mm 线宽系列中选取。图线宽度不应小于 0.1 mm，每个图样，应根据复杂程度与比例大小，先选定基本线宽 b，再选用表 1.3 中相应的线宽组。

表 1.3 线宽组 （单位：mm）

线宽比	线宽组			
b	1.4	1.0	0.7	0.5
$0.7b$	1.0	0.7	0.5	0.35
$0.5b$	0.7	0.5	0.35	0.25
$0.25b$	0.35	0.25	0.18	0.13

任何工程图样都是采用不同的线型与线宽的图线绘制而成的。工程建设制图中的各类图线的线型、线宽及用途见表 1.4。

表 1.4 线型、线宽及用途

名称		线型	线宽	一般用途
实线	粗		b	主要可见轮廓线
	中粗		$0.7b$	可见轮廓线
	中		$0.5b$	可见轮廓线、尺寸线、变更云线
	细		$0.25b$	图例填充线、家具线
虚线	粗		b	见各相关专业制图标准
	中粗		$0.7b$	不可见轮廓线
	中细		$0.5b$	不可见轮廓线、图例线
	细		$0.25b$	图例填充线、家具线
单点长面线	粗		b	见各相关专业制图标准
	中		$0.5b$	见各相关专业制图标准
	细		$0.25b$	中心线、对称线、轴线等
双点长画线	粗		b	见各相关专业制图标准
	中		$0.5b$	见各相关专业制图标准
	细		$0.25b$	假想轮廓线、成型前原始轮廓线
折断线	细		$0.25b$	断开界线
波浪线	细		$0.25b$	断开界线

同一张图纸内，相同比例的各图样应选用相同的线宽组。图纸的图框和标题栏线可采用表 1.5 的线宽。

表 1.5　图框线、标题栏线的宽度　（单位：mm）

幅面代号	图框线	标题栏外框线	标题栏分格线
A0、A1	b	0.5b	0.25b
A2、A3、A4	b	0.7b	0.35b

1.2.2　图线的画法

在图线与线宽确定后，具体画图时还应注意如下事项。

①相互平行的图例线，其净间隙或线中间隙不宜小于 0.2 mm。

②虚线的线段长度和间隔宜各自相等。

③单点长画线或双点长画线，当在较小图形中绘制有困难时，可用实线代替。

④单点长画线或双点长画线的两端不应是点。点画线与点画线交接点或点画线与其他图线交接时，应是线段交接。

⑤虚线与虚线交接或虚线与其他图线交接时，也应是线段交接。虚线为实线的延长线时，不得与实线相接。

⑥图线不得与文字、数字或符号重叠，不可避免时，应首先保证文字清晰。

各种图线正误画法示例见表 1.6。

表 1.6　各种图线正误画法示例

注意事项	图例	
	正确	错误
点画线相交时，应以长画线相交，点画线的起始与终了不应为点	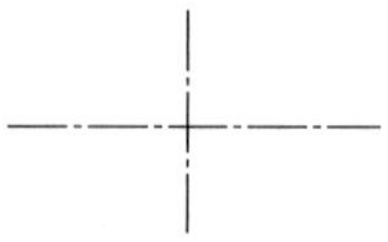	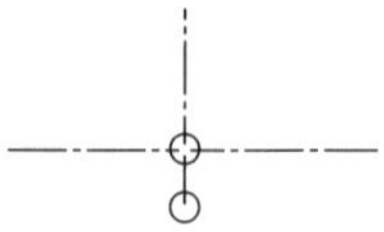
虚线与虚线相交或与其他垂直线相交，在垂直处不应留有空隙	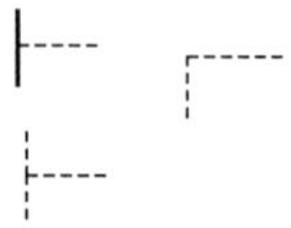	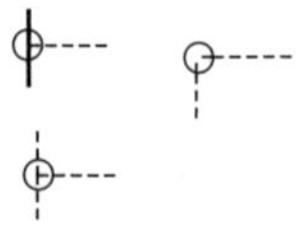
虚线为实线的延长线时，不得以短画相交，应留有空隙，以表示两种图线的分界	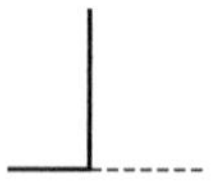	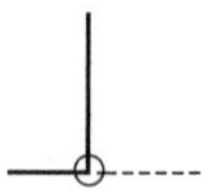

提示：在同一张图纸内，相同比例的各个图样，应采用相同的线宽组。图线不得与文字、数字或符号重叠、混淆，不可避免时，应首先保证文字清晰。

1.3　字体

图纸上所需书写的汉字、数字、字母、符号等必须做到：笔画清晰、字体端正、排列整齐、间隔均匀；标点符号应清楚正确。

字体的号数即为字体的高度 h，文字的高度应从表 1.7 中选用。字高大于 10 mm 的文字宜采用 TRUETYPE 字体,如需书写更大的字,其高度应按倍数递增。

表 1.7 文字的高度

字体种类	中文矢量字体	TRUETYPE 字体及非中文矢量字体
字高	3.5,5,7,10,14,20	3,4,6,8,10,14,20

图样及说明中的汉字,宜采用长仿宋体(矢量字体)或黑体,同一图纸字体种类不应超过两种。长仿宋体的宽度与高度的关系应符合表 1.8 的规定,黑体字的宽度与高度应相同。大标题、图册封面、地形图等的汉字,也可书写成其他字体,但应易于辨认。长仿宋字的书写要领是横平竖直、注意起落、填满方格、结构匀称。长仿宋字体示例如图 1.10 所示。

表 1.8 长仿宋高宽关系

字高	20	14	10	7	5	3.5
字宽	14	10	7	5	3.5	2.5

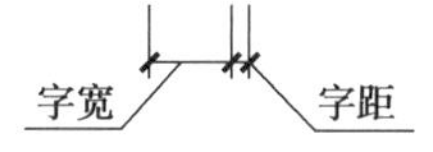

图 1.10 长仿宋字体示例

1.4 比例

在建筑工程图中,图样的比例应为图形与实物相对应的线性尺寸之比。比例=图线画出的长度/实物相应部位的长度。比例的大小是指其比值的大小,如 1∶50 大于 1∶100。比值大于 1 的比例,称为放大的比例,如 5∶1;比值小于 1 的比例,称为缩小的比例,如 1∶100。

采用不同比例绘制窗的立面图,如图 1.11 所示,图样上的尺寸标注必须为实际尺寸。

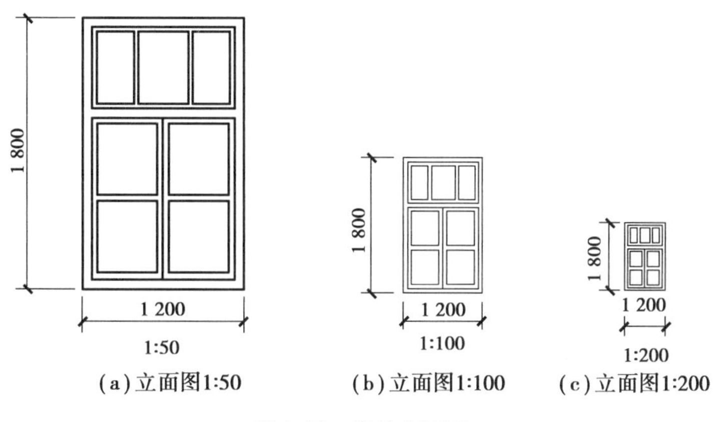

(a)立面图1:50 (b)立面图1:100 (c)立面图1:200

图 1.11 窗的立面图

建筑工程图中所用的比例，应根据图样的用途与被绘对象的复杂程度从表1.9中选用，并应优先选用表中的常用比例。比例宜注写在图名的右侧，字的底线应取平齐，比例的字高应比图名字高小一号或两号，如图1.12所示。

系统图　1:100　　⑤ 1:20

图1.12　比例的注写

表1.9　绘图所用的比例

常用比例	1∶1,1∶2,1∶5,1∶10,1∶20,1∶30,1∶50,1∶100,1∶150,1∶200,1∶500,1∶1 000,1∶2 000
可用比例	1∶3,1∶4,1∶6,1∶15,1∶25,1∶40,1∶60,1∶80,1∶250,1∶300,1∶400,1∶600,1∶5 000,1∶10 000,1∶20 000,1∶50 000,1∶100 000,1∶200 000

1.5　尺寸标注

1.5.1　尺寸的组成

图样上的尺寸单位，除标高及总平面图以m为单位外，均必须以mm为单位。尺寸标注如图1.13所示，图样上的尺寸应包括尺寸线、尺寸界线、尺寸起止符号和尺寸数字4个要素。

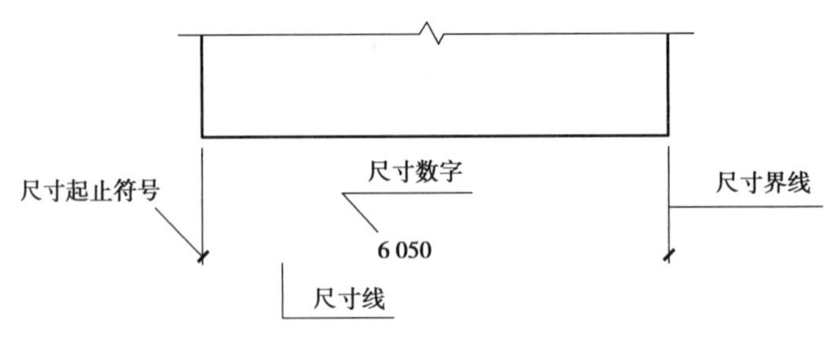

图1.13　尺寸的组成

尺寸线、尺寸界线用细实线绘制。

尺寸起止符号一般用中实线的斜短线绘制，其倾斜的方向应与尺寸界线成顺时针45°角，长度宜为2～3 mm。

1.5.2　建筑制图标注的基本规定

尺寸标注注意事项见表1.10。

表1.10　尺寸标注注意事项

项目	说　明	图　例
总则	1. 完整的尺寸，由下列内容组成： ①尺寸线（细实线） ②尺寸界线（细实线） ③尺寸数字 ④尺寸起止符号（中粗线） 2. 实物的真实大小，应以图上所注尺寸数据为依据，与图形的大小无关 3. 图样上的尺寸单位，除标高及总平面图以m为单位外，均必须以mm为单位	尺寸界线 尺寸线 尺寸起止符号 尺寸数字 900　1 500　900 3 300 3 540 >2 >10 7~10 7~10 45°，长2~3

续表

项目	说　明	图　例
尺寸数字	尺寸的数字应按照(a)写,并避免在涂饰30°范围内标注尺寸,当无法避免时,可以按照(b)形式标注	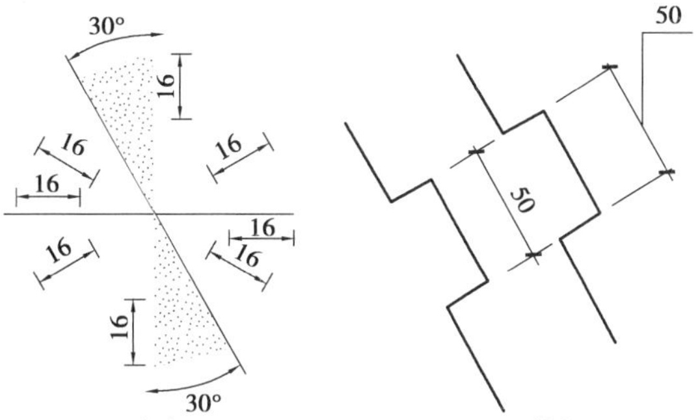 (a)　(b)
	尺寸数字的读图方向应按规定标注;尺寸数字应根据其读数方向写在尺寸线的上方中部,如没有足够的注写位置,最外面的数字可注写在尺寸界线的外侧,中间相邻的尺寸数字可错开注写,也可引出注写	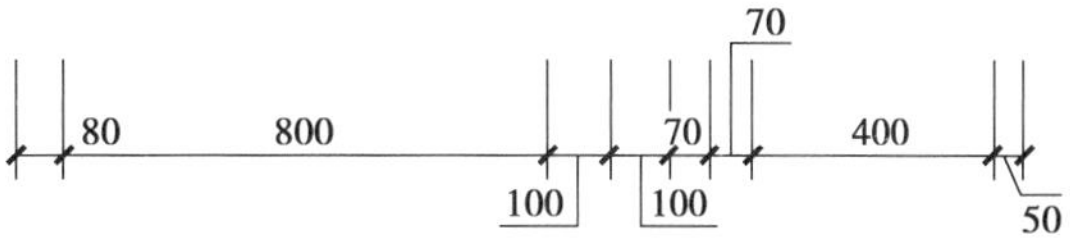
	任何图线不得与尺寸数字相交,如果不可避免时,应将图断开	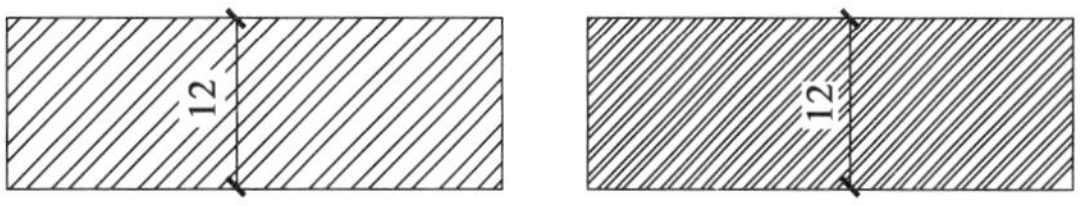 (a)正确　(b)错误
直径与半径	尺寸界线用圆及圆弧的轮廓线代替 尺寸线应通过圆心,尺寸线起止符号采用箭头符号和圆心表示 圆及圆弧的尺寸数字是以直径和半径的长度来表示	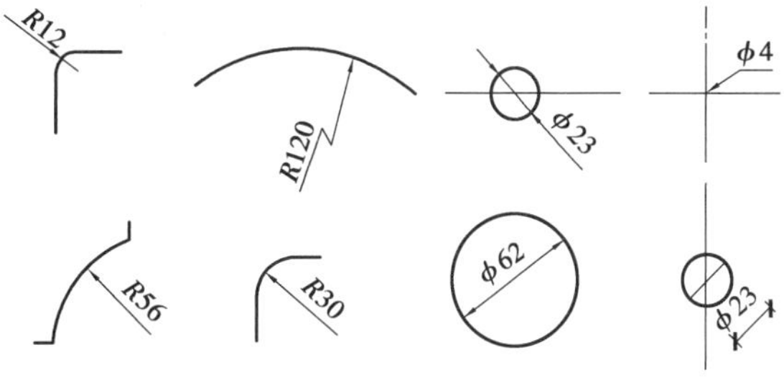
角度与弧	角度(a)、弧(b)、弧长(c)尺寸的标注所示	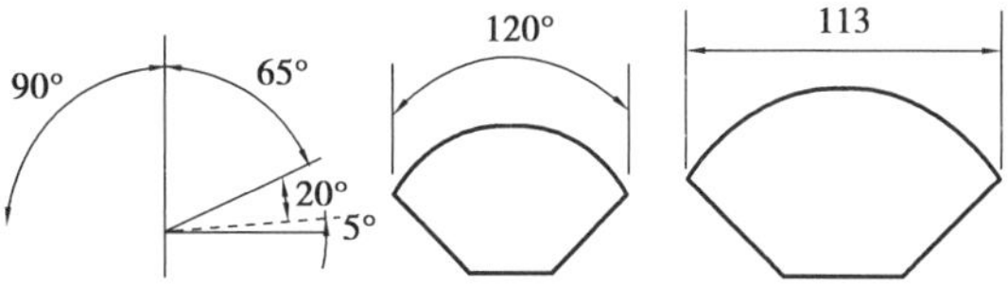 (a)　(b)　(c)

1.5.3　其他正确与错误的标注尺寸方式

尺寸正确与错误的绘制方式见表1.11。

表 1.11　尺寸正确与错误的绘制方式

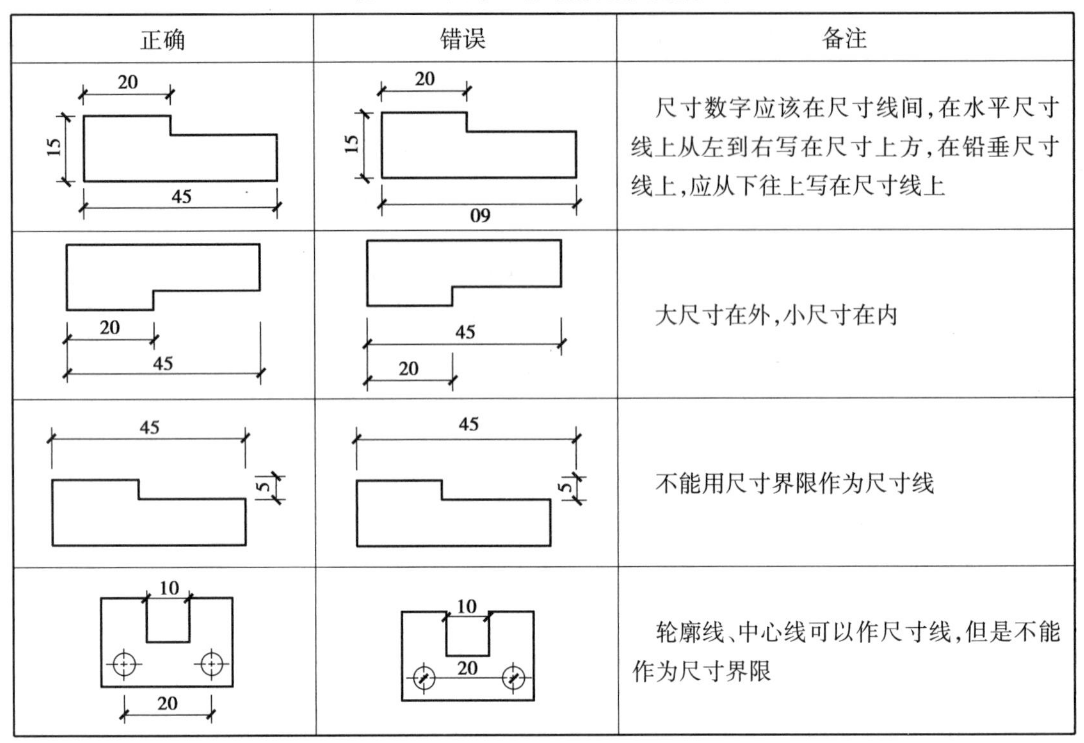

正确	错误	备注
		尺寸数字应该在尺寸线间，在水平尺寸线上从左到右写在尺寸上方，在铅垂尺寸线上，应从下往上写在尺寸线上
		大尺寸在外，小尺寸在内
		不能用尺寸界限作为尺寸线
		轮廓线、中心线可以作尺寸线，但是不能作为尺寸界限

1.6　标高

室内及工程形体的标高符号应用直角等腰三角形表示，用细实线绘制，一般以室内一层地坪高度作为标高的相对零点位置，低于该点时前面要标上负号，高于该点时不加任何符号。室外标高用黑色的实心三角标表示，如图 1.14、图 1.15 所示。

图 1.14　室内标高　　图 1.15　地面标高

标高符号的尖端应指至被标注高度的位置。尖端一般应向下，也可向上。标高数字应注写在标高符号的左侧或右侧。在相同的同一位置需表示几个不同标高时，标高数字可按图 1.16 所示形式注写。

注意：

①低于相对标高的标高注写应在前面负号，高于相对标高时，不添加任何符号，如图 1.17 所示。

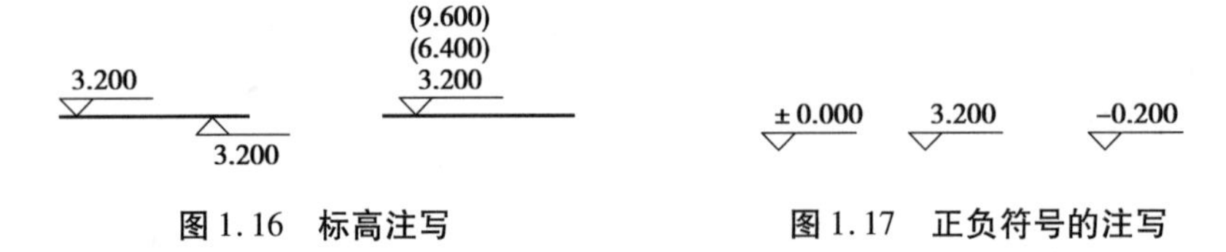

图 1.16　标高注写　　图 1.17　正负符号的注写

②标高的单位为 m,标注到小数点后 3 位。

③标高符号的尖端应指至被标注高度的位置,尖端位置要明确,不要落在边线上。

1.7 其他常用符号

1.7.1 剖切符号

剖切符号应标注在±0.000 标高的平面图或首层平面图上,并同时注上编号。剖面图的名称要用其编号来命名,如 1—1 剖面图,2—2 剖面图。

剖切符号的有关规定为:

①剖切符号应由剖切位置线及投影方向线组成。剖切符号用粗实线绘制,剖切位置线长 6 ~8 mm,方向线为 4 ~6 mm。长边代表切的方向,短边代表投影的方向,剖切符号不应与其他线相接触,如图 1.18 所示。

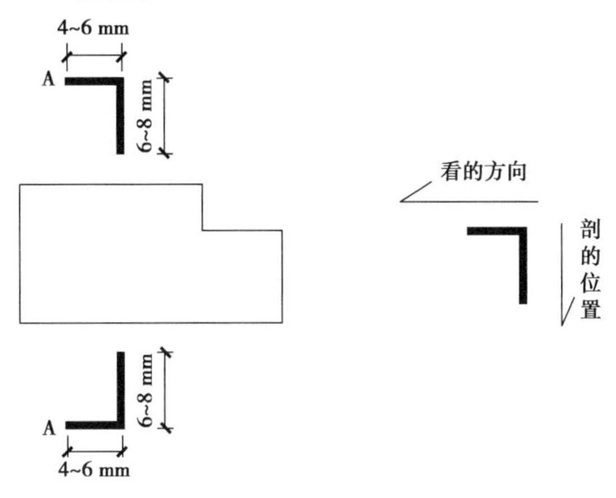

图 1.18 剖切符号的画法

②剖切符号的编号采用阿拉伯数字。

③需要转折的剖切位置线,应在转角的外侧注明与该符号相同的编号,如图 1.19 所示。

④断面的剖切符号应仅用剖切位置线表示,其编号应注写在剖切位置线的一侧;编号所在的一侧应为该断面的剖视方向,其余同剖切面的剖切符号,如图 1.20 所示。

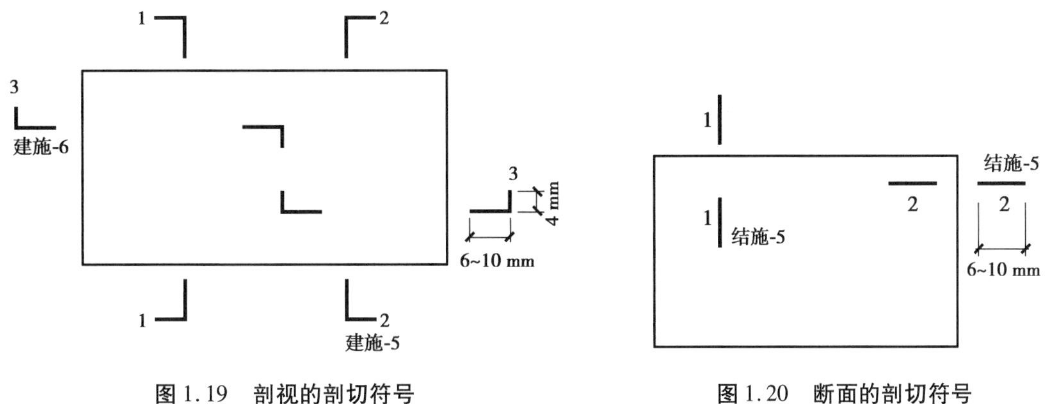

图 1.19 剖视的剖切符号

图 1.20 断面的剖切符号

⑤当与被剖切图样不在同一张图内时,应在剖切位置线的另一侧注明其所在图纸的编

号,也可以在图上集中说明,如“建施-5”。

注意:平面图中标识好剖切符号后,应在剖面图的下方标明相对应的剖面图名称,如1—1剖面图等。剖面图的剖切符号范例,如图1.21所示。

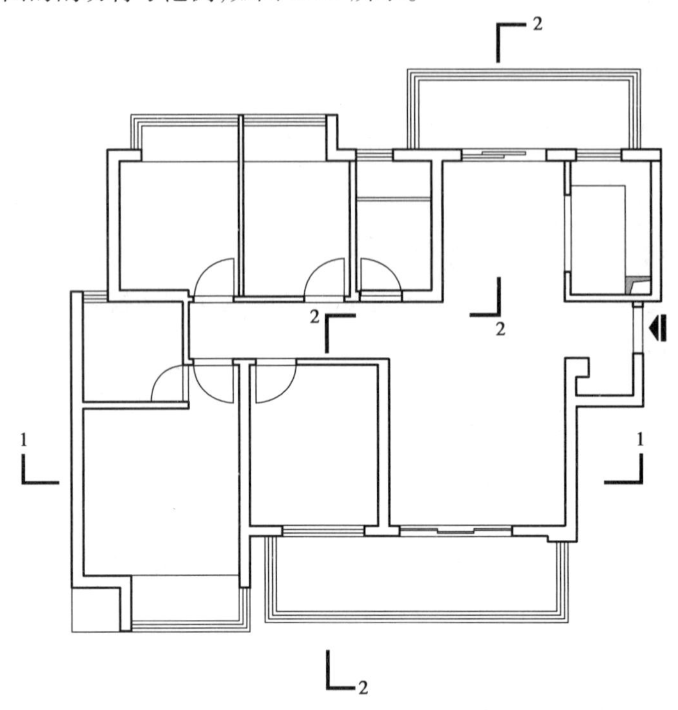

图1.21 平面图上剖切符号的应用

1.7.2 索引符号

建筑平面图、立面图、剖面图是房屋建筑施工的主要图样,它们已将房屋的整体形状、结构、尺寸等表示清楚,但由于画图的比例较小,许多局部的详细构造、尺寸、做法及施工要求在图上都无法注写、画出。为了满足施工需要,房屋的某些部位必须绘制较大比例的图样才能清楚地表达。这种对建筑的细部或构配件,用较大的比例将其形状、大小、材料和做法,按正投影图的画法,详细地表示出来的图样,称为建筑详图,简称详图。

详图可以是平、立、剖面图中的某一个局部放大图(大样图),也可以是某一断面、某一建筑的节点。

为了清楚地对这些图进行编号,需要清晰标示出索引符号及详图符号。索引符号的圆及水平直径均应用细实线表示,圆的直径为8~10 mm。

索引符号编写应符合下述规定:

①当索引出的详图与被索引的详图同在一张图纸内时,应在索引符号的上半圆中用阿拉伯数字注明该详图的编号,并在下半圆中间画一段水平细实线,如图1.22所示。

②当索引出的详图与被索引的详图不在同一张图纸中时,应在索引符号的上半圆中用阿拉伯数字注明该详图的编号,在索引符号的下半圆用阿拉伯数字注明该详图所在图纸的编号,如图1.23所示。数字较多时,可加文字标注。

③索引出的详图,如果采用标准图,则应在索引符号水平直径的延长线上加注标准图册

的编号。

④当索引符号用于索引剖视详图时,应在被剖切部位绘制剖切位置线,并以引出线引出索引符号,引出线所在的一侧应绘制剖切位置线,并以引出线引出索引符号,引出线所在的一侧应为剖视方向。剖切线为 10 mm 粗实线,如图 1.24 所示。

⑤零件、钢筋、杆件及消火栓、配电箱、管井等设备的编号宜以直径为 4 ~ 6 mm 的圆表示,圆线为细实线,编号为阿拉伯数字按顺序编写,如图 1.25 所示。

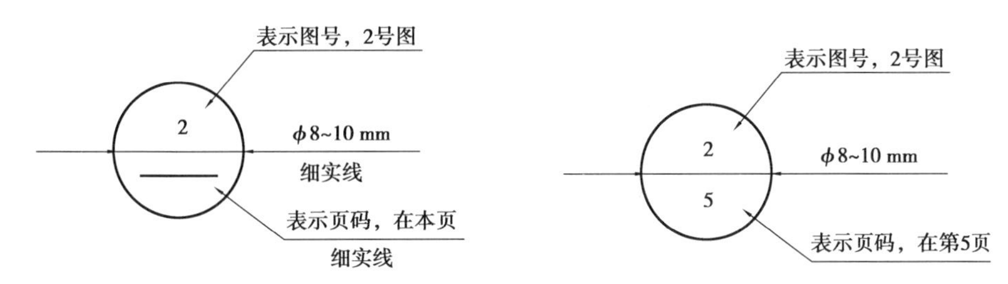

图 1.22 索引出的详图与被索引的详图同在一张图纸内

图 1.23 索引出的详图与被索引的详图不在同一张图纸中

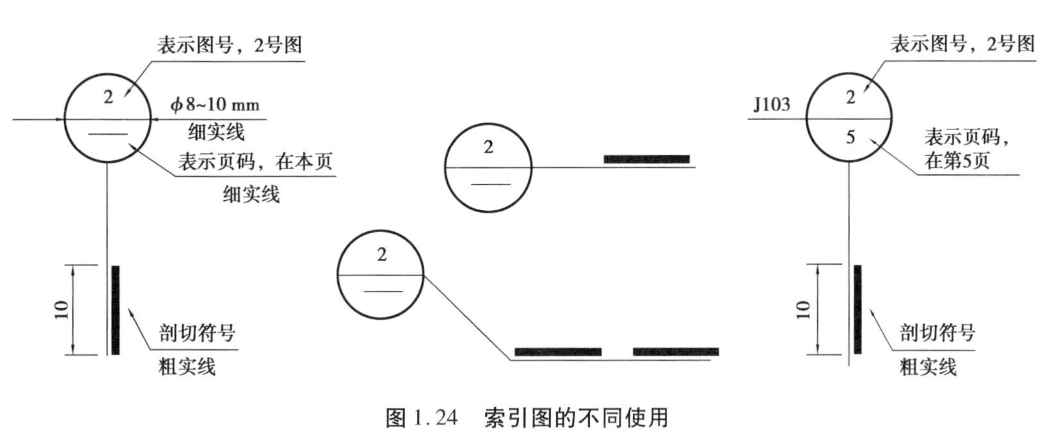

图 1.24 索引图的不同使用

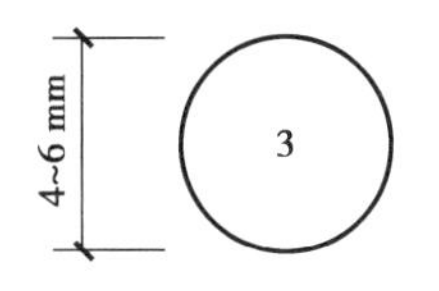

图 1.25 零件、钢筋等编号

1.7.3 详图符号

详图的位置和编号应以详图符号表示。详图符号的圆直径应为 14 mm,线宽为粗实线。详图编号应符合下述规定:

①当详图与被索引的图样同在一张图纸内时,应在详图符号内用阿拉伯数字注明详图的编号,如图 1.26 所示。

②详图与被索引的图样不在一张图纸内时,应用细实线在详图符号内画一水平直径,在上半圆中注明详图编号,在下半圆中注明被索引的图纸的编号,如图 1.27 所示。

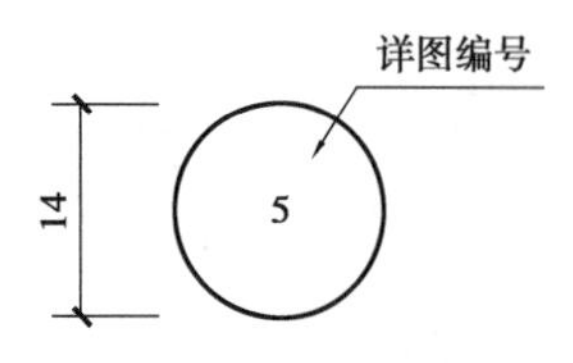

图 1.26　与被索引图样同在一张图纸内的详图符号

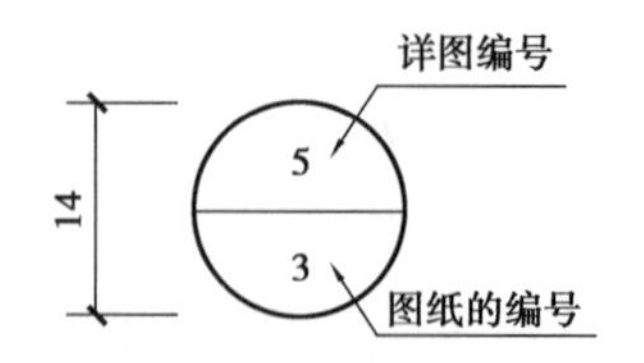

图 1.27　与被索引图样不同在一张图纸内的详图符号

1.7.4　室内立面索引符号

为了表示室内立面在平面上的位置,应在平面图中用内视符号注明视点位置、方向及立面的编号。立面索引符号由直径为 8 ~ 12 mm 的圆构成,以细实线绘制,并以三角形为投影方向。圆内直线用细实线绘制,在立面索引符号的上半圆内用字母标识立面,下半圆标识图纸所在位置,如图 1.28 所示。

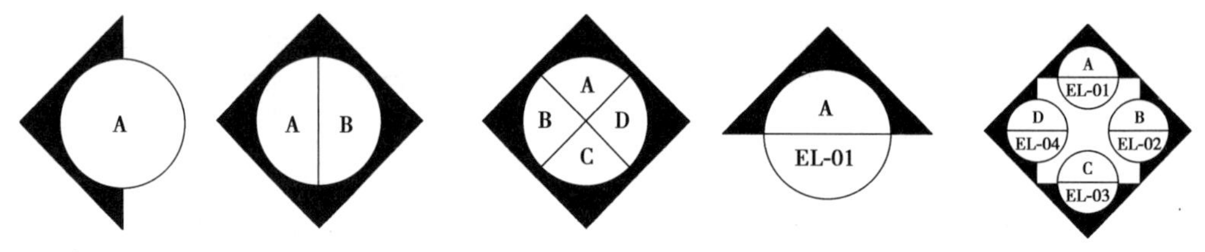

(a)单面内视符号　(b)双面内视符号　(c)四面内视符号　(d)索引符号的扩展使用　(e)索引符号

图 1.28　室内立面索引符号

为了表示室内立面在剖面图中的位置,常在剖面图中用内饰符号注明视点位置、方向及立面的编号,如图 1.29 所示。

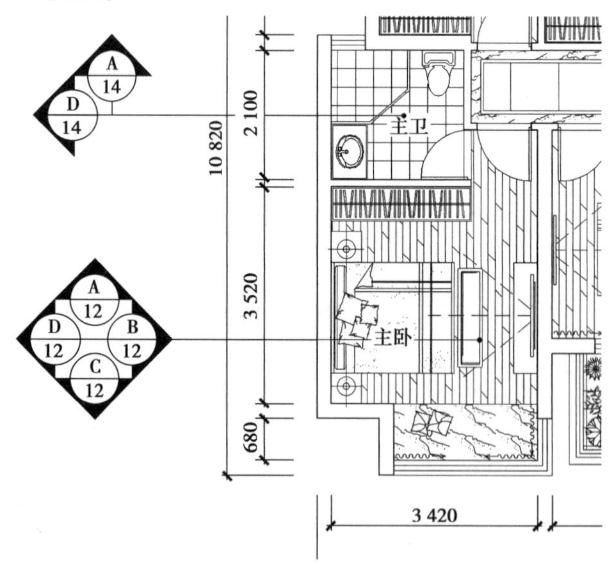

图 1.29　平面图上的内视符号

1.7.5　引出线

引注包括引点、引线出、引注文字 3 部分,绘制引注应注意以下几点:

①引点一般用小圆点绘制箭头表示,点一般为直径1~2 mm。

②引出线用细实线绘制,宜采用水平方向的直线,与水平方向成30°,45°,60°,90°角的直线,索引详图的引出线,应与水平直径线相连,如图1.30所示。

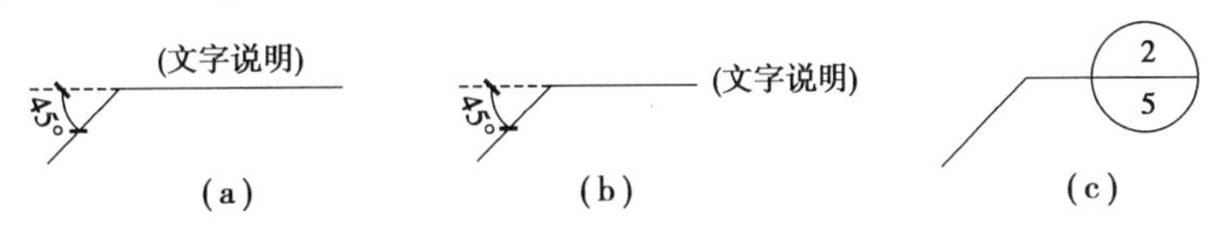

图1.30　引出线

③同时引出的几个相同部分的引出线,宜相互平行,也可以是集中一点的放射线,如图1.31所示。

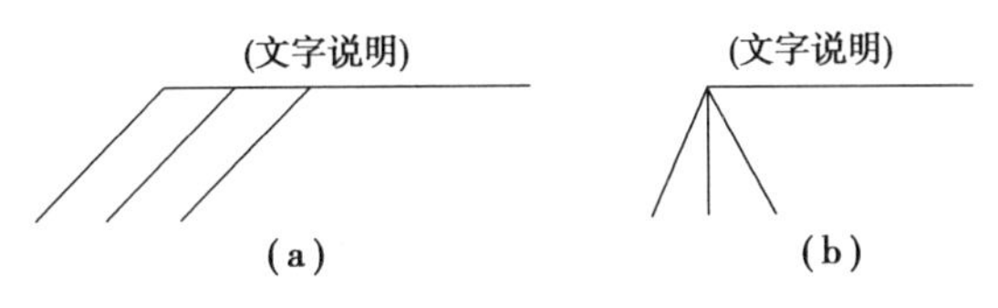

图1.31　共用引出线

④引注文字可以写在水平线上方,也可以写在端部。

⑤多层构造或多层管道共用引出线,应通过被引出的各层,并用圆点示意对应各层次。文字说明顺序由上至下,并与被说明的层次一致。如果层次为横向顺序,则由上至下的说明顺序应与从左至右的层次一致,如图1.32所示。

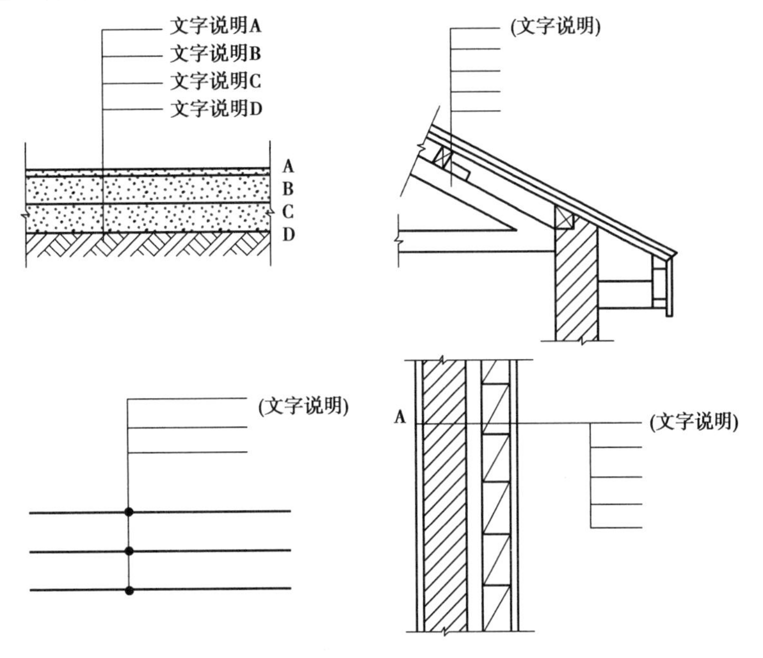

图1.32　多层共用引出线

1.7.6　图标符号

图标符号是表示图样名称的标题编号,一般分为两种,一种是使用索引符号的样式,如图1.33所示,一种是采用简单图标符号的表现样式,简单的图标符号由两条相同长度的平行线组成,上面的水平线为粗实线,下面水平线为细实线,如图 1.34 所示。

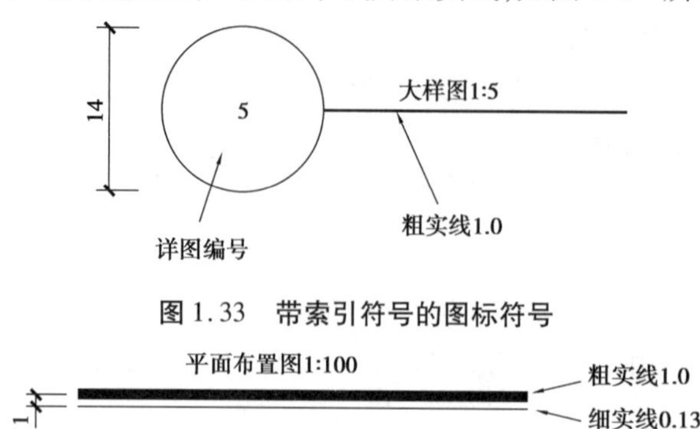

图 1.33　带索引符号的图标符号

平面布置图1:100

粗实线1.0

细实线0.13

1

图 1.34　图名

1.7.7　折断线

折断线又称边界线,可在绘制的物体比较长而中间形状相同,节省界面时使用。制图者只要绘制两端的效果即可,中间不用绘制。制图者只用绘制其中一段效果即可,之后可以在中间或两头绘制折断符号。折断线用细实线绘制,如图 1.35 所示。

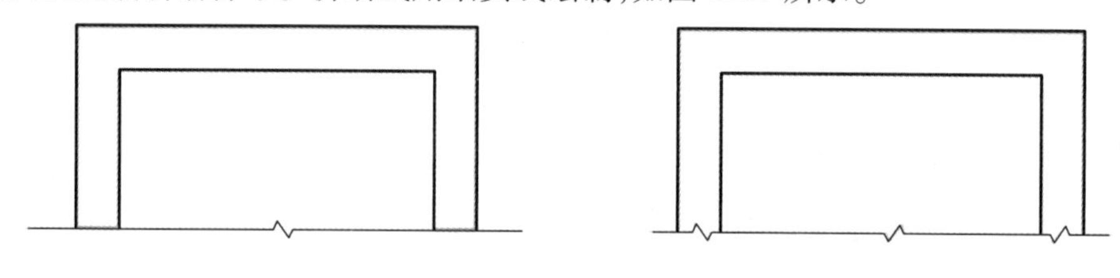

图 1.35　折断符号

1.7.8　指北针

在平面图中需要利用指北针表示方位,如图 1.36 所示。指北针的圆直径宜用 24 mm,用细实线绘制;指针尾部的宽度为 3 mm,指针头部宜注“北”或“N”字;如果需要用较大直径绘制指北针,则尾部的宽度一般为直径的 1/8。

1.7.9　坡度符号

立面坡度符号和平面坡度符号,如图 1.37 所示。

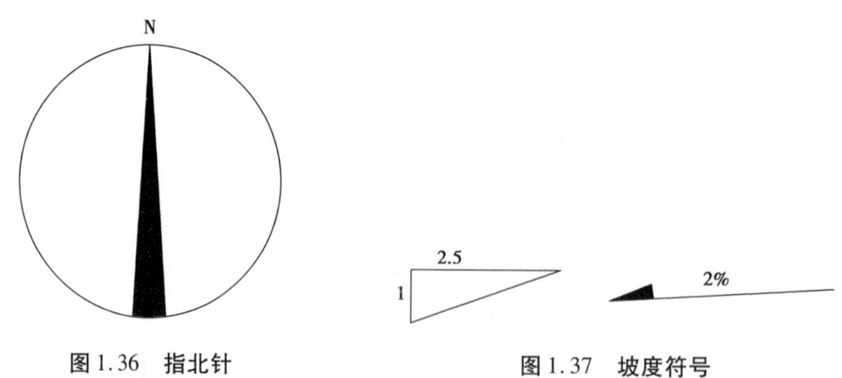

图 1.36　指北针

图 1.37　坡度符号

1.7.10 定位轴号

轴线又称定位轴线，确定房屋中的墙、柱、梁和屋架等主要承重构件位置的基准线称为定位轴线。它使房屋的平面划分及构配件统一并趋于简单，是结构计算、施工放线、测量定位的依据。

在施工图中定位轴线的标识要符合下述规定：

①定位轴线应编号，编号应注写在轴线端部的圆内。圆应用细实线绘制，直径为 8 ~ 10 mm。定位轴线圆的圆心应在定位轴线的延长线上或延长线的折线上。一般平面图圆圈直径为 8 mm，用在详图中时为 10 mm。

②轴线编号宜标注在平面图的下方与左侧。

③编号顺序应从左至右用阿拉伯数字编写，从下至上用拉丁字母编写，其中 I、O、Z 不得用作轴线编号，以免与数字 1、0、2 混淆。如果字母数量不够，可增加双字母或单字母加数字注脚，如图 1.38 所示。

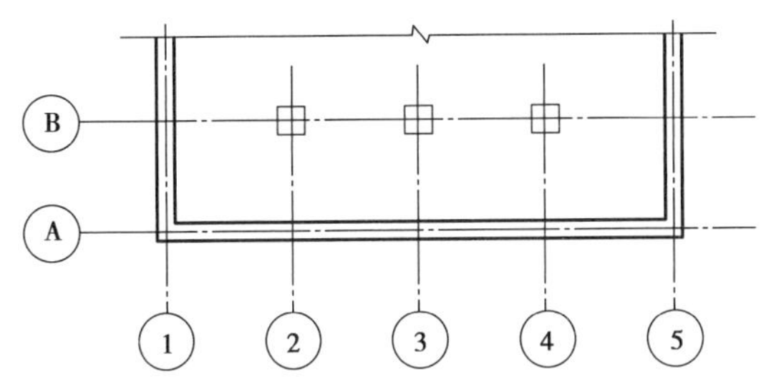

图 1.38 定位轴线的编号顺序

④组合较复杂的平面图中定位轴线也可采用分区编号，编号的注写形式应为"分区号—该分区编号"。分区号用阿拉伯数字或大写拉丁字母表示，如图 1.39 所示。

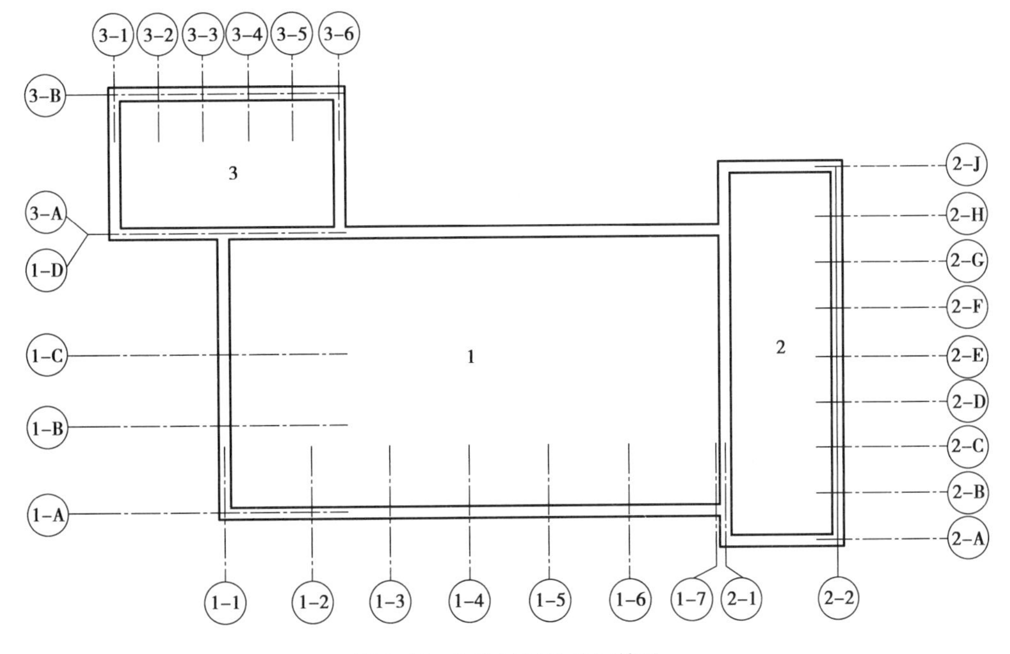

图 1.39 定位轴号的分区编号

⑤圆形或弧形平面图的定位轴线,从左下角开始,按逆时针顺序编写序号,其径向轴线宜用阿拉伯数字表示,如图 1.40 所示。

⑥若房屋平面形状为折线,则定位轴线也可以自左到右、自下到上依次编写,如图 1.41 所示。

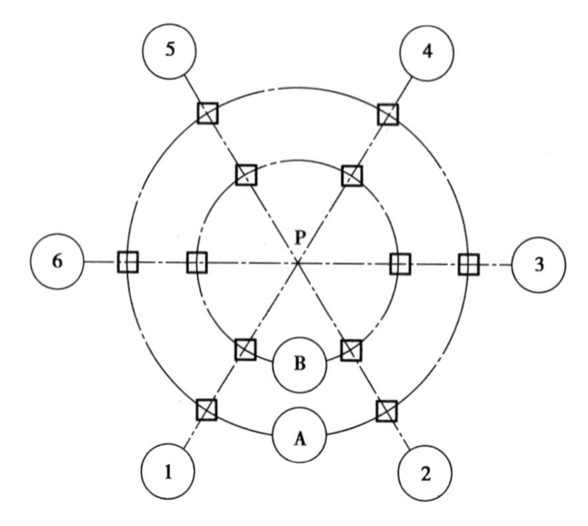

图 1.40　圆形平面定位轴线编号

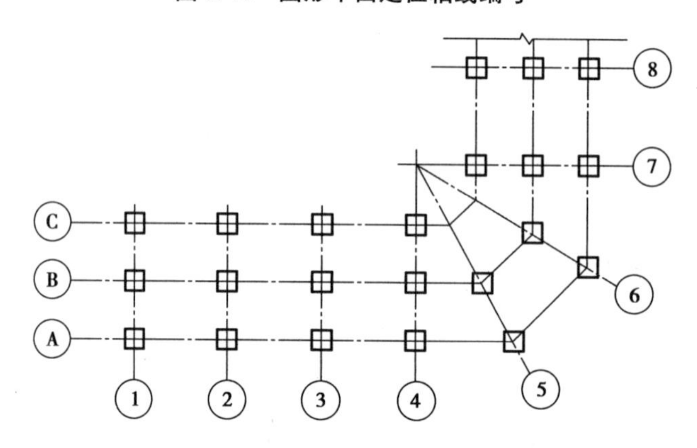

图 1.41　折线形平面定位轴线的编号

⑦附加定位轴线的编号,以分数形式表示, 两根轴线间的附加轴线,应以分母表示前一轴线的编号,分子表示附加轴线的编号,编号宜按阿拉数字顺序书写;若在 1 号轴线或 A 号轴线之前的附加轴线时,分母应以 01 或 0A 表示,如图 1.42 所示。

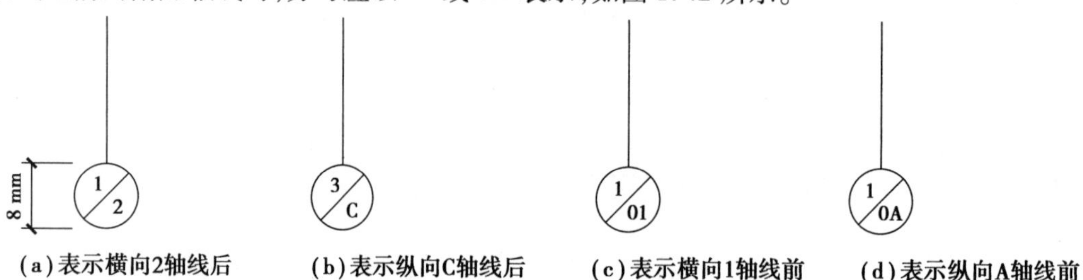

图 1.42　附加轴线的编号

⑧一个详图同时用几根轴线时,应同时注明各有关轴线的编号,如图 1.43 所示。

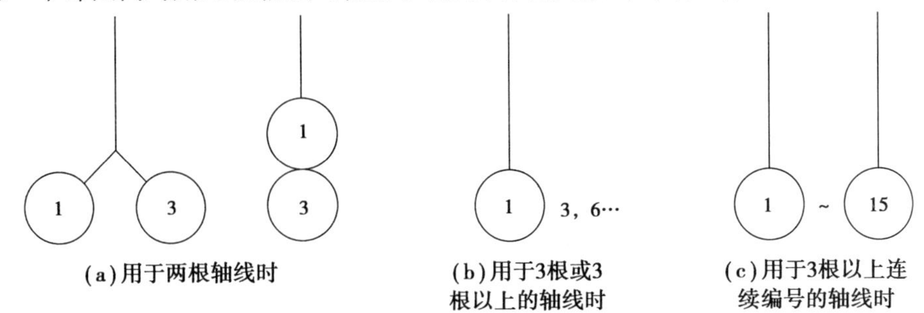

图 1.43 详图的轴线编号

习题

一、思考题

1. 图纸幅面有哪几种格式？它们之间有什么联系？

2. 尺寸标注的四要素是什么？尺寸标注的基本要求有哪些？

二、解答题

图 1.44 所示的标注有哪些错误？

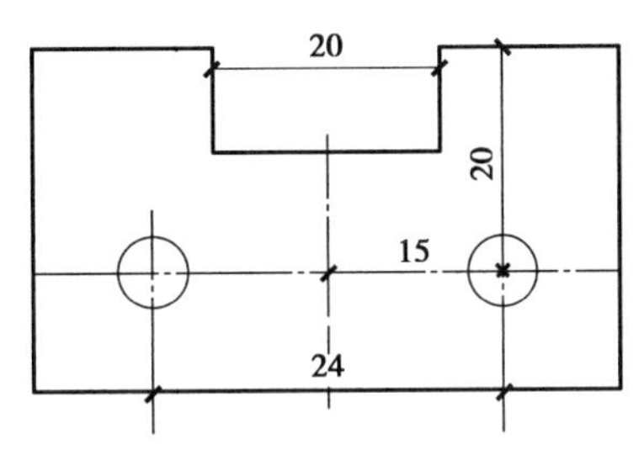

图 1.44 解答题图

任务2　投影基本知识

任务目标

知识目标：

(1)了解投影的基本概念。

(2)熟悉工程上常用的投影图。

(3)理解三面正投影图的形成原理。

(4)掌握三面正投影图的规律及其识读方法。

能力目标：

掌握三面正投影图的规律及其识读方法。

任务情境

人们日常所看到的绘图和摄影作品所表现的形体或建筑物，形象逼真，立体感强，和看到的实际物体比较一致，容易看懂。但这种图不能把物体的真实形状、大小准确地反映出来，不能很好地满足工程制作或施工的要求。用于指导施工的图纸是平面的，是按照一定的投影方法和投影规律进行绘制的，读图人员应具有较强的空间想象能力，掌握建筑形体的投影规律，按照一定读图方法才能将图样读懂，进而用于指导施工。

2.1　投影的形成及分类

2.1.1　投影的形成

1)概念

在日常生活中，经常看到空间一个物体在光线照射下在某一平面产生影子的现象，抽象后的“影子”称为投影，如图2.1所示。

2)投影的形成条件

产生投影的光源称为投影中心 S，接受投影的面称为投影面，连接投影中心和形体上的点的直线称为投影线。形成投影线的方法称为投影法。

要产生投影必须具备3个条件，即投影线、物体、投影面，这3个条件称为投影三要素。工程图样就是按照原理和投影作图的基本原则形成的。

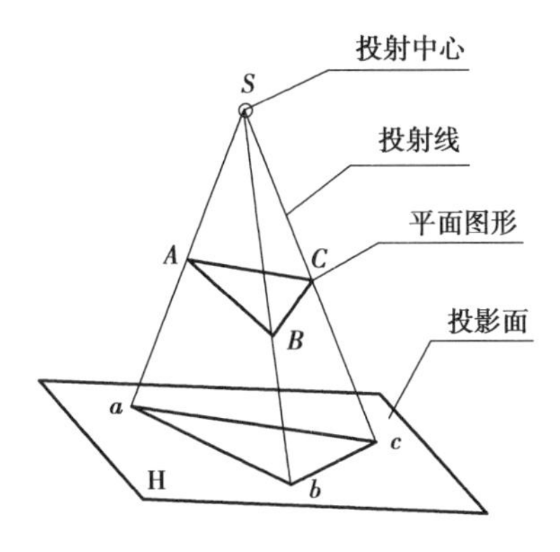

图 2.1 形体的投影

2.1.2 投影的分类

根据投影中心距离投影面远近的不同,投影法分为中心投影法和平行投影法两类,平行投影法又可分为正投影法和斜投影法。

1)中心投影法

当投影中心距离投影面为有限远时,所有投影线都交汇于投影中心一点,这种投影法称中心投影法,如图 2.2(a)所示。

用中心投影法绘制的投影图的大小与投影中心 S 距离投影面远近有关系,在投影中心 S 与投影面距离不变时,物体离投影中心越近,投影图越大,反之越小。

2)平行投影法

如果投影中心 S 在无限远,所有的投影线将相互平行,这种投影法称为平行投影法。根据投影线与投影面是否垂直,平行投影法又可分为正投影法和斜投影法。

(1)正投影法

投射线垂直于投影面的投影法称为正投影法,工程图样主要用正投影法,建筑图样通常也采用正投影法绘制。这种投影图图示方法简单,可真实反映物体的形状和大小,如图 2.2(b)所示。

(2)斜投影法

投射线倾斜于投影面的投影法称为斜投影法,如图 2.2(c)所示。

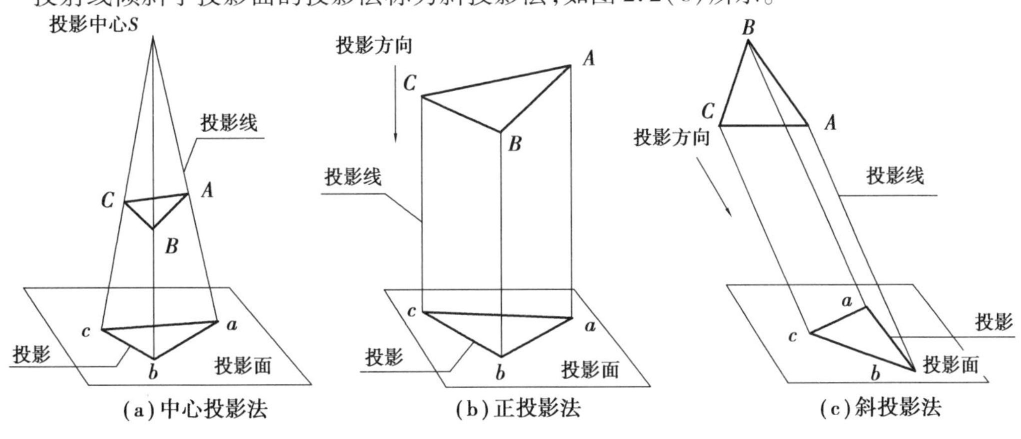

图 2.2 投影的分类

2.1.3 各种投影法在建筑工程中的应用

用图样表达建筑形体时,由于被表达对象的特性和表达的目的不同,可采用不同的图示法。工程上常用的图示法有透视投影法、轴测投影法、正投影法及标高投影法。与4种图示法相对应,得出4种常用的投影图,如下所述。

1)透视投影图

透视投影图是按照中心投影法绘制的,简称透视图。透视图的优点是形象逼真,直观性很强,常用作建筑设计方案比较、展览。其缺点是作图费时,建筑屋顶确切形状和大小不能在图中度量,如图2.3(a)所示。

2)轴测投影图

轴测投影图是物体在一个投影面上的平行投影,又称为轴测投影,简称轴测图。将物体置于距离投影面较合适的位置,选定适当的投射方向,就可得到轴测投影,如图2.3(b)所示。这种图能同时反映物体的长、宽、高3个方向的尺度,立体感较强,但是作图麻烦,不能准确表达物体的形状和大小。在土建工程中常用轴测投影图来绘制给水排水、采暖通风和空气调节等方面的管道系统图。

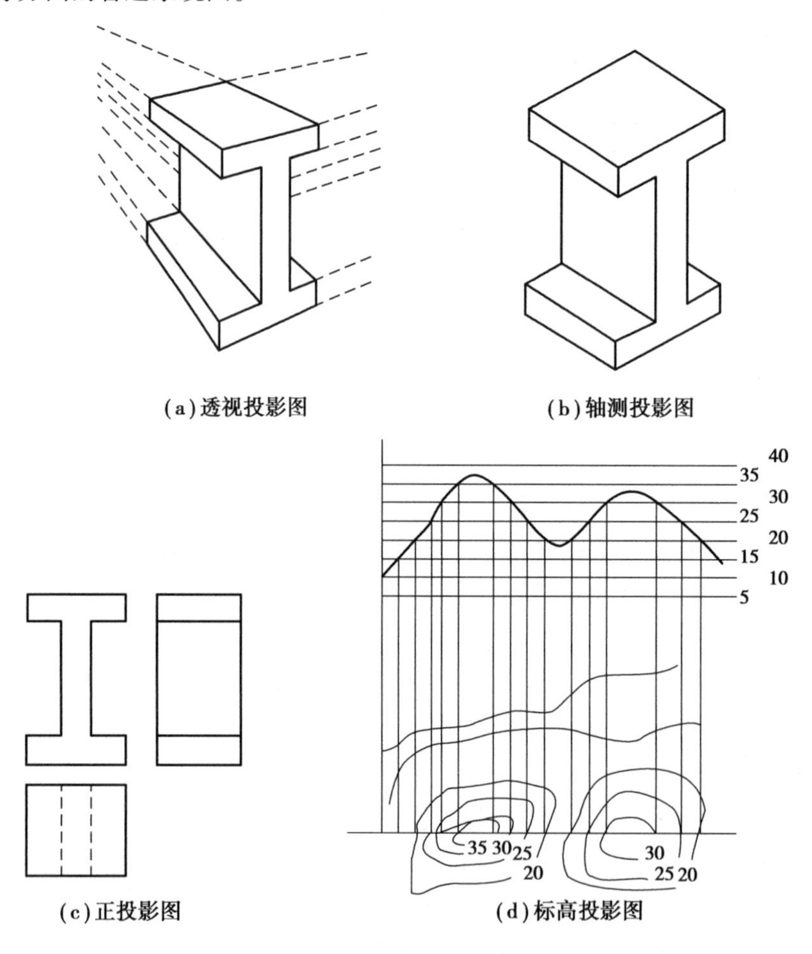

图2.3 工程上常用的4种投影图

3）正投影图

正投影图是土建工程中最主要的图样，多面正投影图由物体在互相垂直的两个或两个以上的投影面的正投影所组成。这种图作图方便，能同时反映物体的长、宽、高 3 个方向的尺度，度量好，但是缺乏立体感，如图 2.3（c）所示。

4）标高投影图

标高投影图在土建工程中常用来绘制地形图、建筑总平面图和道路、水利工程等方面的平面布置图样，又称标高投影，它是地面或土工构筑物在一个水平基面上的正投影图，并应标注出与水平基面之间的高度，如图 2.3（d）所示。

2.2　面体的投影

工程图样是施工的依据，应能反映形体各个部分的形状和大小。由于空间是具有长度、宽度和高度的三维形体，如果一个形体只向一个投影面投射，所得到的投影图不能完整地表示出这个形体各个表面及整体的形状和大小。如图 2.4 所示，两个形状不同的物体，它们在某个投影方向上的投影图却完全相同。可见单面正投影不能完全确定物体的空间形状。

一般来说，需要建立一个由相互垂直的 3 个投影面组成的投影面体系。将空间形体放在 3 个相互垂直的面之间，由此可得到形体 3 个不同方向的正投影图，即可以唯一确定形体的形状。如图 2.5 所示，这样可以比较完整地反映出形体的顶面、正面及侧面的形状和大小。

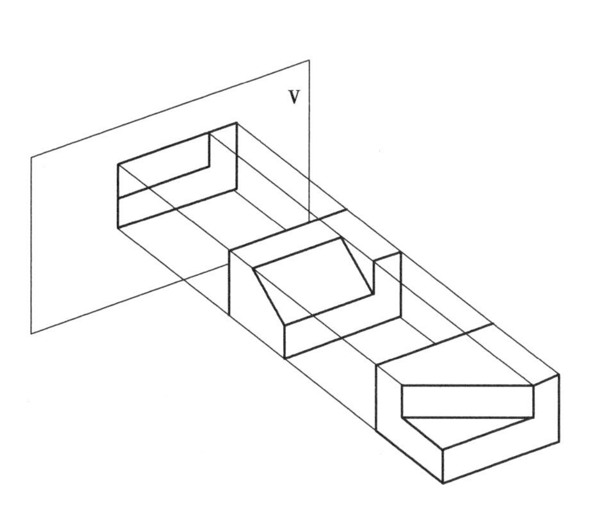

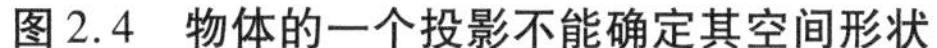
图 2.4　物体的一个投影不能确定其空间形状

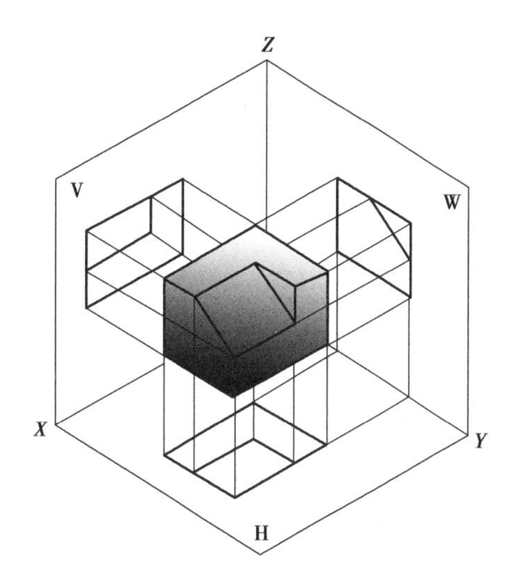

图 2.5　形体的三面投影图

1）三面投影体系的建立

采用 3 个相互垂直的平面作为投影面，构成三面投影体系，如图 2.6 所示。

互相垂直的 3 个投影面分别为正立投影面（简称正面）V、水平投影面（简称水平面）H、侧立投影面（简称侧面）W；物体在这 3 个投影面上的投影分别为正投影（V 投影）、水平投影（H 投影）、侧面投影（W 投影）。投影面之间的交线称为投影轴，H、V 面交线为 X 轴；H、W 面交线为 Y 轴；V、W 面交线为 Z 轴。三投影轴交于一点 O，称为原点。

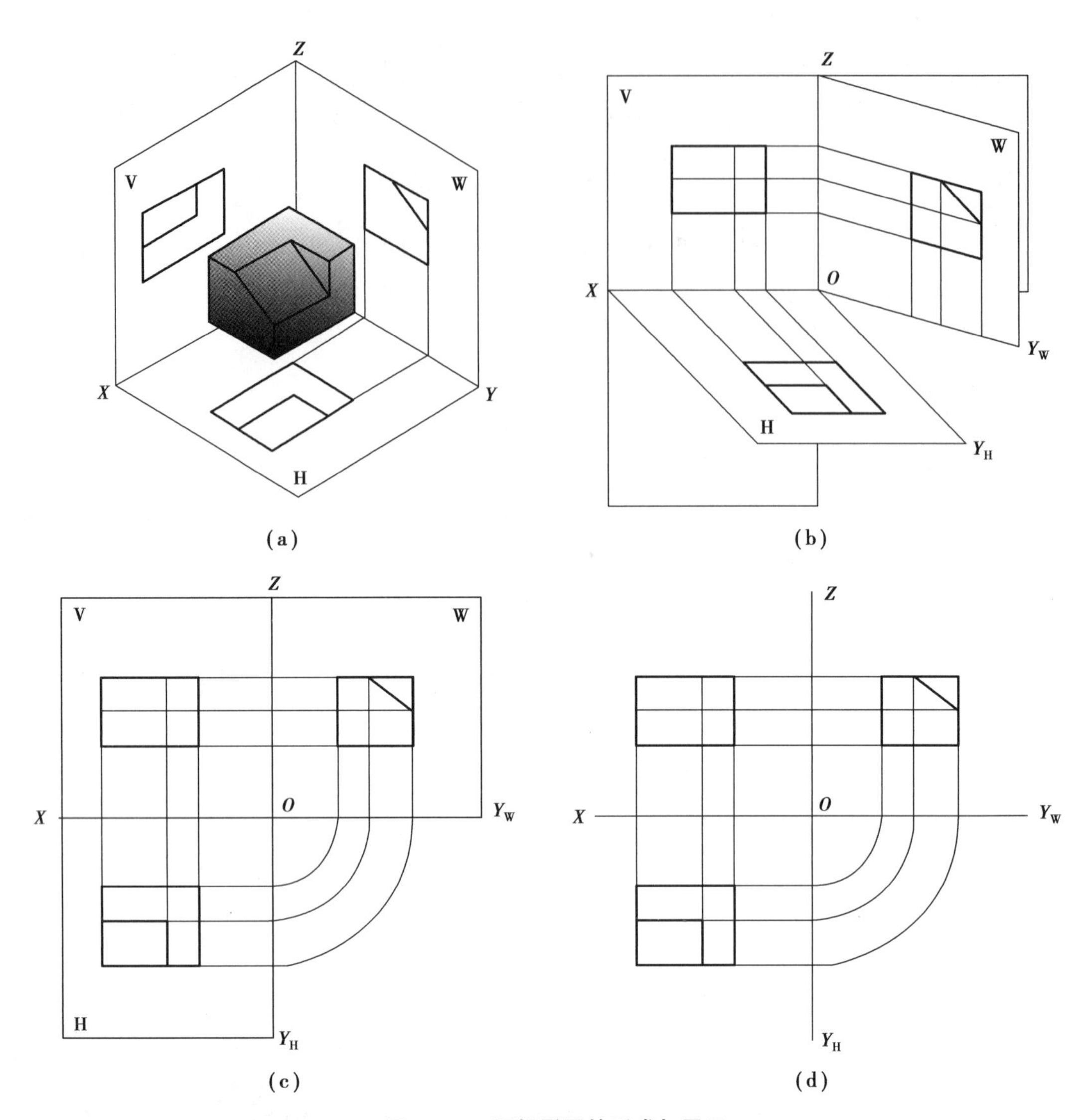

图 2.6 三面投影图的形成与展开

2)物体在三投影面上的投影

将形体放置在三面投影体系中,放置时尽量让形体的各个表面与投影面平行或垂直,然后用3组平行投射线分别从3个方向进行投射,作出形体在3个投影面上的3个正投影图,这3个正投影图称为三面正投影图。

形体由前向后投影,得到正面投影(主视图);由左向右投影,得到侧面投影(左视图);由上向下投影,得到水平面投影(俯视图)。

建筑施工中将H面投影图称为平面图,V面投影图称为正立面图,W面的投影图称为侧立面图。

3)三面投影图的形成与展开

为了能把3个投影图画在一张图纸上,需要将3个投影面展开成一个平面。将三面正投影图展开成一个平面,只需使V面保持不动,把H面经 OX 轴向下旋转90°,把W面绕 OZ

轴向后旋转 90°，此时 H 面、W 面就和 V 面同在一个平面上。这样，3 个投影图就能画在一张平面的图纸上了，如图 2.6 所示。

3 个投影面展开后，3 条投影轴成为两条垂直相交的直线：*OX* 轴、*OZ* 轴保持不变，只有 *OY* 轴被分为两条：一条随 H 面旋转到 *OZ* 轴正下方，与 *OZ* 轴在一条直线上，用 Y_H 表示；一条随 W 面旋转到 *OX* 轴正右方，与 *OX* 轴在一条直线上，用 Y_W 表示。

在实际绘图时，H 面投影在 V 面投影的正下方，W 面投影在 V 面投影的正右方。由于投影面大小与投影图无关，所以投影面的大小是随意取的，故在投影图外不必画出投影面的边框，不需注写 H、V、W 字样，也不必画出投影轴。习惯上将这种不画投影面边框和投影轴的投影图称为“无轴投影”，工程中的图样均是按照“无轴投影”绘制的。

4）三面投影图的对应关系

（1）尺度对应关系

V 面投影反映物体的长和高，H 面投影反映物体的长和宽，W 面投影反映物体的宽和高，如图 2.7 所示。因为 3 个投影表示的是同一物体，而且物体与各投影面的相对位置保持不变，因此无论是对整个物体，还是物体的每个部分，它们的各个投影之间具有下列关系：

①V 面投影与 H 面投影长度对正。

②V 面投影与 W 面投影高度对齐。

③H 面投影与 W 面投影宽度相等。

上述关系通常简称为“长对正，高平齐，宽相等”的三对等规律。

（2）方位对应关系

物体在三面投影体系中的位置确定后，相对于观察者，它在空间上就存在上、下、左、右、前、后 6 个方位。这 6 个方位关系也反映在形体的三面投影图中，每个投影图都可反映出其中 4 个方位关系。投影时，正面投影反映物体左右、上下关系；水平投影反映物体左右、前后关系；侧面投影反映物体上下、前后关系，如图 2.8 所示。

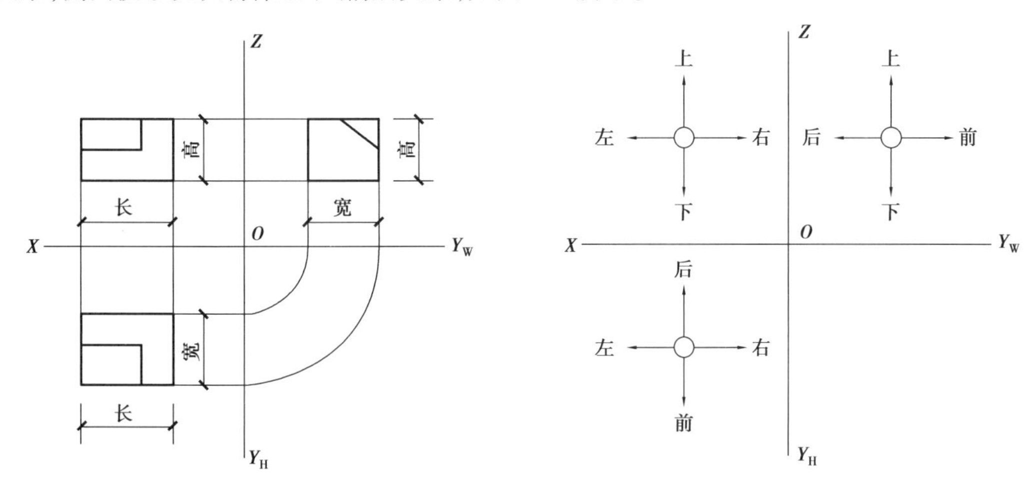

图 2.7　三面投影图的尺度关系　　图 2.8　三面投影图的方位关系

至此可以看出立体 3 个投影的形状、大小、前后均与立体距投影面的位置无关，故立体的投影均不需要再画投影轴、投影面，只要遵守“长对正、高平齐、宽相等”的投影规律，即可画出图。

5)三面投影图的基本画法

绘制三面正投影图时,一般先绘制 V 面投影图或 H 面投影图,然后再绘制 W 面投影图。熟练掌握形体的三面正投影图画法是绘制和识读工程图样的重要基础。绘制三面正投影图的具体方法和步骤如下:

①在图纸上先画出水平和垂直十字相交线,以作为正投影图中的投影轴,如图 2.9(a)所示。

②根据形体在三面投影体系中的放置位置,先画出能够反映形体特征的 V 面投影图或 H 面投影图,如图 2.9(b)所示。

③根据投影关系,由"长对正"的投影规律,画出 H 面投影图或 V 面投影图;由"高平齐"的投影规律,将 V 面投影图中涉及高度的各相应部位用水平线拉向 W 面投影图;由"宽相等"的投影规律,用以原点 O 为圆心作圆弧或过原点 O 作 45°斜线的方法,得到引线在 W 面投影面上与"等高"水平线的交点,连接各关联点而得到 W 面投影图,如图 2.10(c)、(d)所示。

3 个投影图与投影轴的距离反映物体和 3 个投影面的距离,由于在绘图时只要求各投影图之间的"长、宽、高"关系正确,因此图形与轴线之间的距离可以灵活安排。在实际工程图中,一般不画投影轴,但画在同一张图纸上时,同一个形体的 3 个投影图位置不能乱放。

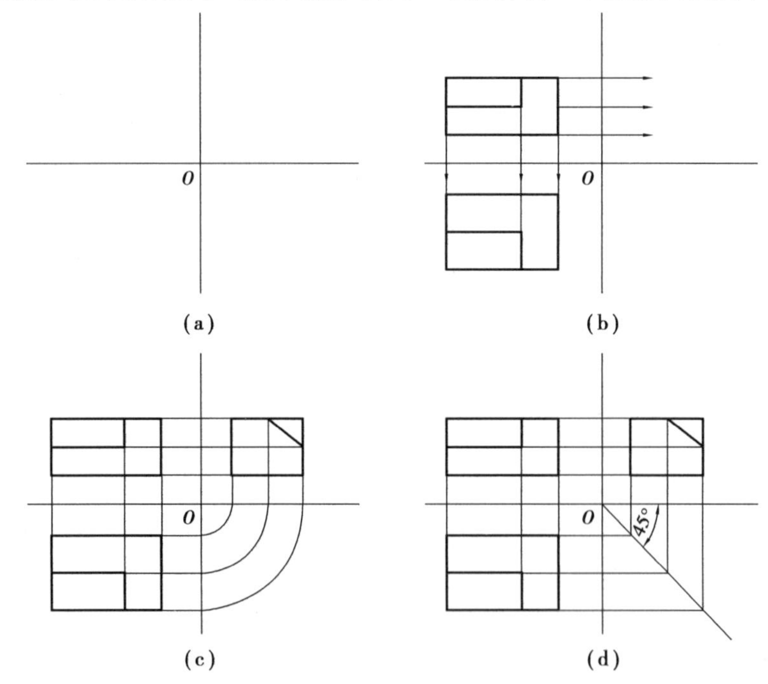

图 2.9　三面正投影图的作图步骤

2.3　建筑组合体的投影

任何复杂的建筑形体,从形体的角度看,都可以认为是由一些基本形体,如棱柱、棱锥、圆柱、圆锥、球等按照一定的组合方式组合成而成的,如图 2.10 所示的现代风格的高层建筑，是由四棱台、圆柱体、长方体、球体等组合而成。这些由两个或两个以上基本形体组成的物体，称为组合体。

组合体是实际建筑形体的抽象，是形体由抽象几何体向实际建筑形体的过渡。通过学习组合体投影图，进一步培养空间概念，可以为后续工程图的识读打下一个良好的基础。

图2.10　某高层建筑

2.3.1　组合体的分类

组合体按其构成的方式，通常可分为叠加型、切割型和混合型3种。

1）叠加型

由几个基本体按照一定的方式叠加形成的组合体称为叠加型组合体，如图2.11(a)所示。

2）切割型

由一个基本体切去若干个几何体组成的组合体称为切割型组合体，如图2.11(b)所示。

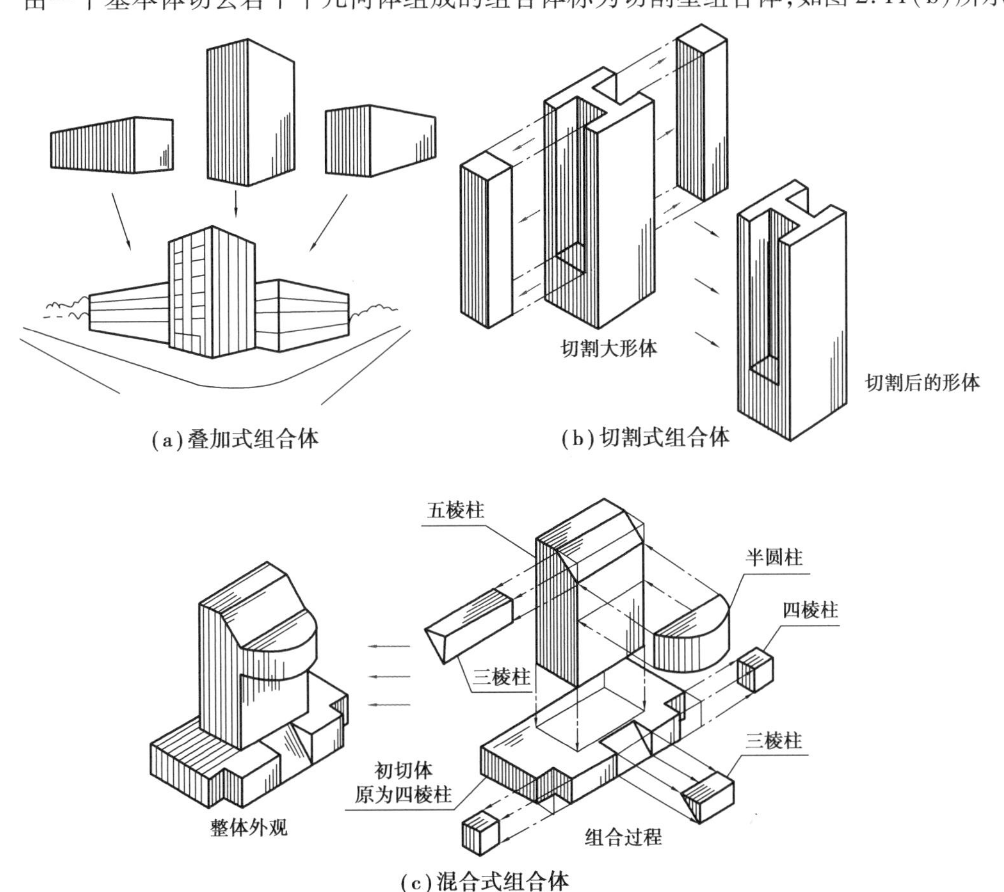

(a)叠加式组合体　(b)切割式组合体

(c)混合式组合体

图2.11　组合体的分类

3)混合型

由于建筑形体是非常复杂的,更常见的形成方式是叠加与切割两种方法同时使用的混合型组合体,如图2.11(c)所示。

2.3.2 组合体的表面连接关系

由于组合体的投影图比较复杂,为避免组合体的投影出现多线或漏线的错误,应正确处理基本体表面的相对位置。组合体各基本体表面之间按位置关系可分为共面、相切、相交和不共面4种形式。

1)共面关系

当两个基本体叠加时,表面对齐且共面处于同一位置时,是共面关系。在两个图交界处不存在交线,因此在投影图上不画线,如图2.12(a)所示。

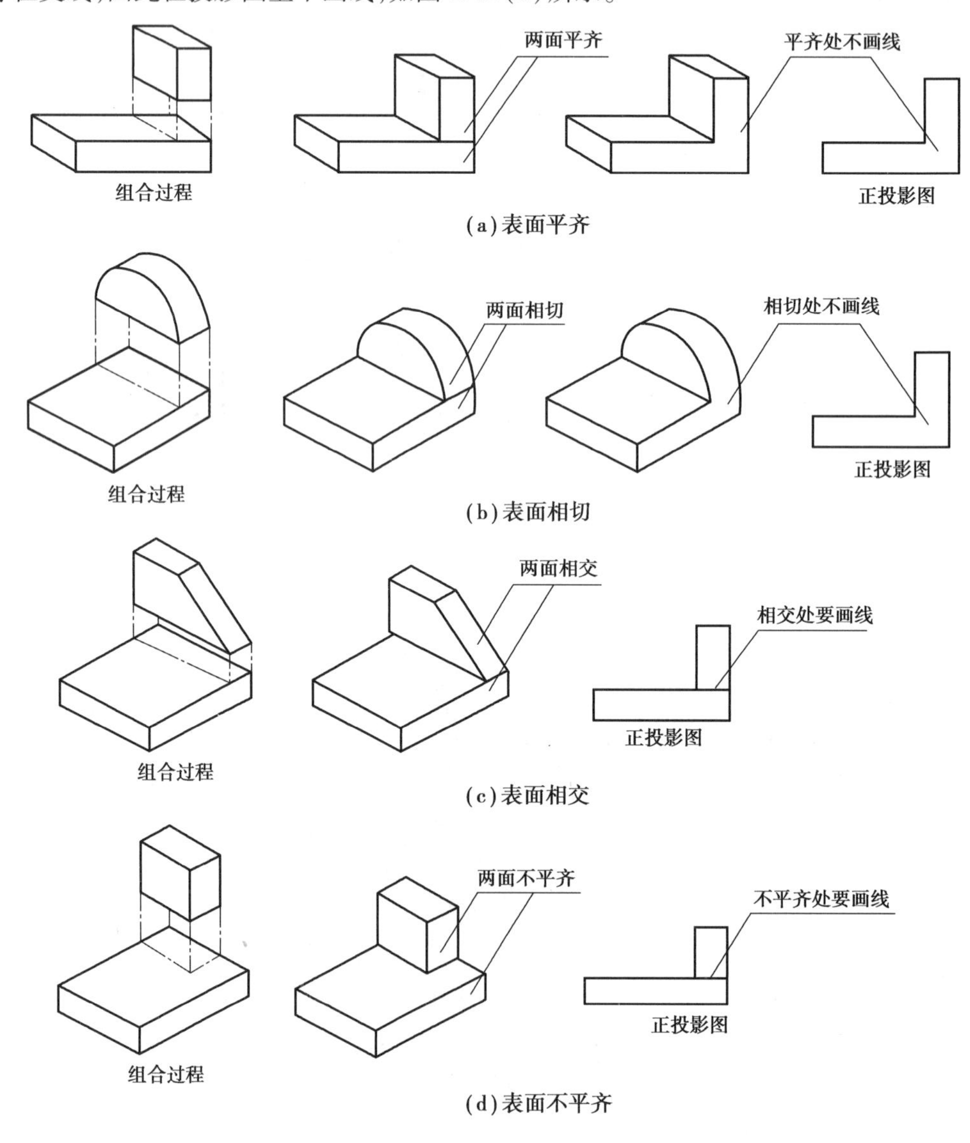

图2.12 组合体的表面连接关系

2)相切关系

当两个基本体表面相切时,在相切处的特点是由一个表面光滑地过渡到另一个形体的表面,在过渡处无明显的交界线。因为相切时光滑过渡,因此在投影图上不画切线的投影,如图 2.12(b)所示。

3)相交关系

两个基本体的相邻表面相交时,在相交部分产生交线。画图时应正确画出两表面的交线,如图 2.12(c)所示。

4)不共面关系

当两个基本体叠加时,表面对齐但不共面,在两个图的交界处存在交线,因此在投影图上应画线,如图 2.12(d)所示。

2.3.3 组合体三面投影图的绘制

在工程图样中,常用三面投影图来表达空间形体。在绘制组合体的三面投影图时,通常按以下步骤进行。

所谓形体分析,就是将组合体看成是若干个基本体构成,在分析时是将其分解成单个基本体,并分析各基本体之间的组成形式和相邻表面间的位置关系,判断相邻表面是否处于共面、不共面、相切和相交的位置。如图 2.13 所示为房屋的简化模型。

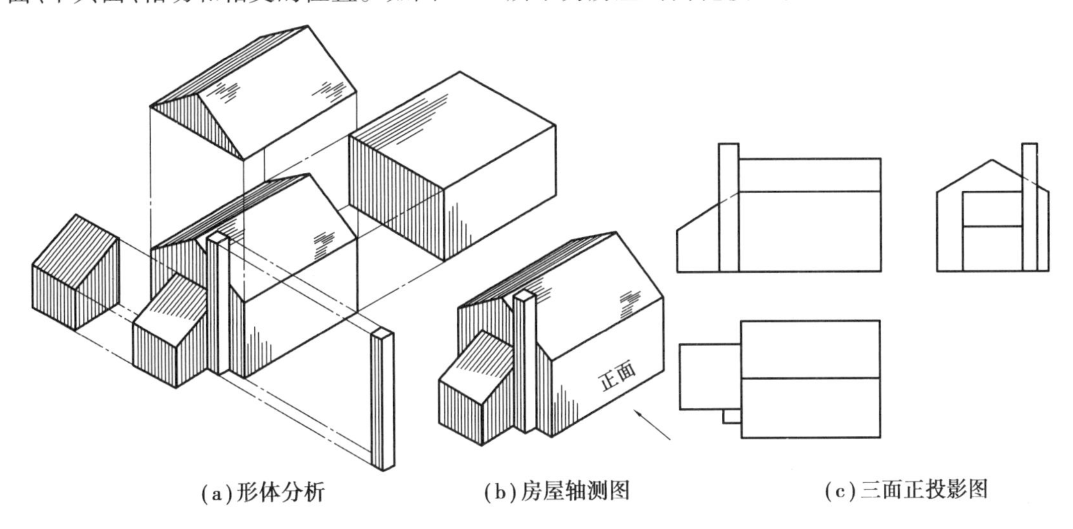

(a)形体分析　(b)房屋轴测图　(c)三面正投影图

图 2.13　房屋的简化模型

2.3.4 组合体三面投影图的识读

组合体绘图是将三维立体按投影规律投射到投影面上,所得到的投影图是二维平面图形。而组合体的读图,则是根据已画好的投影图,运用投影规律,想象出空间立体的形状。识读形体投影图一般采用形体分析法和线面分析法两种。分析组合体投影图各个部分的投影特点,认清各基本体的形状和线面相互关系,把细节揣摩透,综合分析确定。要通过大量的练习才可使读图能力得到较大提高。识读组合体的三面投影的基本方法如下所述。

1)分析投影图,抓住特征

一般情况下,形体的形状不能只根据一个投影图来确定、有时两个投影图也不能确定形体的形状。水平投影、平面投影相同而侧面投影不同,形体的形状不同;这时,首先要弄清楚图样上给出的是哪些投影图及各投影图之间的相互关系,找出能反映组合体特征的投影图。其次,抓住特征投影图进行分析。在制图时,一般是将最能反映形体特征的图作为主要投影图,因此在读图时也要从此入手,但形体每部分的形状和相互位置的特征,不可能全部集中在一个投影图中表示出来,所以一定要联系其他投影图一起分析,才能正确地想象出整个形体的形状和结构。

2)形体分析和线面分析

组合体由一些基本形体组合而成,因而其投影图必然呈现出一些线框的组合图形。识读组合体投影图时,在已经明确了各投影图之间的关系、抓住了特征投影图的基础上,就要运用形体分析法和线面分析法来综合识图了。

(1)形体分析法

在投影图中,形状特征比较明显的投影,可将其分成若干基本形体,并按各自之间的投影关系,分别想出各个基本形体的形状最后加以综合,想象出整体形体,这种方法称为形体分析法,如图 2.14 所示。

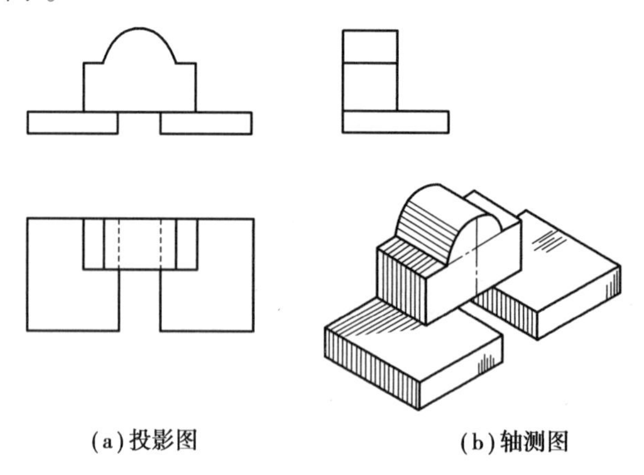

(a)投影图　　(b)轴测图

图 2.14　形体分析法

(2)线面分析法

当投影图不易分成几个部分,或部分投影比较复杂时,可采用线面分析法读图,就是以线、面的投影特征为基础,根据投影图中线段和线框的投影特点,明确它们的空间形状和位置,综合起来想象出整个形体的空间形状,如图 2.15 所示。

在进行线面分析时,平面的投影除成为具有积聚性的直线段外还可能投影为与原来形状相类似的图形,即表示平面图形的封闭线框,其边数不变,直线、曲线的相仿性不变,而且平行线的投影仍平行。因此,根据平面投影的类似性和线、平面的投影规律可以帮助形象构思并判断其正确性。

以上两种方法可单独应用,也可综合起来应用;一般是以形体分析为主,再综合线面分析,最后结合想象得出组合体的全貌。

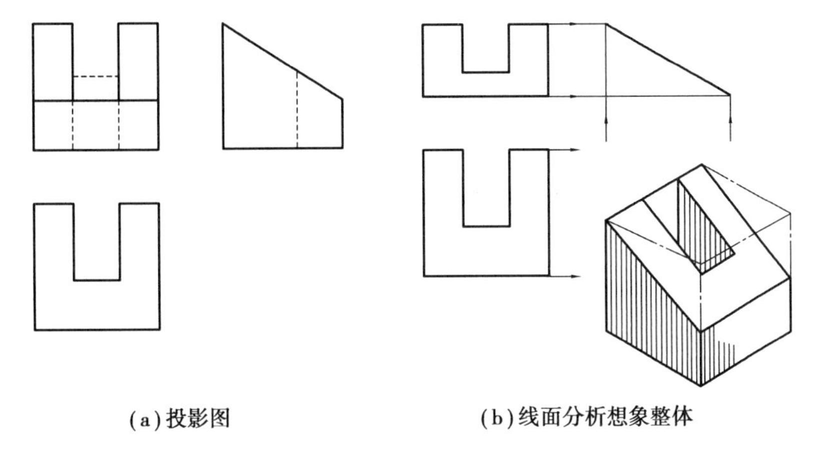

(a)投影图　　(b)线面分析想象整体

图 2.15　线面分析法

3)综合起来想象整体

在看懂每部分形体的基础上,根据形体的三面投影图进一步研究它们之间的相对位置和连接关系,在大脑中把各形体逐渐归拢,形成一个整体。

习题

一、单项选择题

1. 投影中心 S 在有限的距离内,形成锥状的投影线,所作出的空间形体的投影称为(　　)。

A. 中心投影　　B. 平行投影　　C. 正投影　　D. 斜投影

2. 点的两面投影的连线,必垂直于相应的(　　)。

A. 投影面　　B. 投影轴　　C. 投影　　D. 连线

3. 由曲面或由曲面和平面围合成的立体称为(　　)。

A. 棱柱体　　B. 曲面体　　C. 圆台体　　D. 球体

4. 根据下列立体图和三面投影图,将其编号填在相应投影图的括号内。

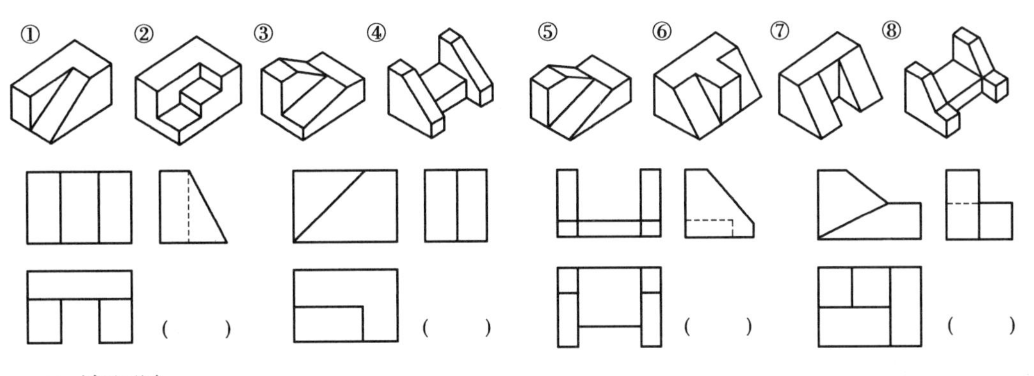

二、填空题

1. 同一形体的 3 个投影图之间具有的“三等”关系指的是________、________、________。

2. 为便于分析,按形体组合特点,可将组合体分为________、________、________ 3 种类型。

三、思考题

1. 正投影有哪些特性?

2. 常见的基本形体分为哪几类?

3. 组合体的识图方法有哪些?

四、作图题

根据图 2.16 画出其 3 个面的投影图(注:大小直接从图上量取)。

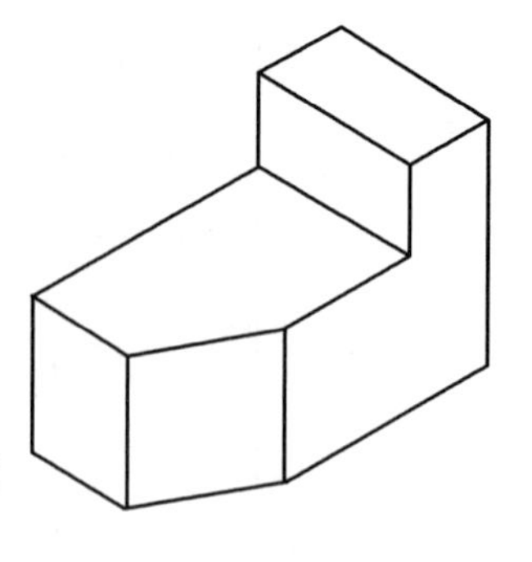

图 2.16　作图题图

任务3　剖面图和断面图

任务目标

知识目标：

(1)了解剖面图与断面图的形成原理。

(2)熟悉剖面图与断面图的类型及其适用范围。

(3)掌握剖面图与断面图的标注方法和画法。

(4)掌握剖面图与断面图的区别与联系。

能力目标：

掌握剖面图与断面图的表达方法及其类型。

任务情境

物体的三面投影图虽能清楚地表达物体的外部形状和大小，但物体内部不可见的部分则需用虚线来表示。当物体内部的形状比较复杂时，在投影图中将出现很多虚线，造成虚线和实线相互重叠或交叉，致使图面不清晰，既不方便看图，也不利于标注尺寸。在工程图中，为了能够清晰地表达工程建筑物或建筑形体的内部结构，引入了剖面图和断面图。

3.1　剖面图

3.1.1　剖面图的形成

假想用一个剖切面将物体剖开，移去剖切面与观察者之间的部分，将剩余部分向与剖切面平行的投影面作投影，并将剖切面与形体接触的部分画上剖面线或材料图例，这样得到的投影图称为剖面图，简称剖面。应注意：剖切是假想的，只有画剖面图时，才能假想切开形体并移走一部分，画其他投影时，要将未剖的完整形体画出。

如图3.1所示为一钢筋混凝土杯形基础的投影图。由于这个基础有安装柱子的接口，它的正立面图和侧立面图中都有虚线，造成图不清晰。

此时，假想用一个通过基础前后对称平面的剖切平面 P 将基础剖开，移去剖切平面 P 连同它前面的半个基础，将留下的半个基础向正立面作投影，得到的正面投影图称为基础剖面图，如图3.2所示。

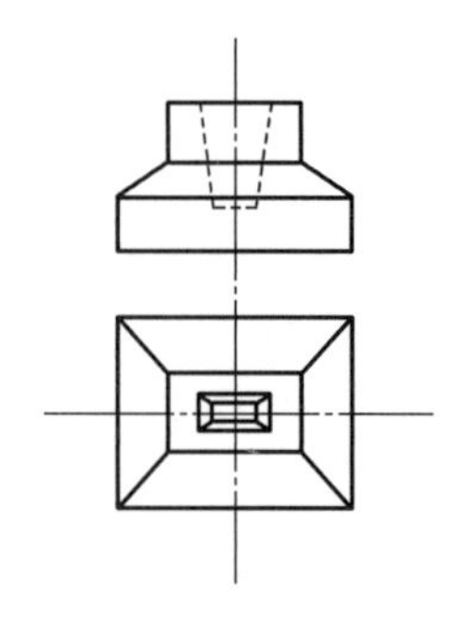
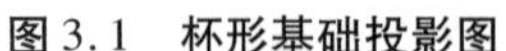

图 3.1　杯形基础投影图

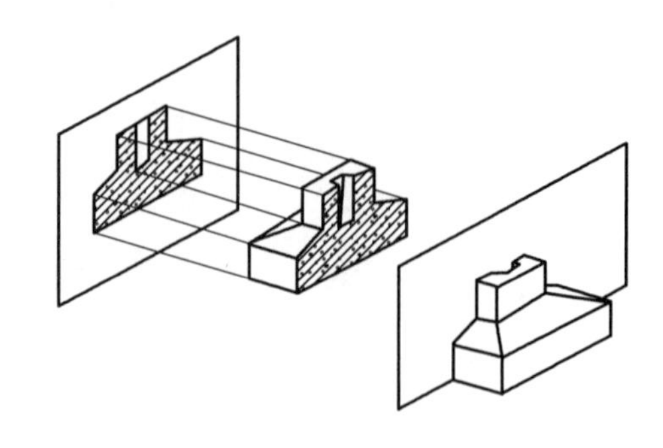

图 3.2　剖面图的形成

形体被剖切后，剖切平面切到的实体部分，其材料被“暴露出来”。为了更好地区分实体和空心部分，制图标准规定，形体被假想剖开后，剖切平面与形体的接触部分称为剖面区域，剖面图的剖面区域内应画出相应的材料图例。不同的材料，其材料图例也不相同。如果图上没有注明形体是哪种材料，剖面区域内可用等间距的 45°细实线表示。

3.1.2　剖面图的画图步骤

1)确定剖切平面的位置和数量

对形体进行剖切作剖面图时，首先要确定剖切平面的位置，剖切平面的位置应使形体在剖切后投影的图形能准确、清晰、完整地反映所要表达形体的真实形状。因此，在选择剖切平面位置时，应从以下几个方面考虑：

①剖切平面应平行于投影面，使断面在投影图中反映真实形状。

②剖切平面一般选在对称面上，或过孔、洞、槽的对称线或中心线，或有代表性的位置。

③如果一个剖面图不能完整地、很好地表达形体，这就需要几个剖面图。剖面图的数量与形体本身的复杂程度有关，形体越复杂，需要的剖面图就越多，有些形体比较简单，只要投影图就可以了，实际作图要根据具体的形体来判断。

2)剖面图的制图规定

确定好剖切位置和投射方向后，对剩余部分的形体进行投影。

①剖切平面是假想的，所以当构件的一个视图画成剖面图后，其他视图应画出它的全部投影。

②根据《房屋建筑制图统一标准》(GB/T 50001—2017)规定，形体被剖切到的轮廓线用 0.7*b* 线宽的实线绘制，未剖切到的但投影能看得见的部分用 0.5*b* 线宽的实线绘制，不可见的部分一般不画。

3)填充材料图例

①在剖面图中剖断面轮廓内，应用相应的材料图例填充，材料图例应按《房屋建筑制图统一标准》(GB/T 50001—2017)规定执行(表 3.1)。

②当建筑材料不明时，要用剖面线表示。剖面线为与水平方向成 45°方向等间距的平行的细实线。当一个形体有多个断面时，所有图例线方向和间距应相同。

表 3.1　部分常用建筑材料图例

序号	名　称	图　例	备　注
1	自然土壤		包括各种自然土壤
2	夯实土壤		
3	砂、灰土		靠近轮廓线绘较密的点
4	砂砾石、碎砖三合土		
5	石材		
6	毛石		
7	实心砖、多孔砖		包括普通砖、多孔砖、混凝土砖等砌体
8	耐火砖		包括耐酸砖等砌体
9	空心砖、空心砌块		包括空心砖、普通或轻骨料混凝土小型空心砌块等砌体
10	加气混凝土		包括加气混凝土砌块砌体、加气混凝土墙板及加气混凝土材料制品等
11	饰面砖		包括铺地砖、玻璃马赛克、陶瓷锦砖、人造大理石等
12	焦渣、矿渣		包括与水泥、石灰等混合而成的材料
13	混凝土		(1)包括各种强度等级、骨料、添加剂的混凝土 (2)在剖面图上绘制表达钢筋时，不画图例线 (3)断面图形小，不易绘制表达图例线时，可填黑或深灰(灰度值 70%)
14	钢筋混凝土		
15	多孔材料		包括水泥珍珠岩、沥青珍珠岩、泡沫混凝土、软木、蛭石制品等

续表

序号	名　称	图　例	备　注
16	纤维材料		包括矿棉、岩棉、玻璃棉、麻丝、木丝板、纤维板等
17	泡沫塑料材料	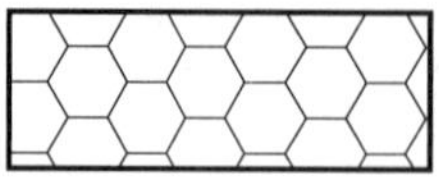	包括聚苯乙烯、聚乙烯、聚氨酯等多孔聚合物类材料
18	木材		(1)上图为横断面,左上图为垫木、木砖或木龙骨; (2)下图为纵断面
19	胶合板	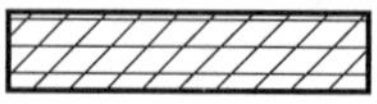	应注明为×层胶合板
20	石膏板	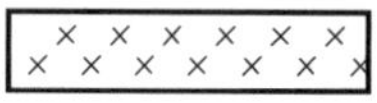	包括圆孔、方孔石膏板、防水石膏板等
21	金属	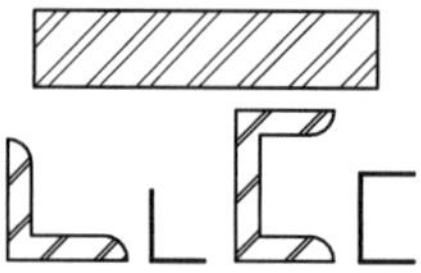	(1)包括各种金属 (2)图形小时,可涂黑
22	网状材料		(1)包括金属、塑料网状材料 (2)应注明具体材料名称
23	液体	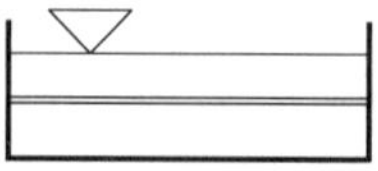	应注明具体液体名称
24	玻璃		包括平板玻璃、磨砂玻璃、夹丝玻璃、钢化玻璃、中空玻璃、加层玻璃、镀膜玻璃等
25	橡胶	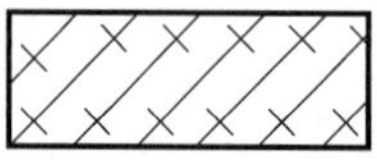	
26	塑料	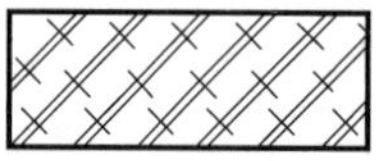	包括各种软、硬塑料及有机玻璃等
27	防水材料		构造层次多或比例大时,采用上面图例
28	粉刷	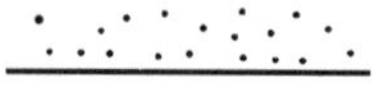	本图例采用较稀的点

4)剖面图的标注

剖面图本身不能反映剖切平面的位置,在其他投影图上必须标注出剖切平面的位置及剖切形式。剖面图的标注内容包括剖切符号和剖切编号,剖切符号由剖切位置线及剖视方向线组成。剖切位置线是剖切平面的积聚投影，用两段长度为 6～10 mm 的粗实线来表示，如图 3.3 所示；剖视方向线应垂直于剖切位置线，用长度为 4～6 mm 的粗实线来表示。剖切符号线画在图形的外部，且不与图线相交。

剖切编号是为了区分不同位置的剖面图，在剖切符号上应用阿拉伯数字按顺序由左至右、由下至上连续加以编号，数字写在剖视方向线端部。在剖面图的下方应命名，剖面图的名称应用相应的编号顺次水平注写在相应剖面图的下方，如 1—1 剖面图、2—2 剖面图，或简写为 1—1，2—2 等，并在图名下面画一条粗实线，其长度以图名所占长度为准，如图 3.4 所示。

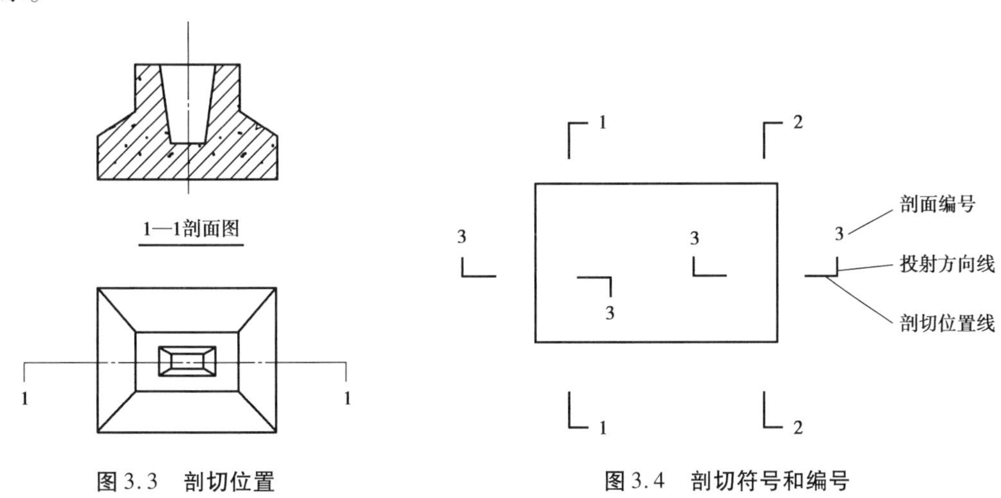

图 3.3 剖切位置　　图 3.4 剖切符号和编号

3.1.3 剖面图的类型

根据建筑形体被剖切平面剖开的程度和方式不同，剖面图分为全剖面图、半剖面图、局部剖面图、分层局部剖面图、阶梯剖面图和旋转剖面图。

1）全剖面图

用一个剖切平面将形体完整地剖切开，得到的剖面图称为全剖面图。全剖面图一般应用于不对称的建筑形体，或对称但较简单的建筑构件中。

图 3.5、图 3.6 所示为房屋的剖面图，其中图 3.5 是假想用一水平的剖切平面，通过门、窗洞将整幢房屋剖开，然后画出其整体的剖面图，表示房屋内部的水平布置。图 3.6 是假想用一铅垂的剖切平面，通过门、窗洞将整幢房屋剖开，画出从屋顶到地面的剖面图，以表示房屋内部的高度情况。在房屋建筑图中，将水平剖切所得的剖面图称为平面图，将铅垂剖切所得的剖面图称为剖面图。

2）半剖面图

当物体具有对称平面时，在平行于对称平面的投影面上投射所得的图形，可以对称中心线为界，一半画成表示内部结构的剖面图，另一半画成表示外形的视图，这样的图形称为半剖面图。半剖面图主要用于表达内外形状较复杂且对称的物体。

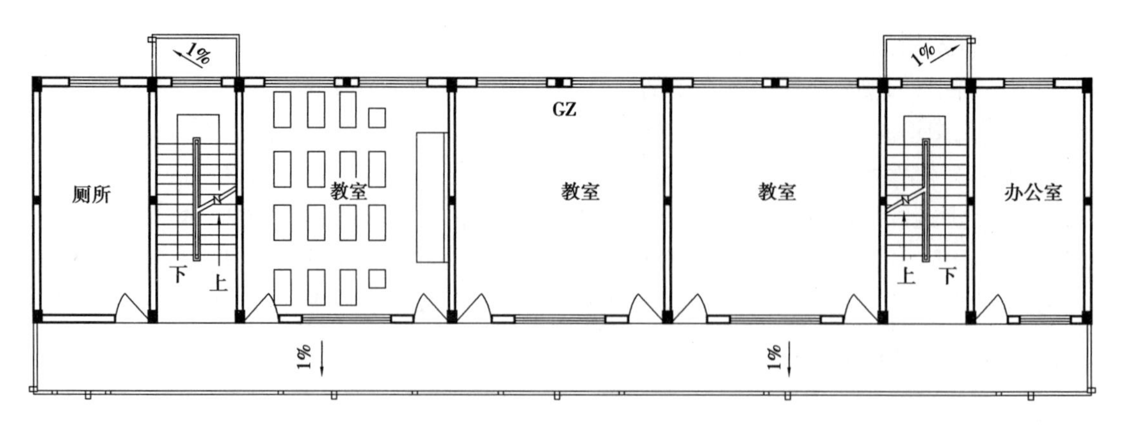

图 3.5　水平剖切

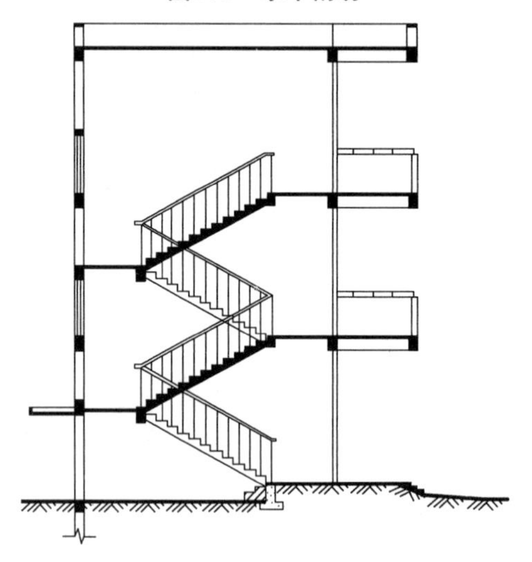

图 3.6　铅垂剖切

图 3.7 所示为杯形基础左右对称，所以剖面图是以对称中心线为界，一半画表达外形的视图，一半画表达内部结构的半剖面图，为了表明它的材料是钢筋混凝土，则在其断面内画出相应的材料图例。

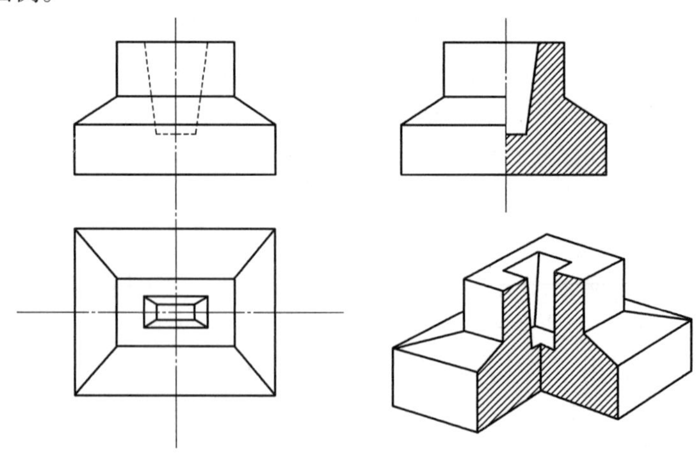

图 3.7　半剖面图

一般情况下,当对称中心线为铅垂线时,剖面图画在中心线右侧;当对称中心线为水平线时,剖面图画在水平中心线下方。由于未剖部分的内形已由剖开部分表达清楚,因此表达未剖部分内形的虚线省略不画。

剖面图中剖与不剖两部分的分界用对称符号标出。对称符号由对称线和两端的两对平行线组成。对称线用细单点标线绘制,平行线用细实线绘制,长度为6～10 mm,每对平行线的间距为2～3 mm。

3)局部剖面图

用剖切面局部地剖开物体所得的剖面图称为局部剖面图。局部剖面图适用于内外形状均需表达且不对称的物体。局部剖面图用波浪线将剖面图与外形视图分开;波浪线不应与图样上的其他图线重合,也不应超出轮廓线。

局部剖面图中大部分投影表达外形,局部表达内形,而且剖切位置都比较明显,所以,一般情况下图中不需要标注剖切符号及剖面图的名称。

如图3.8所示,为了表示杯形基础内部钢筋的配置情况,仅将其水平投影的一角作剖切,正面投影仍是全剖面图,由于画出了钢筋的配置,可不再画材料图例符号。

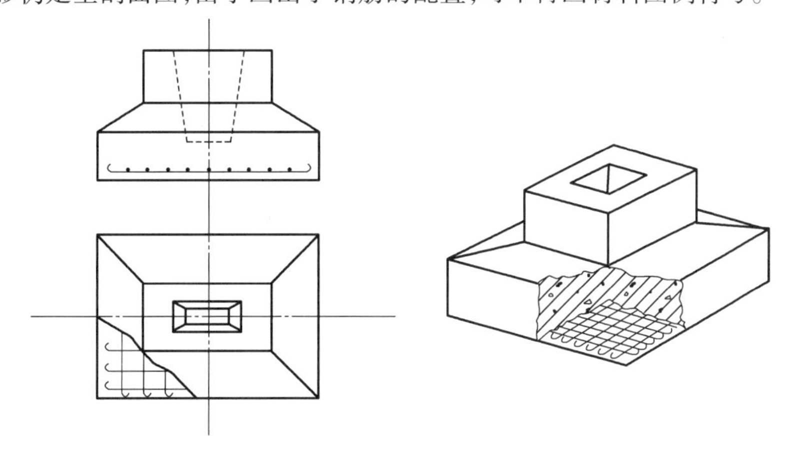

图3.8　局部剖面图

4)分层局部剖面图

在建筑工程图样中,对一些具有不同构造层次的工程建筑物,可按实际需要用分层剖切的方法进行剖切,从而获得分层局部剖面图。分层局部剖面图常用来表达墙面、楼面、地面和屋面等部分的构造及做法。如图3.9(a)所示为墙面的分层局部剖面图。图3.9(b)所示为楼面的分层局部剖面图。

5)阶梯剖面图

若一个剖切平面不能将形体需要表达的所有内部构造一起剖开时,可用剖切平面转折成阶梯形状,沿需要表达的部位将形体剖开,所作的剖面图称为阶梯剖面图,如图3.10所示。但需要注意这种转折一般以一次为限,其转折后由于剖切而使形体产生的轮廓线在剖面图中不应画出。

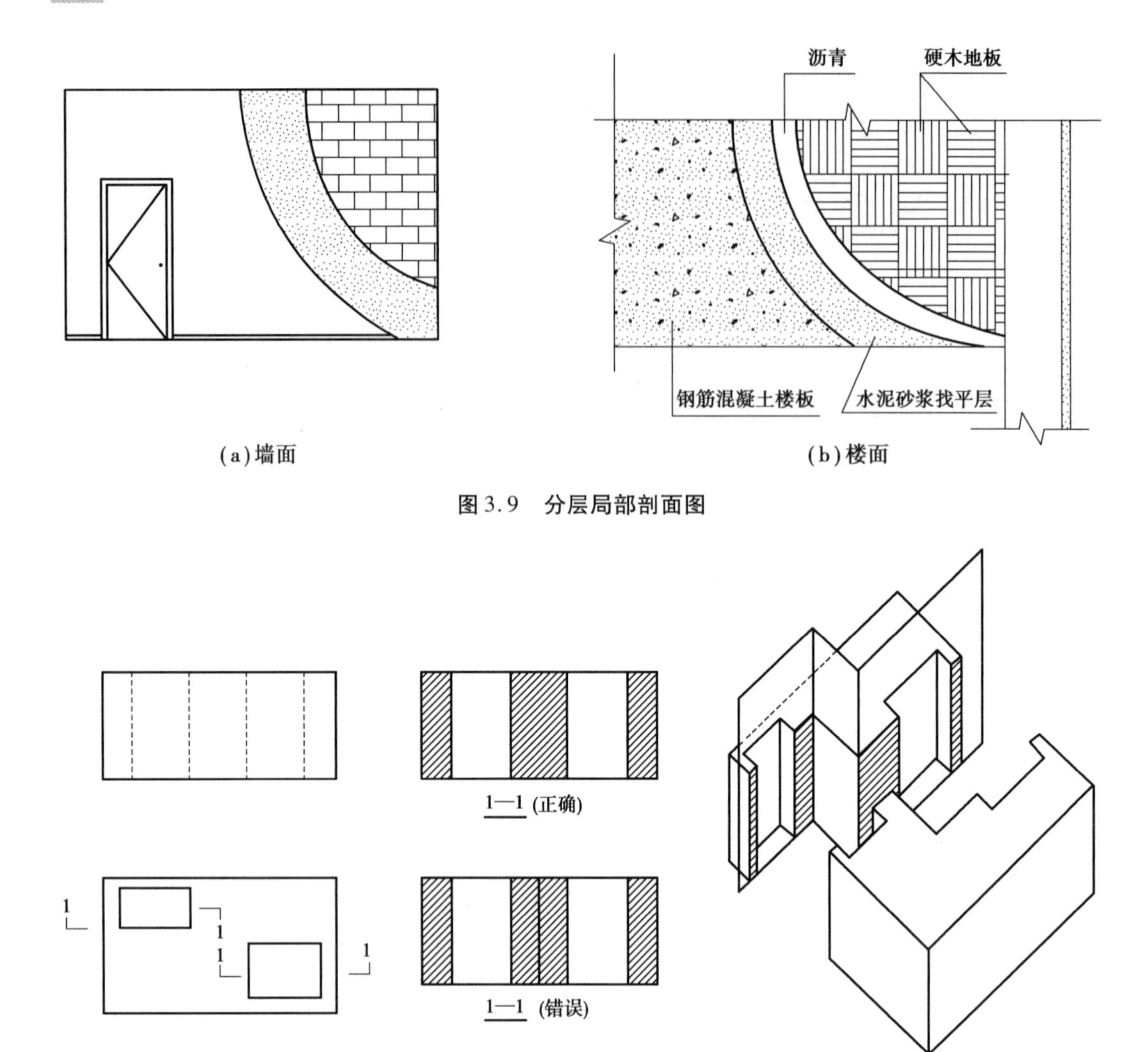

图 3.9　分层局部剖面图

图 3.10　阶梯剖面图

6)旋转剖面图

用两个或两个以上相交剖面作为剖切面剖开物体,将倾斜于基本投影面的部分旋转到平行于基本投影面后得到的剖面图,称为旋转剖面图,如图 3.11 中的剖面 2—2 所示。旋转剖适用于内外主要结构具有理想回转轴线的形体,而轴线恰好又是两剖切面的交线,且两剖切面中的一个应是剖面图所在投影面的平行面,另一个则是投影面的垂直面。

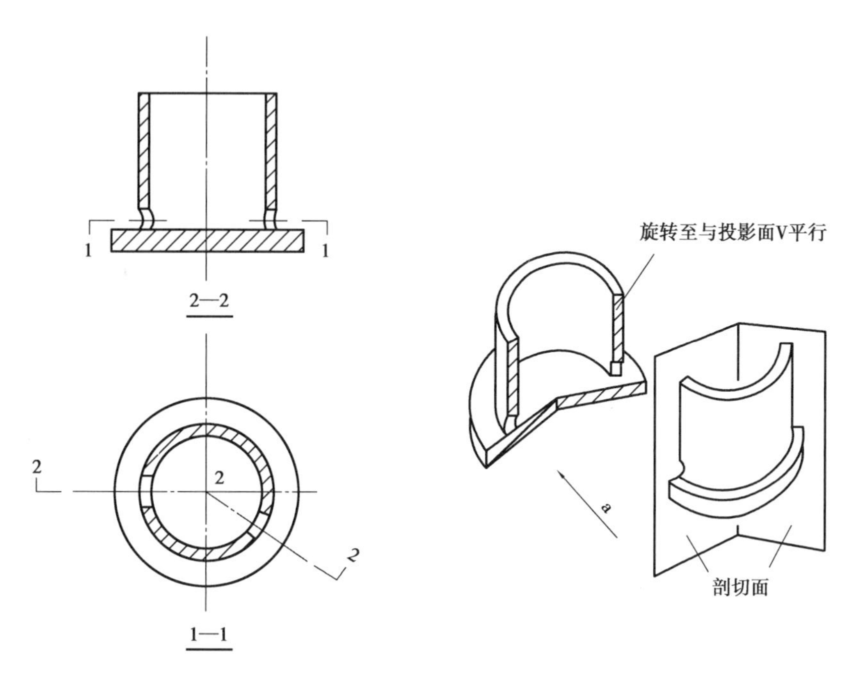

图 3.11 旋转剖面图

3.2 断面图

3.2.1 断面图的形成

断面图的形成:假想用剖切平面将物体的某处切断,仅画出该剖切面与物体接触部分的图形,该图形称为断面图,简称断面或截面。断面图常用于表达建筑工程梁、板、柱的某一部位的断面真形,也用于表达建筑形体的内部形状。断面图常与基本视图和剖面图互相配合,使建筑形体表达得完整、清晰、简明,如图 3.12 所示。

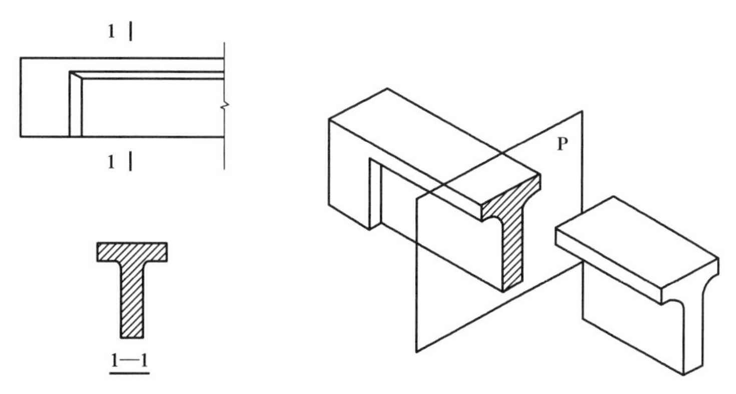

图 3.12 断面图的形成

3.2.2 断面图的标注

1)断面图符号

①用剖切位置线表示剖切平面的位置,用长度 6 ~ 10 mm 的粗实线绘制。

②在剖切位置线的一侧标注剖切符号的编号,按顺序编排,编号应写在剖切位置线的一

侧,编号所在的那侧即是断面剖切后的投射方向,断面图中没有专门的投射方向线。

③在断面图的下方标注断面图的名称×—×。

2)断面图与剖面图的关系

断面图与剖面图的区别和联系有3点:

①概念不同。断面图只画形体与剖切平面接触的部分,而剖面图画形体被剖切后剩余部分的全部投影,即剖面图不仅画剖切平面与形体接触的部分,还要画出剖切平面后面没有被切到的可见部分。如图3.13所示为带牛腿的工字形柱,图3.14(a)为该柱子的1—1、2—2剖面图,图3.13(b)为该柱子的1—1、2—2断面图,从断面中可知,该柱子上柱的截面形状为矩形,下柱的截面形状为工字形。

②剖切符号不同。断面图的剖切符号是一条长度为6~10mm的粗实线,没有剖视方向线,剖切符号旁编号所在的一侧是剖视方向。

③剖面图中包含断面图。

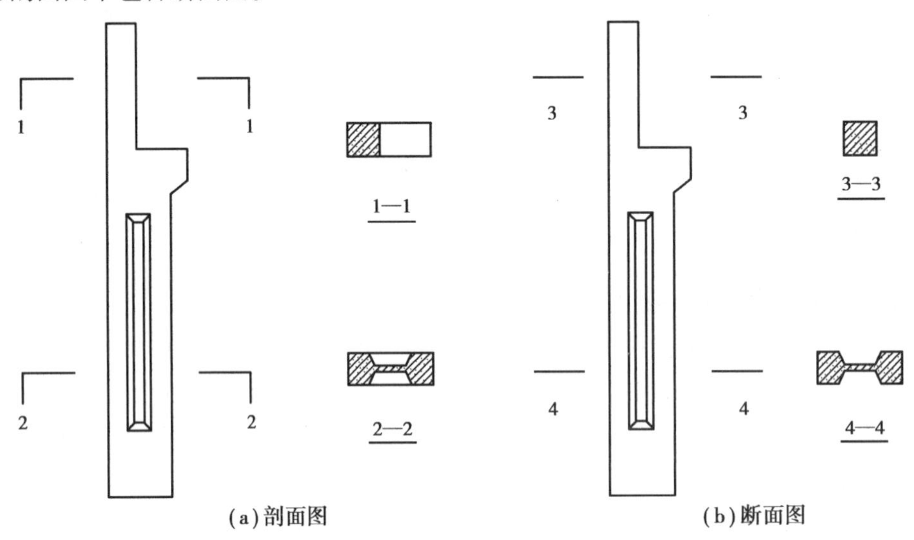

图3.13 工字形牛腿柱的剖面图与断面图的区别

3.2.3 断面图的种类

由于构件的形状不同,采用断面图的剖切位置和范围也不同,一般可将断面图分为3种类型。

1)移出断面

将形体某一部分剖切后所形成的断面移画于原投影图旁边的断面图称为移出断面,图3.13(b)所示为某工字梁的移除断面图。断面图的轮廓线应用粗实线,轮廓线内画相应的图例符号。断面图应尽可能地放在投影图附近,以便识图。断面图也可以适当地增大比例,以利于标注尺寸和清晰地反映内部构造。在实际施工图中,很多构件都是用移出断面图表达其形状和内部构造的。

2)重合断面图

将断面图直接画于投影图中,使断面图与投影图重合在一起的称为重合断面图。重合断面图通常在整个构件的形状基本相同时采用,断面图的比例必须和原投影的比例一致,如

图3.14(a)所示的工字梁的重合断面图。在房屋建筑中,为表达建筑立面装饰线脚,断面轮廓线也可以是不闭合的,其重合断面的轮廓用粗实线画出,且在断面轮廓线的内侧加画剖面线,如图3.15所示。实际工程中,结构梁板的断面图可画在结构布置图上,如图3.16所示。

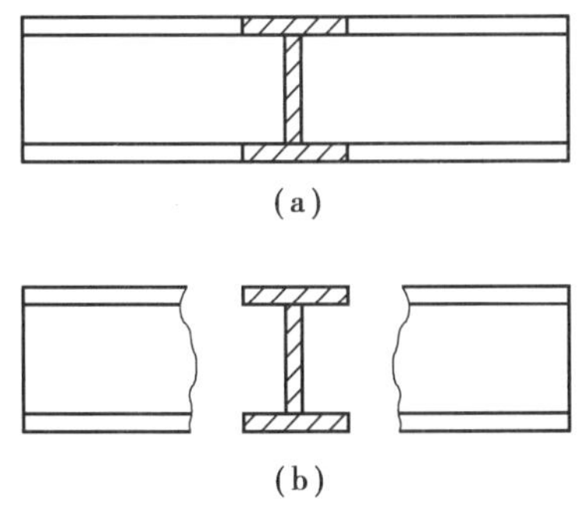

(a)

(b)

图3.14 重合断面图与中断断

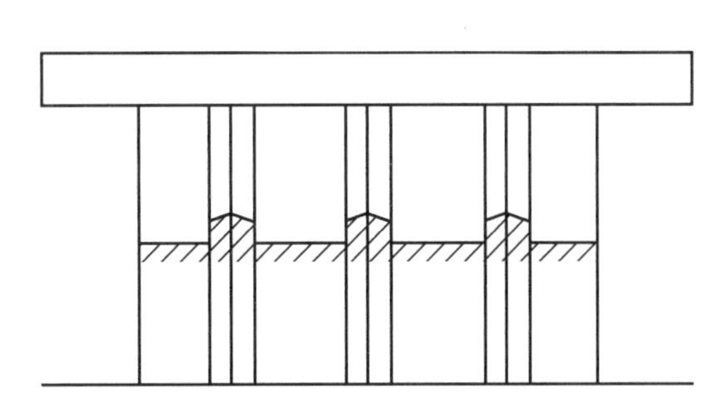

图3.15 重合断面图(建筑立面装饰线脚)

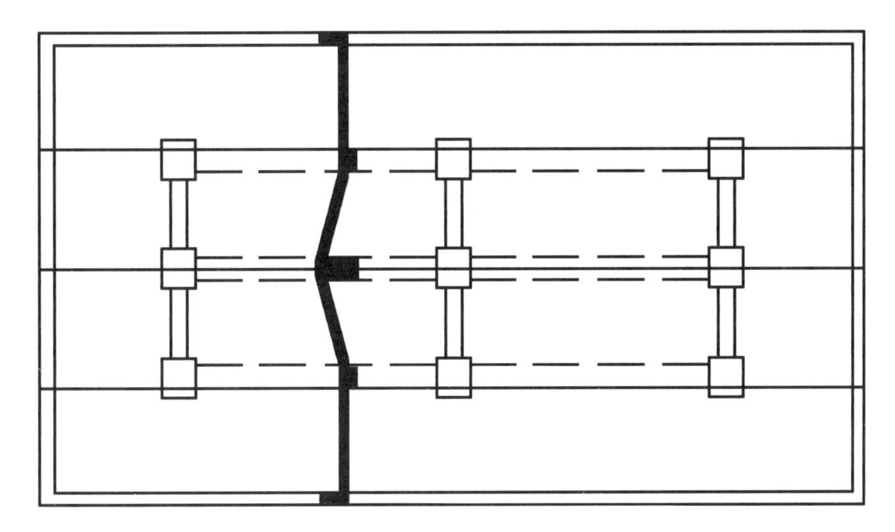

图3.16 重合断面(断面图画在结构布置图上)

3)中断断面

对于单一的长杆件,也可以在杆件投影图的某一处用折断线断开,然后将断面图画于其中,不画剖切符号,图3.14(b)为工字梁的中断断面图。

习题

一、填空题

1. 剖面图的剖切符号由________、________、________组成。

2. 剖切位置线的现行为________,长度为________ mm。

3. 根据断面图所在的位置不同,断面图分为________、________、________。

4. 剖面图的剖切平面一般选择在________面上,或通过孔、洞、槽的对称线或________,或有代表性的位置。

5. 根据《房屋建筑制图统一标准》(GB/T 50001—2017)规定,形体被剖切到的轮廓线用________线绘制。

二、判断正误题

1. 半剖面图适用于表达内外结构形状对称的形体。 (　　)

2. 剖面图主要用于表达空心物体的内腔情况,断面图主要用于表达实心物体的截面形状。 (　　)

3. 半剖面图一般应画在水平对称轴线的上侧或垂直对称轴线的右侧。 (　　)

4. 假想用一个平面把物体切开,移去观察者和剖切面之间的部分,将余下部分向投影面投影,所画的图形称为断面图。 (　　)

5. 重合断面不需标注剖切符号和编号。

三、作图题

1. 作杯形基础的 1—1 剖面图与断面图。

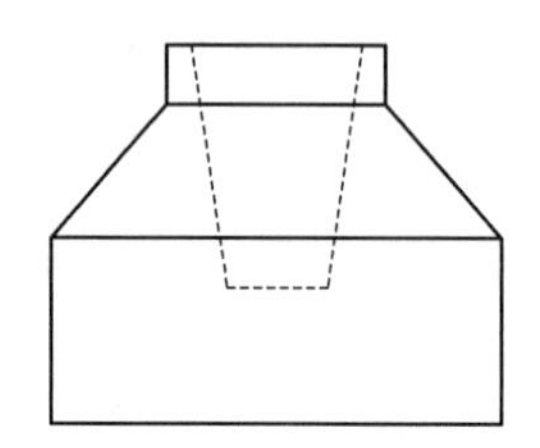

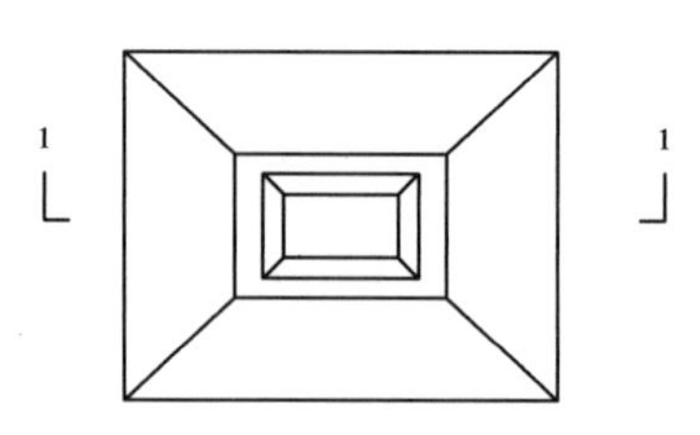

图 3.17　习题图 1

2. 作台阶的 1—1 剖面图与断面图。

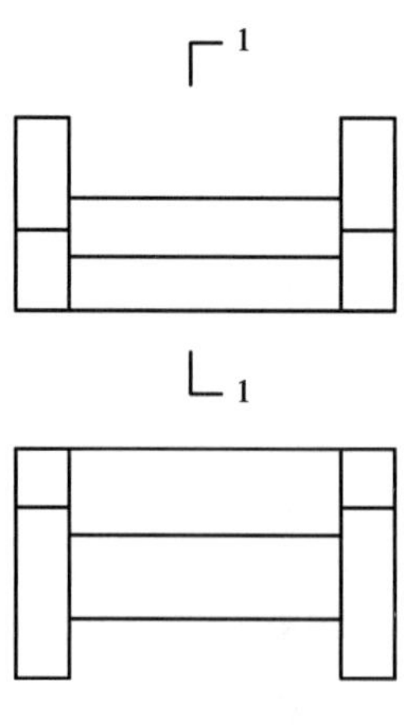

图 3.18　习题图 2

模块 2

CAD 绘图

任务4　几何图形的绘制

任务目标

知识目标：

(1)了解 AutoCAD 软件的基础知识、基本功能及特点。

(2)熟悉 AutoCAD 的工作界面及包括的内容。

(3)利用 AutoCAD 绘图命令绘制几何图形的方法。

(4)对 AutoCAD 绘制的几何图形进行编辑的方法。

能力目标：

(1)掌握 AutoCAD 绘图环境设置的技能。

(2)掌握图框、标题栏的绘制及图形编辑的技能。

任务情境

CAD 基础知识是绘制任何图形的基础。CAD 基础知识包括绘图界面认识，打开、保存方法的操作等。绘图环境是设计者与 AutoCAD 软件的交流平台，符合绘图规范的绘图界面是绘制 AutoCAD 图形的前提条件。设置绘图环境，需对单位、图形界面、文字样式、标注样式、图层、线型等进行相关的设置。

4.1　AutoCAD 2018 基础知识

项目导入：

如何利用 AutoCAD 软件绘制房屋立面图，如图4.1所示。

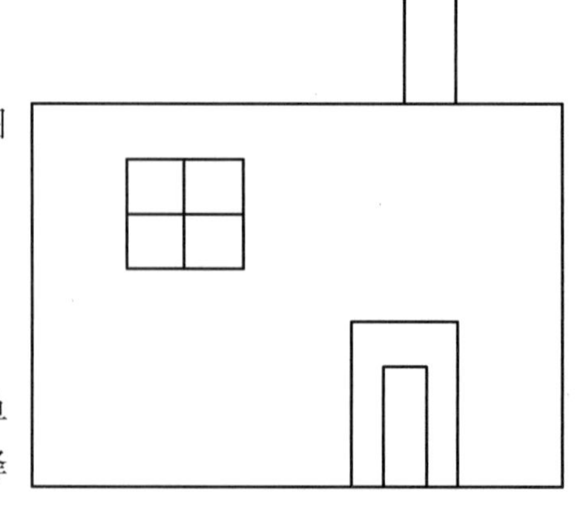

图4.1　房屋立面图

4.1.1　启动与退出 AutoCAD 2018

1)启动 AutoCAD 2018 的方法

启动 AutoCAD 2018 的方法有下述两种。

①双击电脑桌面上的 AutoCAD 快捷图标；或者单击电脑桌面上的 AutoCAD 图标，单击鼠标右键选择“打开”。

②打开“开始”→“程序”→“Autodesk”，其中子菜

单显示 AutoCAD 2018 的快捷图标,单击即可打开。

2)退出 AutoCAD 2018

退出 AutoCAD 2018 的方法有下述 3 种。

①单击 AutoCAD 界面右上角的 ×按钮。

②选择菜单栏中"文件"→"退出",或者使用快捷键"Ctrl+Q"退出。

③单击标题栏中的 AutoCAD 图标,弹出下拉菜单,选择"关闭"按钮,也可以输入快捷键"Alt+F4"退出。

4.1.2　AutoCAD 2018 新建、保存、打开

在 AutoCAD 2018 中新建图形文件与打开现有文件进行编辑是最常用管理图形文件的方法。

1)新建图形文件

要创建新图形文件,可以在快捷工具栏中单击"新建"按钮,或者在软件界面内输入"Ctrl+N"快捷键;打开"选择样板"对话框,选择"acadiso"样板,如图 4.2 所示,单击打开即可。

图 4.2　"选择样板"对话框

2)保存图形文件

要保存正在编辑或者研究编辑的图形文件,可以直接在快捷工具栏中单击"保存"按钮或者使用"Ctrl+S",弹出"图形另存为"的对话框,单击选择保存文件的磁盘,在"文件名"中输入所编辑的图形文件,如输入"CAD 绘图",再单击保存即可,如图 4.3 所示。

3)打开文件

要打开图形文件,可以直接在快捷工具栏中单击"打开"按钮或者使用快捷键"Ctrl+O",弹出"选择文件"对话框,选择刚才保存的"CAD 绘图",单击"打开"即可进入绘图界面,如图 4.4 所示。

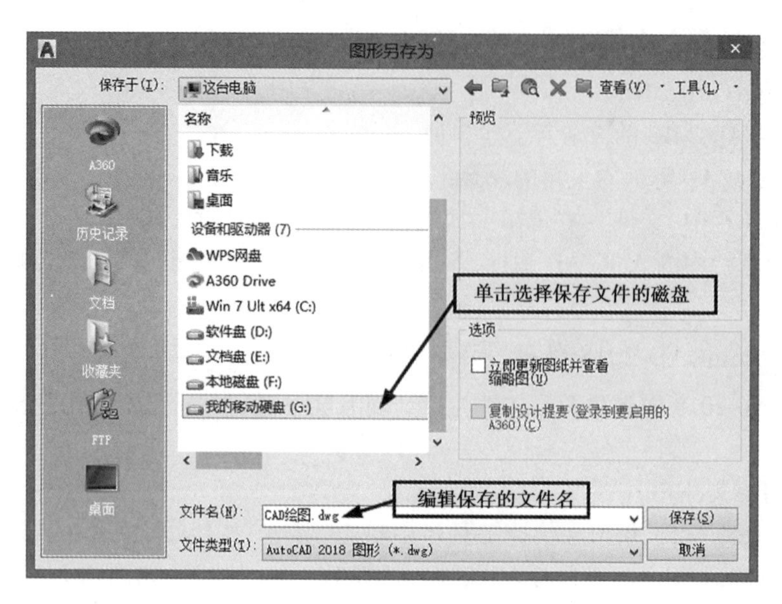

图 4.3 “图形另存为”的对话框

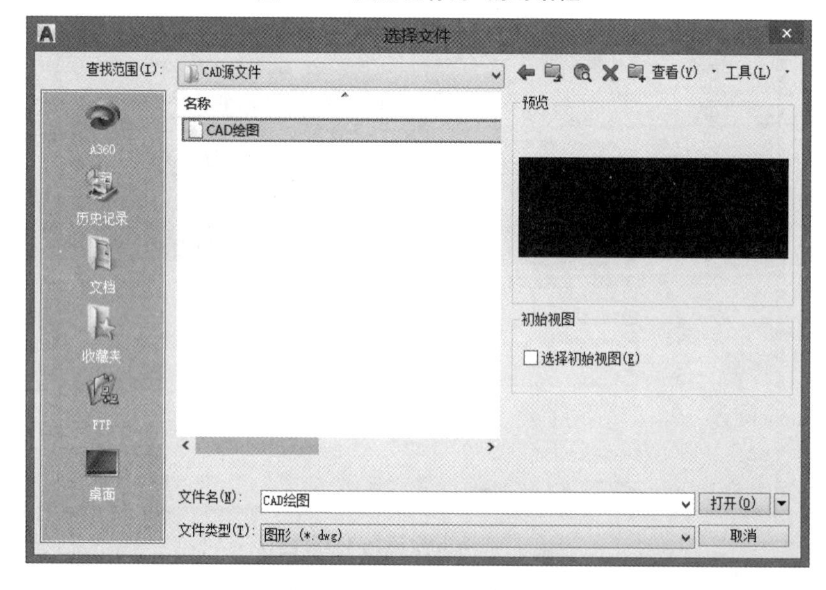

图 4.4 “选择文件”对话框

4.1.3 AutoCAD 2018 界面的组成

AutoCAD 2018 屏幕界面主要由标题栏、菜单栏、工具栏、“面板”选项板、绘图窗口、命令窗口和状态栏等部分组成；单击 CAD 界面右下角状态栏中的齿轮“切换工作空间”，设置 CAD 绘图界面为“草图与注释”模式，如图 4.5 所示。

1）标题栏

标题栏位于应用程序窗口的最上面，用于显示当前正在运行的程序及文件名等信息，如果是 AutoCAD 默认的图形文件，其名称为“Drawing1.dwg”。单击标题栏右端的按钮，可以最小化、最大化或关闭应用程序窗口。标题栏的最左边是应用程序的小图标，单击将会弹出 AutoCAD 窗口的下拉菜单，可以执行新建、打开、保存、另存为、输入、输出、发布、打印、关闭

AutoCAD 等操作。

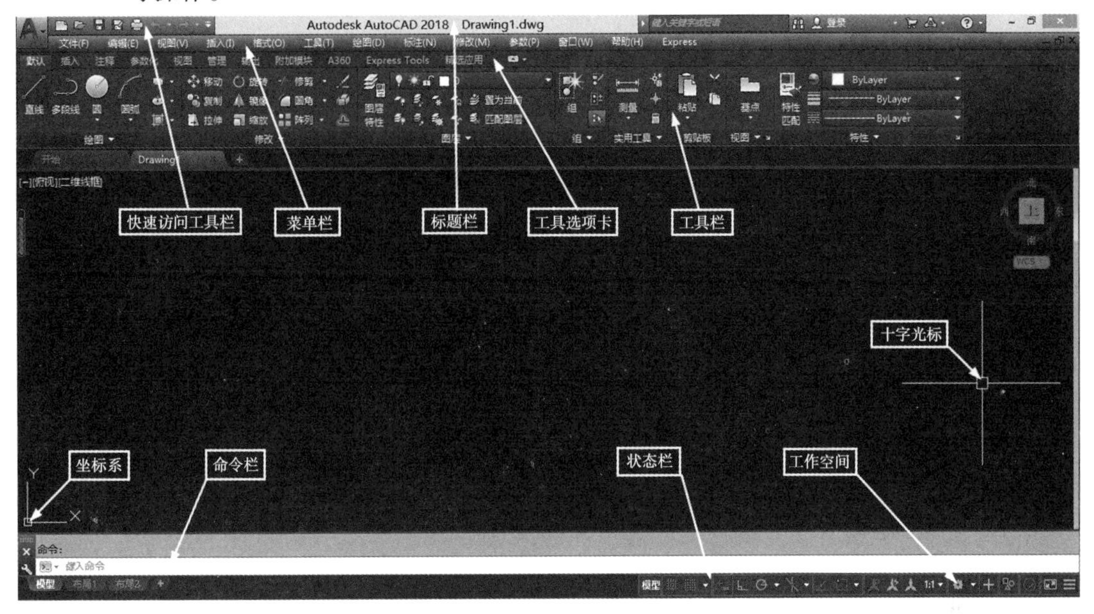

图 4.5　AutoCAD 2018 绘图界面

2) 菜单栏

菜单栏主要由"文件""编辑""视图"等菜单组成,几乎包括了 AutoCAD 中的全部功能和命令。

3) 工具栏

在 AutoCAD 2018 版本中,工具栏集合了绘图、修改、图层、注释等面板,如图 4.6 所示。工具栏是应用程序调用命令的另一种方式,它包含许多由图标表示的命令按钮。系统提供了 20 多个已命令的工具栏,当要调用其他工具栏时,可将鼠标移至工具栏空白处,单击鼠标右键,出现显示面板,选择所需工具即弹出对应的工具面板,如图 4.7 所示。

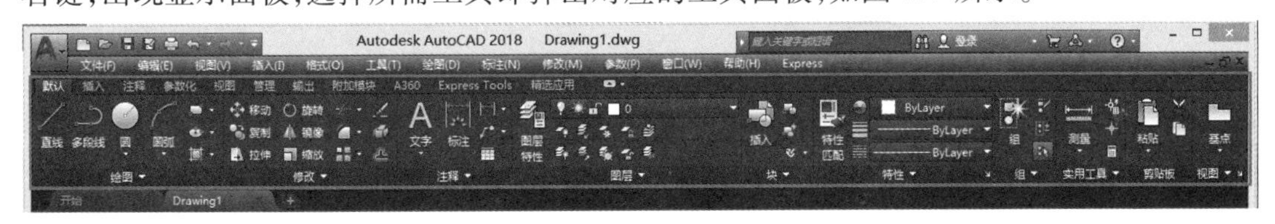

图 4.6　工具栏

4) 绘图窗口

绘图窗口是绘图工作区域,所有的绘图结果都反映在此窗口中。可以根据需要关闭其周围和里面各个工具栏,以增大绘图空间。如果图纸比较大,需要查看未显示部分时,可以单击菜单栏中的"视图"→"重生成",或者输入重生成快捷键"RE"即可缩放、移动查看图纸。

5) 命令窗口

"命令行"窗口位于绘图窗口底部,用于接收输入的命令,并显示 AutoCAD 提示信息。在 AutoCAD 2018 中,"命令行"窗口可以拖拽为浮动窗口。

图 4.7　显示面板

下面介绍 AutoCAD 2018 命令中各种符号的约定：

①“/”：分隔符号，将 AutoCAD 2018 命令中的不同选项分开，每一选项的大写字母表示缩写方式，可直接键入此字母执行该选项。

②“<>”：次括号内为系统默认值（一般称为缺省值），或当前要执行的选项，如不符合用户的绘图要求，可输入新值。

中途退出命令可直接按“Esc”键。执行完某个命令后，使用回车键、空格键或鼠标右键，可重复执行该命令。

6）状态栏

状态栏用来显示 AutoCAD 当前的状态，如当前光标的坐标、辅助绘图工具、命令和按钮的说明等。下面着重介绍辅助绘图工具。

（1）捕捉与栅格

捕捉和栅格在绘图中起辅助作用。

【例 4.1】设置捕捉与栅格 X 轴与 Y 轴间距为 20 mm，绘图如图 4.8 所示房屋立面图。

操作步骤：

①在状态栏“显示捕捉参照线”上单击鼠标右键，选择“对象捕捉追踪设置”，弹出对话框，将捕捉 X 轴和 Y 轴间距都设为“20”，栅格 X 轴、Y 轴间距都设为 “20”。

②将“捕捉”与“栅格”启用。

③利用“直线/L”命令从左下角开始绘制。

（2）正交

建筑施工图中的图线大部分都是水平线与竖直线，为了方便绘图，可以利用正交功能来加快绘图速度。也可以输入快捷键“F8”打开正交模式。

【例 4.2】利用“正交”命令绘制如图 4.9 所示外围正方形。

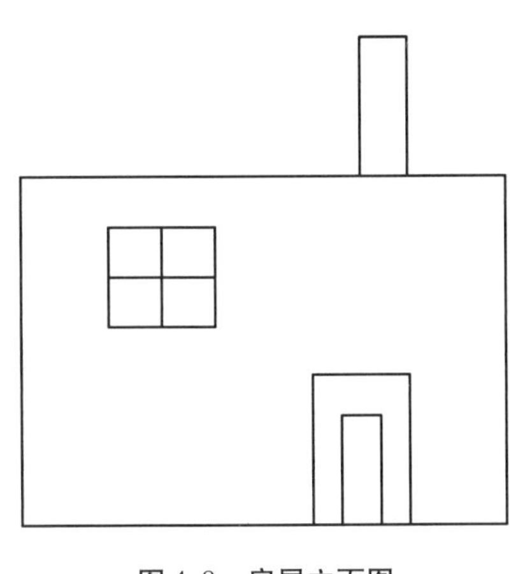

图4.8　房屋立面图

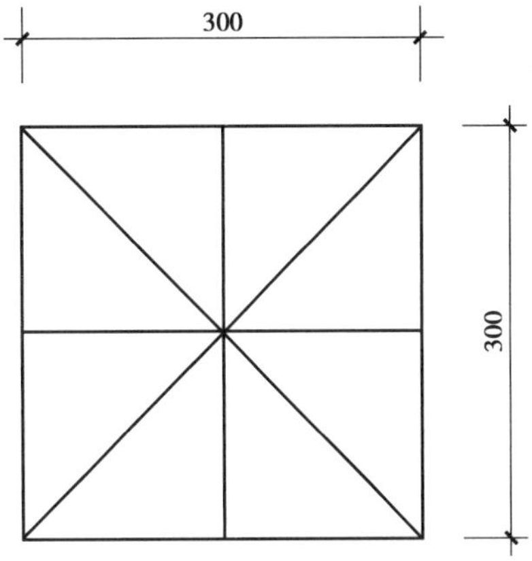

图4.9　正方形

操作步骤：

将"正交"启用。

命令：L↵(↵表示 Enter 回车键,下同)

LINE

指定第一个点：________(在绘图区任一位置单击,作为建筑为轮廓的左下角点)

指定下一点或[放弃(U)]：300↵(将向上移动,形成一条竖线,输入300,回车)

指定下一点或[放弃(U)]：300↵(将鼠标向右移动,形成一条水平直线,输入300,回车)

指定下一点或[闭合(C)/放弃(U)]：300↵(将鼠标向下移动,形成一条竖直线输入300,回车)

指定下一点或[闭合(C)/放弃(U)]：c__(输入c,形成一个闭合图形)

命令:L↵(连接中间的十字形线段和交叉线段)

命令：　LINE

指定第一个点：

指定下一点或[放弃(U)]：

指定下一点或[放弃(U)]：

命令：　LINE

指定第一个点：

指定下一点或[放弃(U)]：

指定下一点或[放弃(U)]：

命令：　LINE

指定第一个点：

指定下一点或[放弃(U)]：

指定下一点或[放弃(U)]：

命令：　LINE

指定第一个点：

指定下一点或[放弃(U)]：

指定下一点或[放弃(U)]：

(3)对象捕捉

捕捉就是当执行操作时需要输入点时，调用对象捕捉命令来完成端点、中点、圆心、交点等输入点，从而加快绘图效率提高绘图精确度。

对象捕捉的打开方法有如下3种：

①临时性使用，在操作中按“Ctrl”+“Shift”+鼠标右键，在弹出的列表中选择“对象捕捉设置”弹出对话框。

②单击状态栏行中的“将光标捕捉到二维参照点”按钮使其变成蓝色或按功能键“F3”。

【例4.3】绘制如图4.10所示捕捉实例图样。

操作步骤：

①执行“多边形/POL”命令绘制。

②设置端点/交点捕捉，执行“直线/L”命令，绘制对角线。

③设置圆心与端点捕捉，执行“圆/C”命令，以六边形每个端点为圆心，到六边形中心位置为圆的半径，画6个圆。

④执行“修剪/TR”命令，将六边形以外多余的图线进行修剪，得到如图4.10所示图形。

【例4.4】绘制如图4.11所示捕捉实例图样。

操作步骤：

①执行“圆/C”命令绘制外围圆。

②设置象限点捕捉，执行“直线”命令，连接各象限点。

③设置圆心与切点捕捉，执行“圆/C”命令，绘制中间小圆。

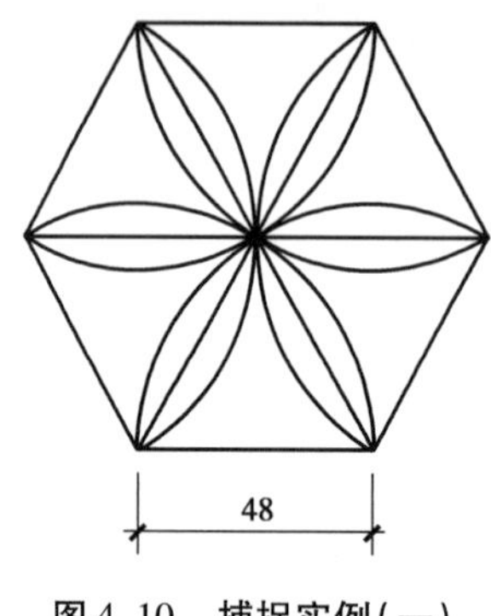

图4.10　捕捉实例(一)

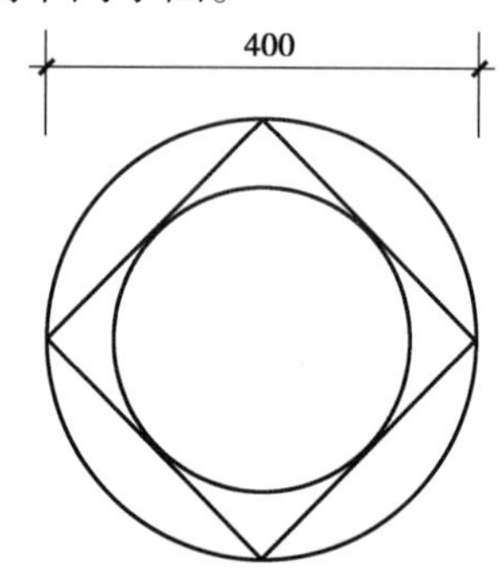

图4.11　捕捉实例(二)

4.1.4　AutoCAD 2018 目标选择

在绘图过程中，经常要选择对象，如要执行移动、复制或删除等操作时，在执行命令后都要选择编辑的对象，这里介绍5种常用的方法，如下所述。

1)单选(Single)对象

在需要选择对象时，鼠标的光标就变成一个小方框，通过单击左键，选中的对象变成虚线状态，表示该对象被选中。

2)窗口(Window)选择

如果选择的对象较多而又比较集中时，可以采用窗口选择的方法。窗口选择的方法是从绘图区左上角至右下角进行框选，框选后呈现蓝色区域，窗口选择的对象只包括全部在框选窗口内的对象，被选中的图形呈蓝色夹点显示，如图4.12所示。

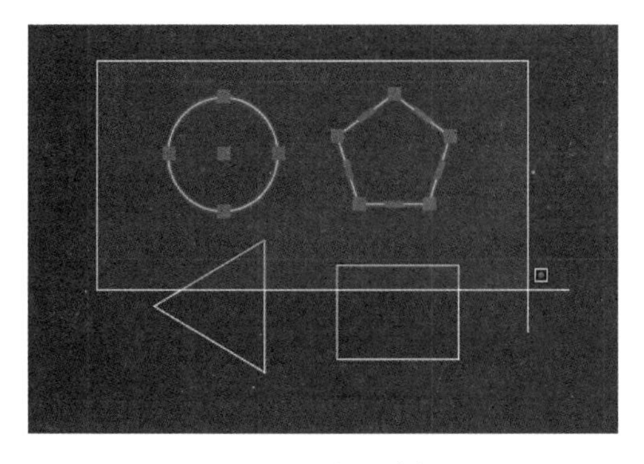

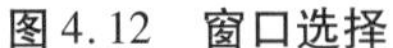
图4.12　窗口选择

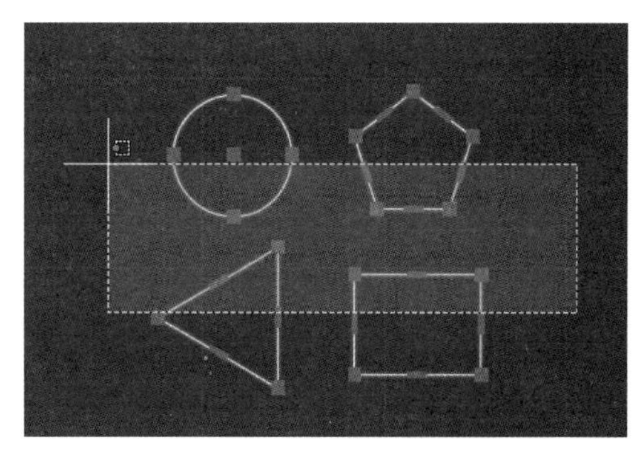

图4.13　交叉选择

3)交叉(Crossing)选择

交叉选择与窗口的不同之处就是与虚线框相交的对象均被选中,交叉选择的方法是从绘图区右下角至左上角进行交叉框选,框选后呈现绿色区域,交叉选择的对象为:只要图形部分在交选窗口虚线内的对象都会被选上,被选中的图形呈蓝色夹点显示,如图4.13所示。

4)全选(Ctrl+A)

如果需要选择全部对象,通过按"Ctrl+A"进行所有对象的选择,图形以蓝色夹点显示。

5)减少选择

从已选中对象中去掉某些误选的对象。如果要选择的对象密而多,但中间只有一两个对象不需要选择,那么就可以先进行全选择操作,然后再按住"Shift"键,将多误选的图形减选即可。

6)增加选择

当消除"对象选择对象"操作后,还需要增加其他对象时,可按住"Ctrl"加选所需图形,便可继续选择其他对象。

习题

1.绘制如图4.14所示的图形。

2.绘制如图4.15所示的图形。

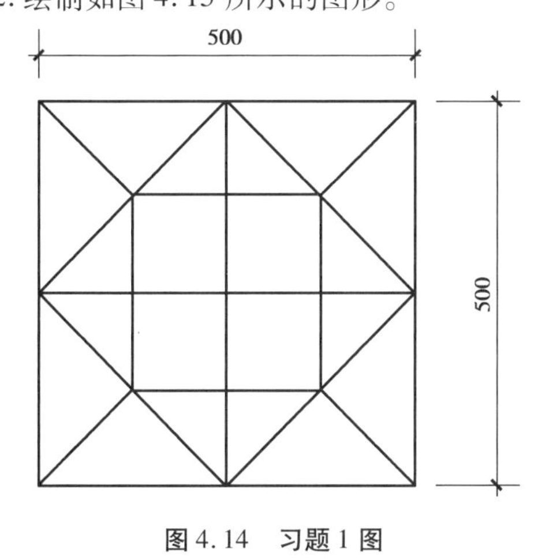

图4.14　习题1图

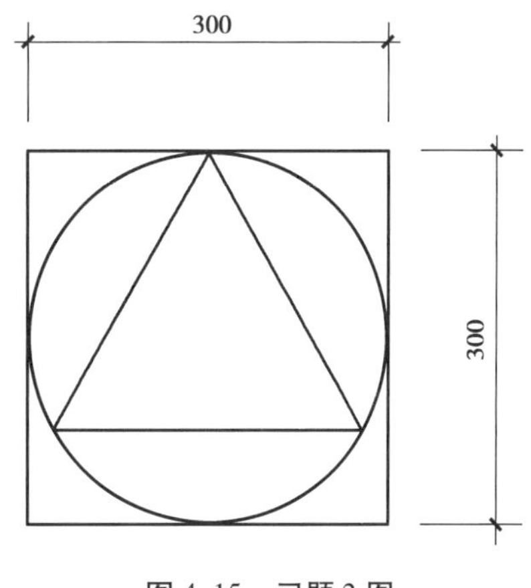

图4.15　习题2图

4.2 设置绘图环境

绘图环境是绘制所有图形的基础，学习者必须掌握。绘图环境包括对单位、图形界限、文字样式、标注样式、线型等设置。

4.2.1 绘图环境设置

启动 AutoCAD 2018，单击界面左上角“文件”中的“新建”命令，选择“acadiso. dwt”，并保存为“图框. dwg”。

1）设置图形界线

命令：limits ↵

重新设置模型空间界线：

指定左下角点［开（ON）/关（OFF）］<0,0>：↵（左下角点不变）

指定右下角点：1000,800 ↵

命令：Z ↵

指定窗口角点，输入比例因子（nX 或 nXP），或者［全部（A）/中心点（C）/动态（D）/范围（E）/上一个（P）/比例（S）/窗口（W）/对象（O）］<实时>：a ↵ 正在重生成模型。

2）设置单位

在菜单栏单击“格式”→“单位”，调整“精度”为“0.0”，“单位”为“毫米”，单击“确定”，如图 4.16 所示。

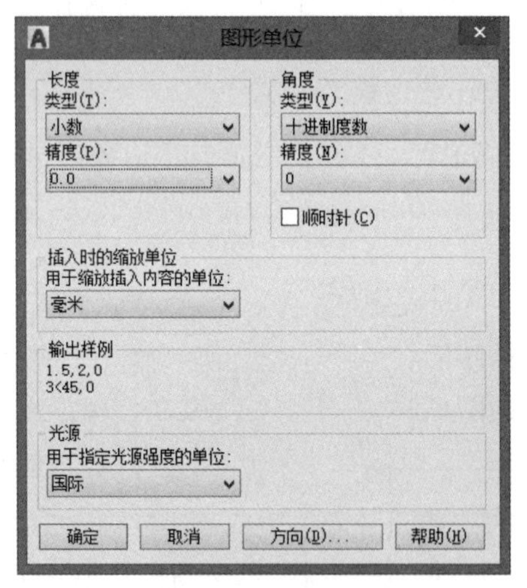

图 4.16 设置单位

3）设置文字样式

在菜单栏单击“格式”→“文字样式”，单击“新建”按钮，弹出“样式 1”，单击“确定”，如图 4.17 所示；“字体”为仿宋，“宽度因子”为 0.7，单击“应用”→“置为当前”→“关闭”，如图 4.18 所示。

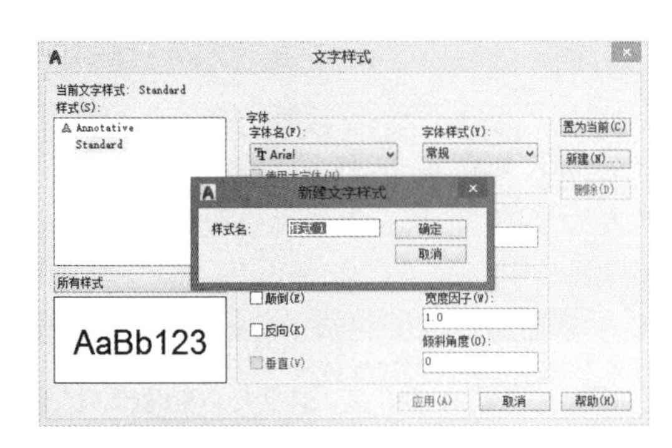

图 4.17　新建文字样式

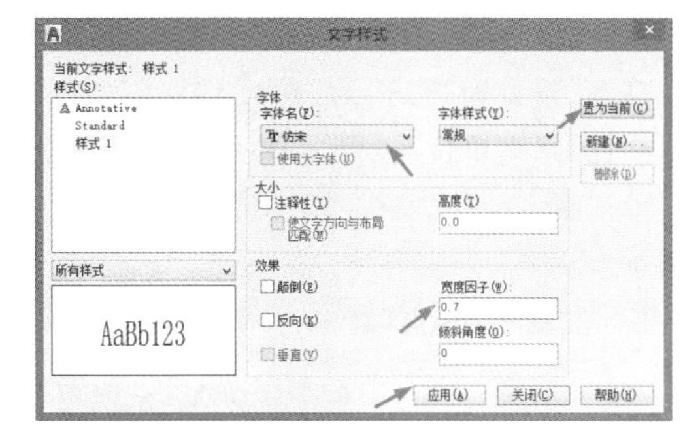

图 4.18　设置文字样式

4）设置标注样式

在菜单栏单击“格式”→“标注样式”，弹出“标注样式管理器”对话框，单击“新建”，如图 4.19 所示，选择新样式名“副本 ISO-25”→单击“继续”，如图 4.20 所示。

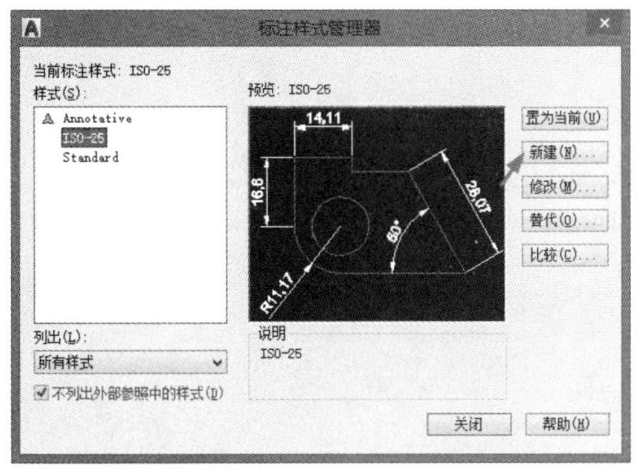

图 4.19　新建标注样式

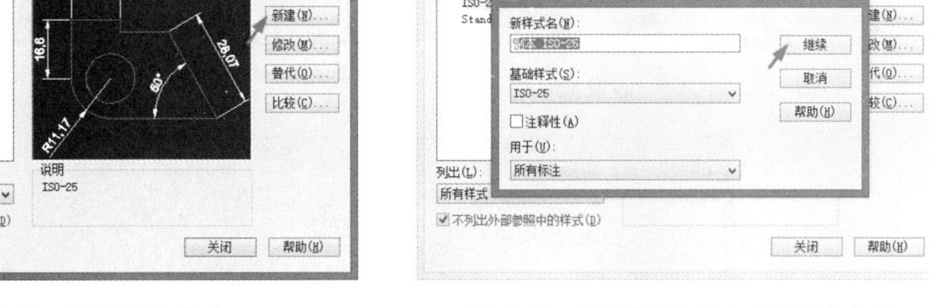

图 4.20　创建“副本 ISO-25”标注样式

针对“线”的设置，将右侧“超出尺寸线”设置为 2，“起点偏移量”设置为 2，如图 4.21 所示。

针对“符号与箭头”的设置，将“箭头”→“第一个、第二个”设置为建筑标记，“箭头大小”设置为 2，如图 4.22 所示。

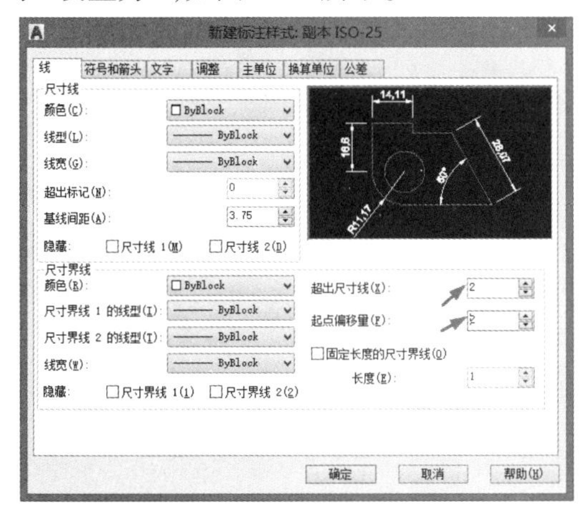

图 4.21　“线”的设置

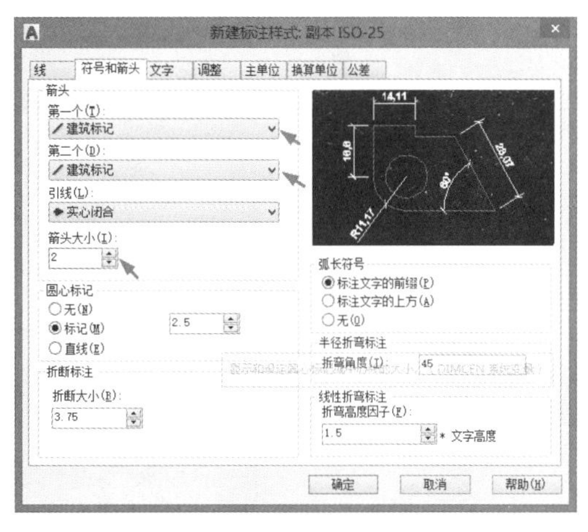

图 4.22　“符号与箭头”的设置

针对“文字”设置，在“文字样式”选项中单击右侧 Standard 三角形，选择“样式 1”，“文字高度”设置为“3.5”，如图 4.23 所示。

针对“主单位”设置，调整线性标注的“精度”为“0”，如图 4.24 所示。全部设置完毕之后单击确定，回到“标注样式管理器”界面，单击“置为当前”再单击“关闭”即可，如图 4.25 所示。

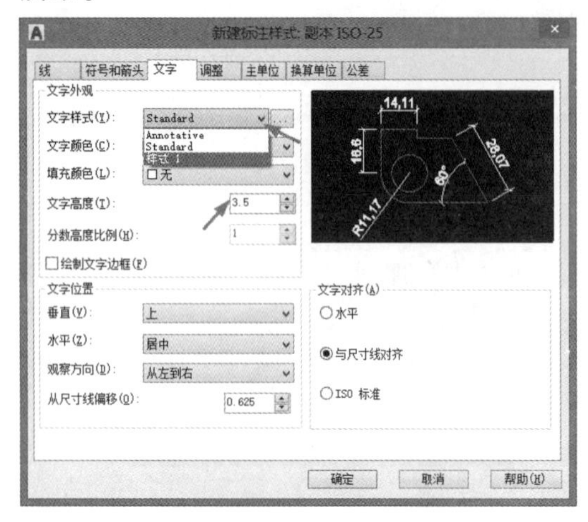

图 4.23　“文字”的设置

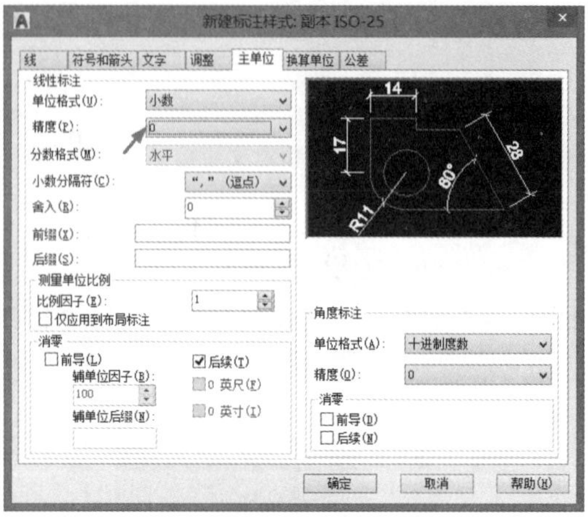

图 4.24　“主单位”的设置

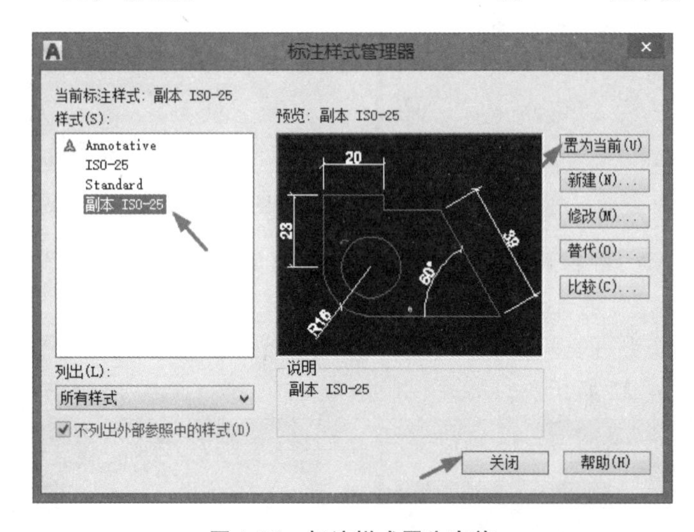

图 4.25　标注样式置为当前

5）设置图层

在菜单栏单击“格式”→“图层”，弹出图层特性管理器，通过“新建图层”，建立以下“图层”，如图 4.26 所示。设置完毕，再次单击“保存”。

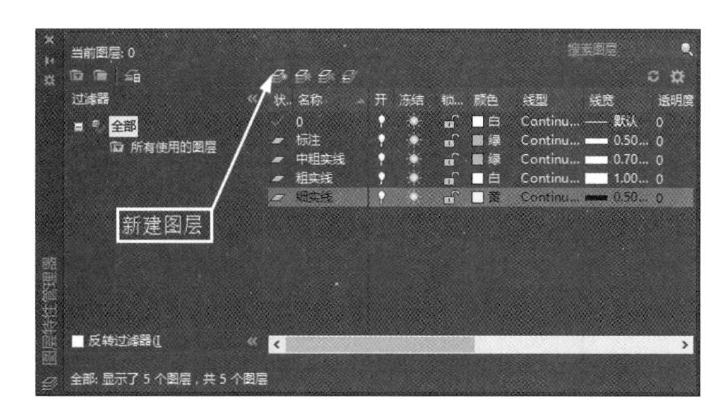

图 4.26　图层设置

4.2.2　设置参数选项

设置参数，首先选择“工具”，在最下面找到“选项”或者输入快捷命令“op”，进入对话框。设置文件自动保存的位置，如图 4.27 所示。在“显示”中调整“十字光标大小”，便于画图，如图 4.28 所示。自动保存时间可以设置为“5”，即 5 min 保存一次图形，如图 4.27 所示。根据绘图需求，调整“拾取框大小”，如图 4.28 所示。设置完毕，再次单击“保存”。

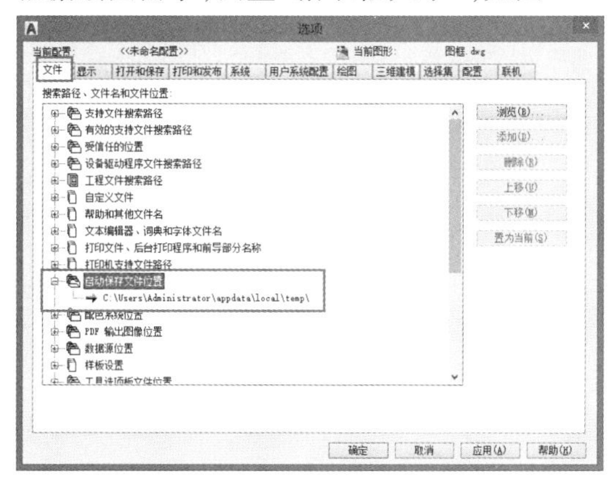

图 4.27　文件自动保存位置的设置

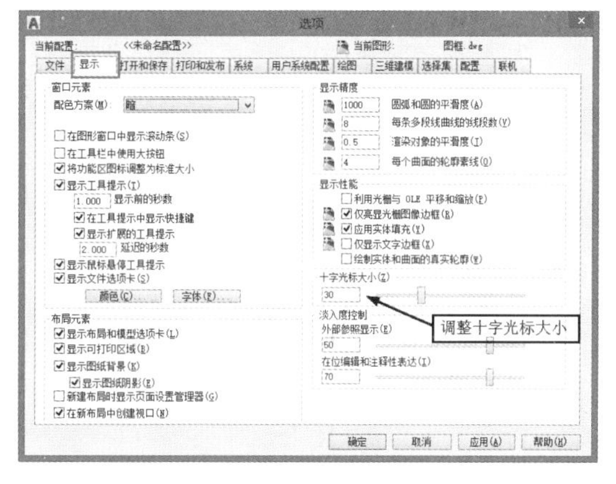

图 4.28　“显示”的设置

“打开与保存”设置如图 4.29 所示，“选择集”的设置如图 4.30 所示。

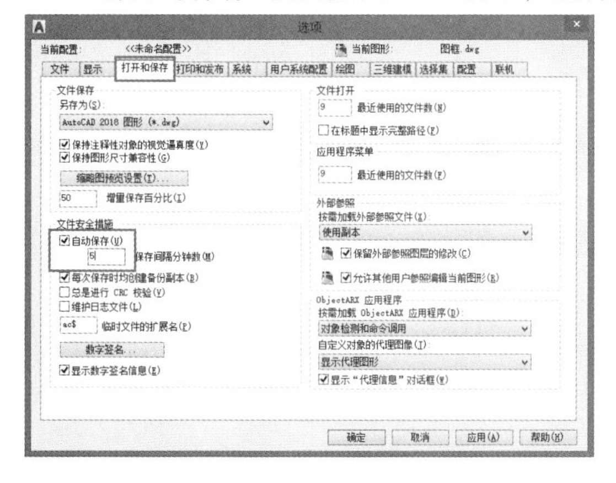

图 4.29　“打开与保存”的设置

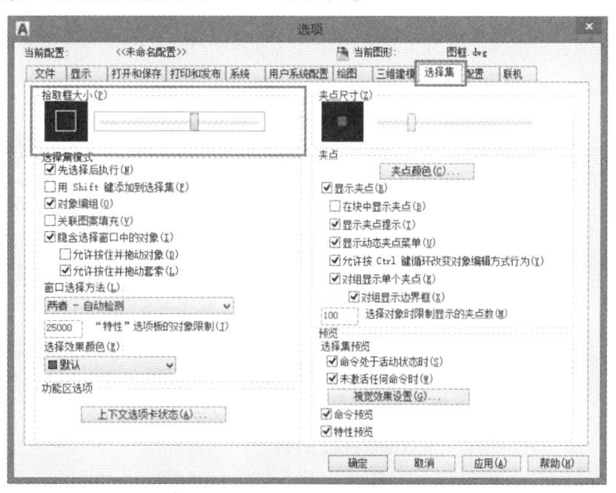

图 4.30　“选择集”的设置

【例4.5】绘制如图4.31所示图样。

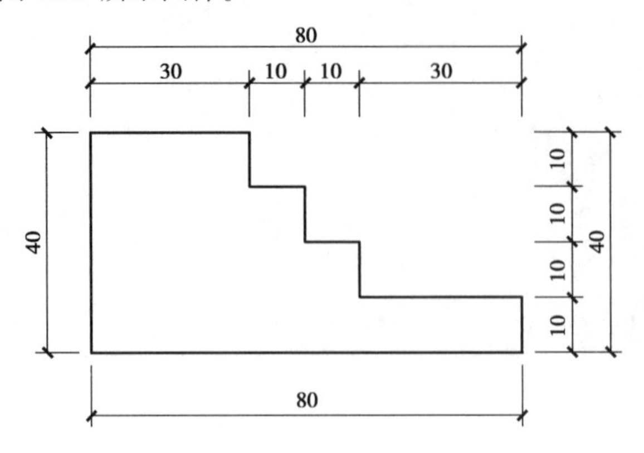

图4.31　例4.5图样

操作步骤:

(1)绘制图形

命令:L↵

LINE

指定第一个点:

指定下一点或[放弃(U)]:30↵

指定下一点或[放弃(U)]:10↵

指定下一点或[闭合(C)/放弃(U)]:10↵

指定下一点或[闭合(C)/放弃(U)]:10↵

指定下一点或[闭合(C)/放弃(U)]:10↵

指定下一点或[闭合(C)/放弃(U)]:10↵

指定下一点或[闭合(C)/放弃(U)]:30↵

指定下一点或[闭合(C)/放弃(U)]:10↵

指定下一点或[闭合(C)/放弃(U)]:80↵

指定下一点或[闭合(C)/放弃(U)]:c↵(闭合图形)

(2)标注尺寸

命令:DLI↵

命令:DLI

DIMLINEAR

指定第一个尺寸界线原点或 <选择对象>:

指定第二条尺寸界线原点:

指定尺寸线位置或

[多行文字(M)/文字(T)/角度(A)/水平(H)/垂直(V)/旋转(R)]:

标注文字 = 40

命令:　DIMLINEAR

指定第一个尺寸界线原点或 <选择对象>:

指定第二条尺寸界线原点:

指定尺寸线位置或
[多行文字(M)/文字(T)/角度(A)/水平(H)/垂直(V)/旋转(R)]:
标注文字 = 80
绘制效果如图 4.32 所示。

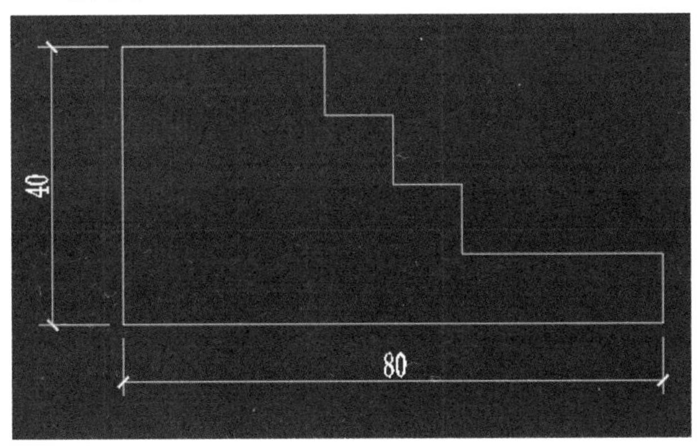

图 4.32　例 4.5 效果

命令: ↵（连续使用前一次执行的命令可以直接单击空格键或者按回车键）
DIMLINEAR
指定第一个尺寸界线原点或 <选择对象>:
指定第二条尺寸界线原点:
指定尺寸线位置或
[多行文字(M)/文字(T)/角度(A)/水平(H)/垂直(V)/旋转(R)]:
标注文字 = 20
用相同的方法标注其他尺寸。

习题

1. 绘制如图 4.33 所示的图形。
2. 绘制如图 4.34 所示的图形。

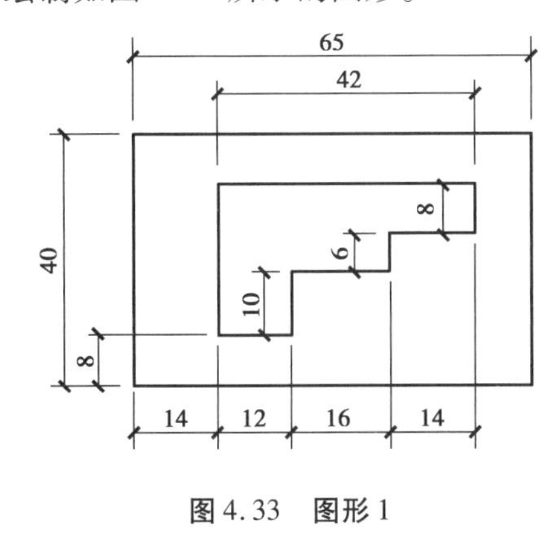

图 4.33　图形 1

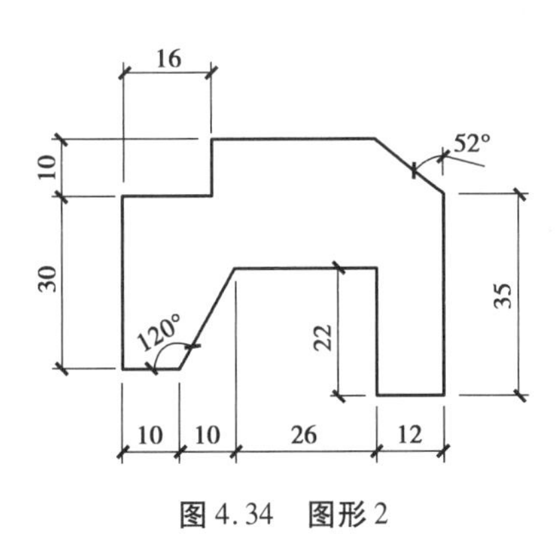

图 4.34　图形 2

4.3 图框绘制

项目导入：

图框主要用于表达图形内容，方便装订。那么，如何绘制如图4.35所示图框呢？

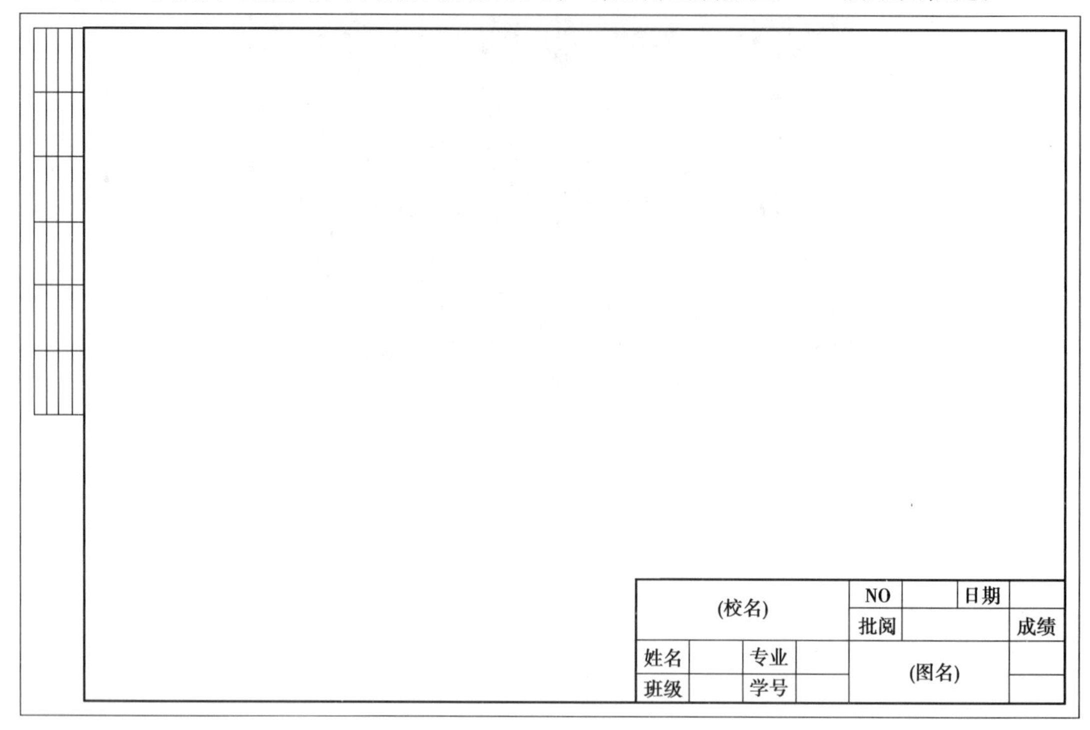

图4.35 图框

4.3.1 绘制边框线

1）绘制外框

用“直线”命令绘制。

命令：L↵（直线快捷命令）

指定第一点：（在左下角拾取一点，鼠标往上移）

指定下一点或[放弃(U)]：297↵（之后鼠标往右移）

指定下一点或[放弃(U)]：420↵（之后鼠标往下移）

指定下一点或[闭合(C)/放弃(U)]：297↵（之后鼠标往左移）

指定下一点或[闭合(C)/放弃(U)]：c↵（闭合）

外框完成如图4.36所示。

图4.36 外框

2）绘制内框

用“偏移”命令绘制。

命令：O↵（偏移快捷命令）

OFFSET

当前设置：删除源=否 图层=源 OFFSETGAPTYPE=0

指定偏移距离或[通过(T)/删除(E)/图层(L)] <8.0>：　5↵

选择要偏移的对象,或[退出(E)/放弃(U)] <退出>:(点取上方直线)

指定要偏移的那一侧上的点,或[退出(E)/多个(M)/放弃(U)] <退出>:

选择要偏移的对象,或[退出(E)/放弃(U)] <退出>:(点取右方直线)

指定要偏移的那一侧上的点,或[退出(E)/多个(M)/放弃(U)] <退出>:

选择要偏移的对象,或[退出(E)/放弃(U)] <退出>:(点取下方直线)

指定要偏移的那一侧上的点,或[退出(E)/多个(M)/放弃(U)] <退出>:

选择要偏移的对象,或[退出(E)/放弃(U)] <退出>:

命令：　OFFSET

当前设置：删除源=否　图层=源　OFFSETGAPTYPE=0

指定偏移距离或[通过(T)/删除(E)/图层(L)] <5.0>：　25↵

选择要偏移的对象,或[退出(E)/放弃(U)] <退出>:(点取左方直线)

指定要偏移的那一侧上的点,或[退出(E)/多个(M)/放弃(U)] <退出>:

选择要偏移的对象,或[退出(E)/放弃(U)] <退出>：　*取消*

用【修剪】命令修剪多余直线。

命令：TR

TRIM

当前设置:投影=UCS,边=无

选择剪切边…

选择对象或 <全部选择>：　指定对角点：找到 8 个 ↵

选择对象：

选择要修剪的对象,或按住 Shift 键选择要延伸的对象,或

[栏选(F)/窗交(C)/投影(P)/边(E)/删除(R)/放弃(U)]:(依次单击需要修剪多余的直线)

[栏选(F)/窗交(C)/投影(P)/边(E)/删除(R)/放弃(U)]：　↵

至此所画图形如图 4.37 所示。

图 4.37　外框

4.3.2 绘制会签栏框

用“直线”“偏移”命令绘制。

命令：L↵　　line(画会签栏上方的一条直线)

指定第一个点：(捕捉单击装订边框右侧上方直线的上端点，鼠标往左移)

指定下一点或[放弃(U)]：20↵(之后鼠标往下移)

指定下一点或[放弃(U)]：150↵(之后鼠标往右移)

指定下一点或[闭合(C)/放弃(U)]：20↵(之后鼠标往上移)

指定下一点或[闭合(C)/放弃(U)]：c↵(闭合)

命令：O↵(偏移快捷命令)

OFFSET

当前设置：删除源=否　图层=源　OFFSETGAPTYPE=0

指定偏移距离或[通过(T)/删除(E)/图层(L)] <通过>：5↵(选择会签栏左侧直线，鼠标往右移)

选择要偏移的对象，或[退出(E)/放弃(U)] <退出>：……(反复偏移 3 条直线)

指定要偏移的那一侧上的点，或[退出(E)/多个(M)/放弃(U)] <退出>：

选择要偏移的对象，或[退出(E)/放弃(U)] <退出>：

指定要偏移的那一侧上的点，或[退出(E)/多个(M)/放弃(U)] <退出>：

选择要偏移的对象，或[退出(E)/放弃(U)] <退出>：

指定要偏移的那一侧上的点，或[退出(E)/多个(M)/放弃(U)] <退出>：

选择要偏移的对象，或[退出(E)/放弃(U)] <退出>：

命令：O

OFFSET

当前设置：删除源=否　图层=源　OFFSETGAPTYPE=0

指定偏移距离或[通过(T)/删除(E)/图层(L)] <5.0>：25

选择要偏移的对象，或[退出(E)/放弃(U)] <退出>：……(反复偏移 5 条直线)

指定要偏移的那一侧上的点，或[退出(E)/多个(M)/放弃(U)] <退出>：

选择要偏移的对象，或[退出(E)/放弃(U)] <退出>：

指定要偏移的那一侧上的点，或[退出(E)/多个(M)/放弃(U)] <退出>：

选择要偏移的对象，或[退出(E)/放弃(U)] <退出>：

指定要偏移的那一侧上的点，或[退出(E)/多个(M)/放弃(U)] <退出>：

选择要偏移的对象，或[退出(E)/放弃(U)] <退出>：

指定要偏移的那一侧上的点，或[退出(E)/多个(M)/放弃(U)] <退出>：

选择要偏移的对象，或[退出(E)/放弃(U)] <退出>：

指定要偏移的那一侧上的点，或[退出(E)/多个(M)/放弃(U)] <退出>：

选择要偏移的对象，或[退出(E)/放弃(U)] <退出>：

会签栏完成如图 4.38 所示。

图 4.38　会签栏

4.3.3　绘制标题栏

用“直线”命令绘制标题栏外框。

命令：L↵(直线快捷命令)

LINE

指定第一个点:↵(任意拾取一点)

指定下一点或[放弃(U)]：140 ↵ (鼠标向右出现极轴时输入)

指定下一点或[放弃(U)]：32 ↵ (鼠标向下出现极轴时输入)

指定下一点或[闭合(C)/放弃(U)]：140 ↵ (鼠标向左出现极轴时输入)

指定下一点或[闭合(C)/放弃(U)]：c ↵ (闭合)

所绘制的图形如图 4.39 所示。

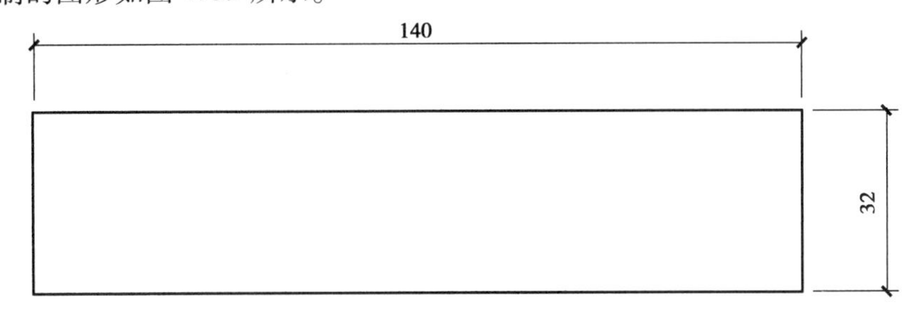

图 4.39　标题栏(1)

命令：O↵(选择长为 140 的线向下偏移 3 条间距为 8 的直线)

OFFSET

当前设置：删除源＝否　图层＝源　OFFSETGAPTYPE＝0

指定偏移距离或[通过(T)/删除(E)/图层(L)] <25.0>：8(输入偏移间距，向下方向偏移)

选择要偏移的对象，或[退出(E)/放弃(U)] <退出>：

指定要偏移的那一侧上的点，或[退出(E)/多个(M)/放弃(U)] <退出>：(在此直线下侧单击一下)

选择要偏移的对象,或[退出(E)/放弃(U)] <退出>:

指定要偏移的那一侧上的点,或[退出(E)/多个(M)/放弃(U)] <退出>:(在此直线下侧点击一下)

选择要偏移的对象,或[退出(E)/放弃(U)] <退出>:

指定要偏移的那一侧上的点,或[退出(E)/多个(M)/放弃(U)] <退出>:(在此直线下侧点击一下)

选择要偏移的对象,或[退出(E)/放弃(U)] <退出>: ↵(按空格键或者回车键或右键结束命令)

所绘制的图形如图 4.40 所示。

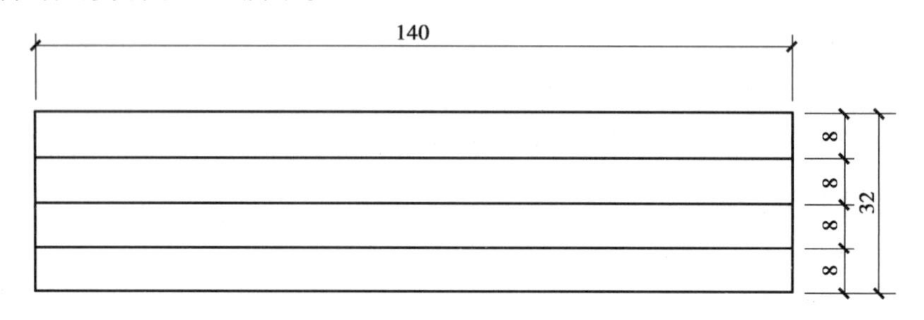

图 4.40 标题栏(2)

命令: O ↵(选择左边长 32 的线向右方向偏移)

OFFSET

当前设置: 删除源=否 图层=源 OFFSETGAPTYPE=0

指定偏移距离或[通过(T)/删除(E)/图层(L)] <8.0>: 15 ↵

选择要偏移的对象,或[退出(E)/放弃(U)] <退出>:

指定要偏移的那一侧上的点,或[退出(E)/多个(M)/放弃(U)] <退出>:

选择要偏移的对象,或[退出(E)/放弃(U)] <退出>:

命令: OFFSET

当前设置: 删除源=否 图层=源 OFFSETGAPTYPE=0

指定偏移距离或[通过(T)/删除(E)/图层(L)] <15.0>: 20 ↵

选择要偏移的对象,或[退出(E)/放弃(U)] <退出>:

指定要偏移的那一侧上的点,或[退出(E)/多个(M)/放弃(U)] <退出>:

选择要偏移的对象,或[退出(E)/放弃(U)] <退出>:

命令: OFFSET

当前设置: 删除源=否 图层=源 OFFSETGAPTYPE=0

指定偏移距离或[通过(T)/删除(E)/图层(L)] <20.0>: 15 ↵

选择要偏移的对象,或[退出(E)/放弃(U)] <退出>:

指定要偏移的那一侧上的点,或[退出(E)/多个(M)/放弃(U)] <退出>:

选择要偏移的对象,或[退出(E)/放弃(U)] <退出>:

命令: OFFSET

当前设置: 删除源=否 图层=源 OFFSETGAPTYPE=0

指定偏移距离或[通过(T)/删除(E)/图层(L)] <15.0>： 20↵
选择要偏移的对象,或[退出(E)/放弃(U)] <退出>：
指定要偏移的那一侧上的点,或[退出(E)/多个(M)/放弃(U)] <退出>：
选择要偏移的对象,或[退出(E)/放弃(U)] <退出>：
命令： OFFSET
当前设置：删除源=否 图层=源 OFFSETGAPTYPE=0
指定偏移距离或[通过(T)/删除(E)/图层(L)] <20.0>： 15↵
选择要偏移的对象,或[退出(E)/放弃(U)] <退出>：
指定要偏移的那一侧上的点,或[退出(E)/多个(M)/放弃(U)] <退出>：
选择要偏移的对象,或[退出(E)/放弃(U)] <退出>：
命令： OFFSET
当前设置：删除源=否 图层=源 OFFSETGAPTYPE=0
指定偏移距离或[通过(T)/删除(E)/图层(L)] <15.0>： 20↵
选择要偏移的对象,或[退出(E)/放弃(U)] <退出>：
指定要偏移的那一侧上的点,或[退出(E)/多个(M)/放弃(U)] <退出>：
选择要偏移的对象,或[退出(E)/放弃(U)] <退出>：
命令： OFFSET
当前设置：删除源=否 图层=源 OFFSETGAPTYPE=0
指定偏移距离或[通过(T)/删除(E)/图层(L)] <20.0>： 15↵
选择要偏移的对象,或[退出(E)/放弃(U)] <退出>：
指定要偏移的那一侧上的点,或[退出(E)/多个(M)/放弃(U)] <退出>：
选择要偏移的对象,或[退出(E)/放弃(U)] <退出>：
命令： OFFSET
当前设置：删除源=否 图层=源 OFFSETGAPTYPE=0
指定偏移距离或[通过(T)/删除(E)/图层(L)] <15.0>： 20↵
选择要偏移的对象,或[退出(E)/放弃(U)] <退出>：
指定要偏移的那一侧上的点,或[退出(E)/多个(M)/放弃(U)] <退出>： ↵
所绘制的图形如图4.41所示。

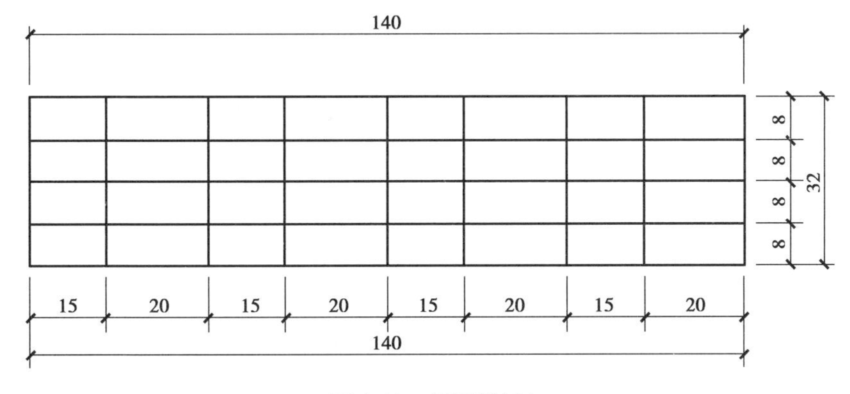

图4.41 标题栏(3)

用“修剪”命令修剪多余的部分。

命令：TR↵

TRIM

当前设置:投影=UCS,边=无

选择剪切边...

选择对象或 <全部选择>:↵

选择要修剪的对象,或按住 Shift 键选择要延伸的对象,或

[栏选(F)/窗交(C)/投影(P)/边(E)/删除(R)/放弃(U)]:(点取要修剪的部分)

选择要修剪的对象,或按住 Shift 键选择要延伸的对象,或

[栏选(F)/窗交(C)/投影(P)/边(E)/删除(R)/放弃(U)]:(点取要修剪的部分)

选择要修剪的对象,或按住 Shift 键选择要延伸的对象,或

[栏选(F)/窗交(C)/投影(P)/边(E)/删除(R)/放弃(U)]:(点取要修剪的部分)

选择要修剪的对象,或按住 Shift 键选择要延伸的对象,或

[栏选(F)/窗交(C)/投影(P)/边(E)/删除(R)/放弃(U)]:(点取要修剪的部分)

......(重复依次点取要修剪的部分)

选择要修剪的对象,或按住 Shift 键选择要延伸的对象,或

[栏选(F)/窗交(C)/投影(P)/边(E)/删除(R)/放弃(U)]:↵(按空格键或回车键或右键结束命令)

所绘制的图形如图 4.42 所示。

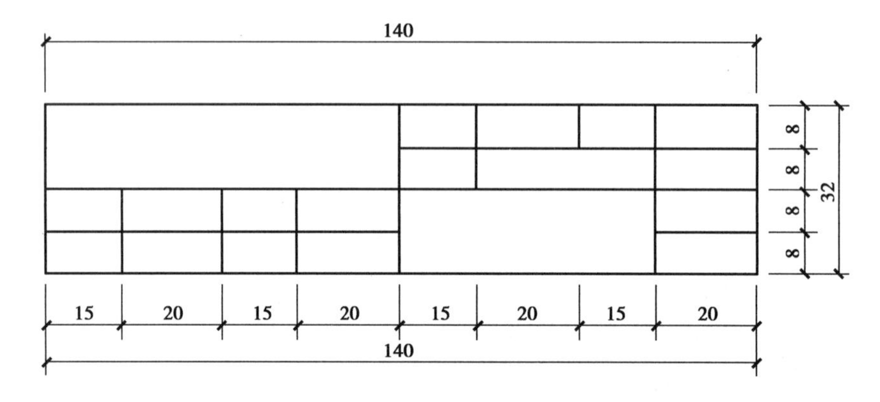

图 4.42　标题栏(4)

输入标题栏文字

命令:L↵(在需要输入的文本框内绘制对角线,如图 4.43 所示)

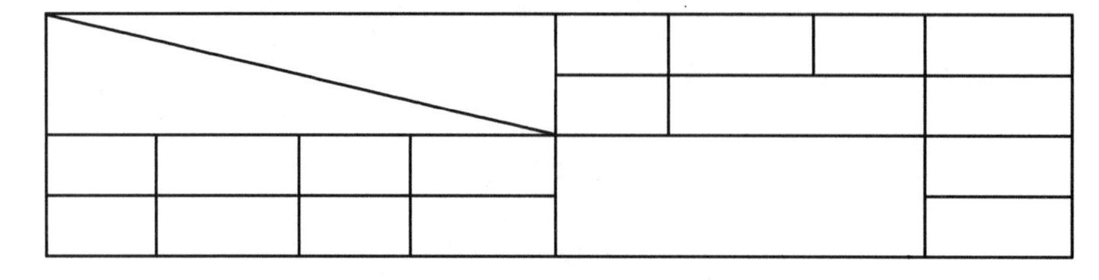

图 4.43　绘制对角线

命令：DT↵

TEXT

当前文字样式："样式 1"　文字高度：7.0　注释性：否　对正：正中

指定文字的中间点 或[对正(J)/样式(S)]:j↵

输入选项[左(L)/居中(C)/右(R)/对齐(A)/中间(M)/布满(F)/左上(TL)/中上(TC)/右上(TR)/左中(ML)/正中(MC)/右中(MR)/左下(BL)/中下(BC)/右下(BR)]:mc↵

指定文字的中间点：

指定文字的旋转角度 <0>:↵

(输入文字:"(校名)"及"(图名)")

然后双击"↵"结束单行文本输入。此时局部图形如图 4.44 所示。用同样的方法输入其他文本,只是将字的高度设置为"3.5"。

所绘制的图形如图 4.44 所示。

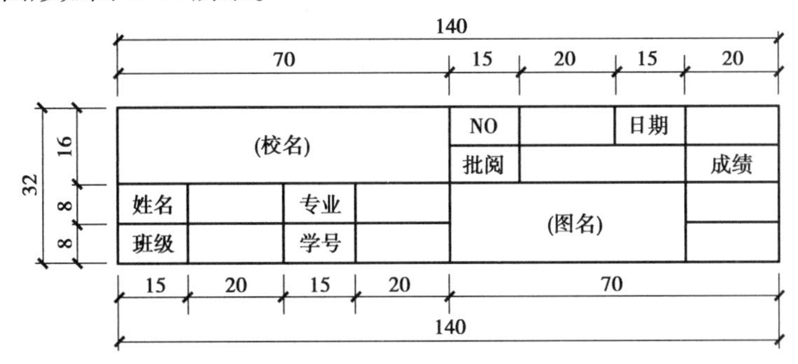

图 4.44　输入标题栏文字

用"移动"命令将标题栏移动到图框绘图区域的右下角,如图 4.45 所示。

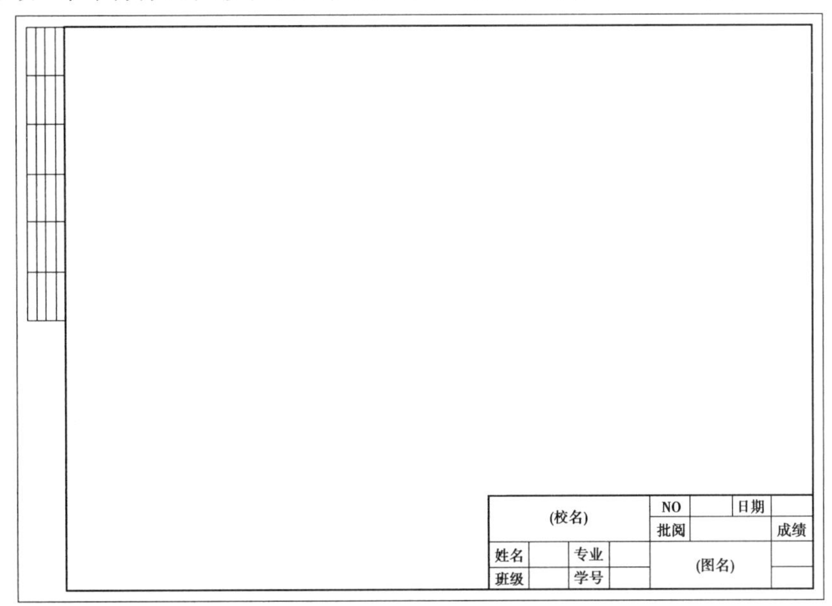

图 4.45　标题栏放到绘图区左下角

4.3.4 图框加粗

1)图框内框边加粗

命令：REC↵

RECTANG

指定第一个角点或[倒角(C)/标高(E)/圆角(F)/厚度(T)/宽度(W)]:(沿着图框内框绘制长方形)

指定另一个角点或[面积(A)/尺寸(D)/旋转(R)]:↵

命令：PE↵(编辑多线命令)

PEDIT

选择多段线或[多条(M)]:(选择图框内框)

输入选项[打开(O)/合并(J)/宽度(W)/编辑顶点(E)/拟合(F)/样条曲线(S)/非曲线化(D)/线型生成(L)/反转(R)/放弃(U)]：w↵

指定所有线段的新宽度：1↵↵(按回车键两次,结束执行命令)

输入选项[打开(O)/合并(J)/宽度(W)/编辑顶点(E)/拟合(F)/样条曲线(S)/非曲线化(D)/线型生成(L)/反转(R)/放弃(U)]：

2)标题栏外框加粗

命令：REC↵

RECTANG

指定第一个角点或[倒角(C)/标高(E)/圆角(F)/厚度(T)/宽度(W)]:(沿着标题栏外框绘制长方形)

指定另一个角点或[面积(A)/尺寸(D)/旋转(R)]:↵

命令:PE↵(编辑多线命令)

PEDIT

选择多段线或[多条(M)]:(选择标题栏外框)

输入选项[打开(O)/合并(J)/宽度(W)/编辑顶点(E)/拟合(F)/样条曲线(S)/非曲线化(D)/线型生成(L)/反转(R)/放弃(U)]：w↵

指定所有线段的新宽度：0.7↵↵(按回车键两次,结束执行命令)

输入选项[打开(O)/合并(J)/宽度(W)/编辑顶点(E)/拟合(F)/样条曲线(S)/非曲线化(D)/线型生成(L)/反转(R)/放弃(U)]：

所绘制的图形如图4.46所示。

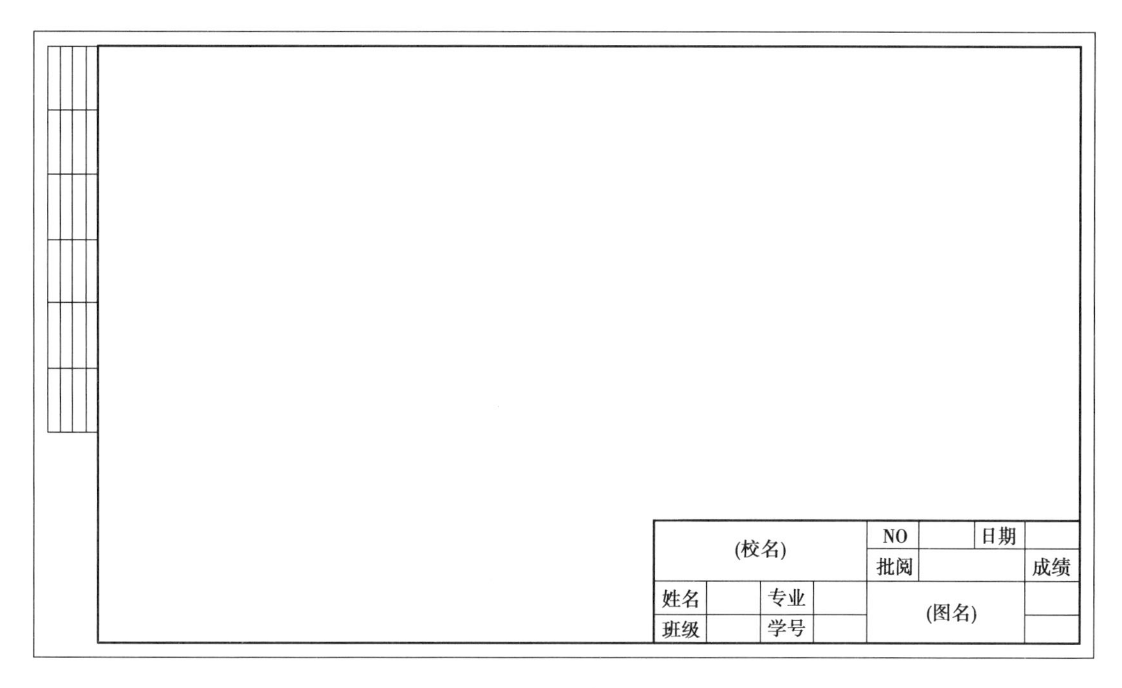

图 4.46　图框效果

习题

绘制如图 4.47 所示的图形。

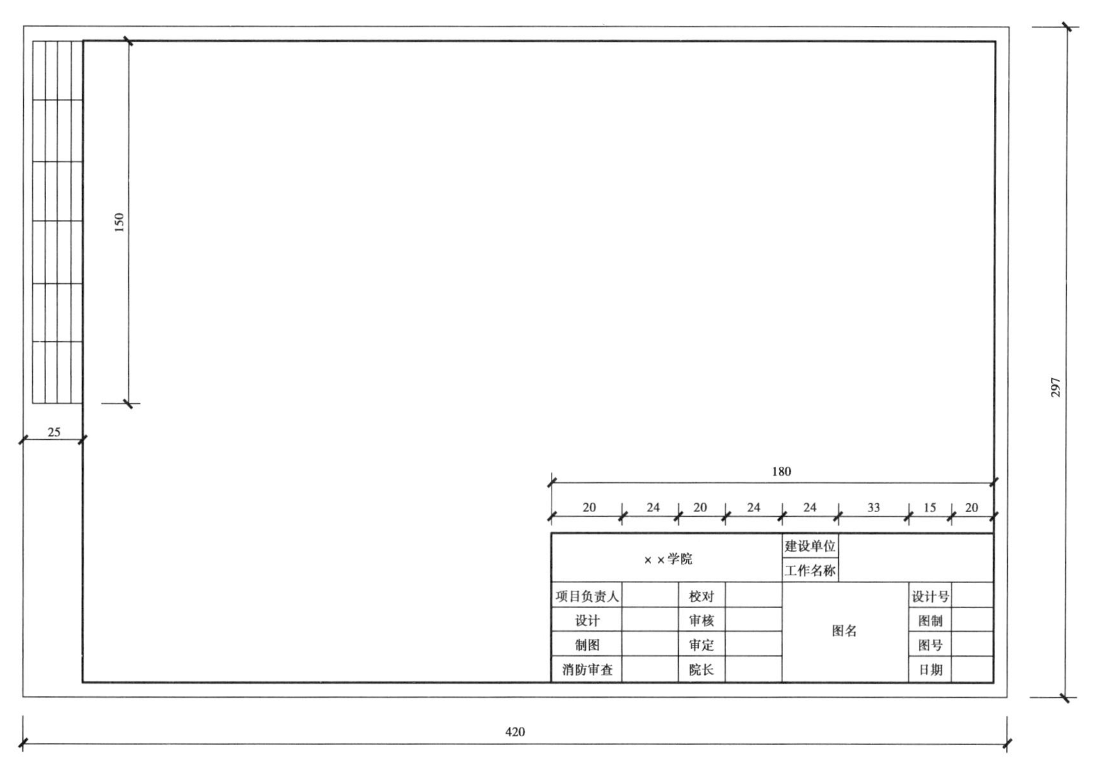

图 4.47　习题 1 图

4.4 几何图形的绘制

点、直线是图样中最常见的基本元素，而由直线命令可以组合成许多图形。

4.4.1 利用点、圆、直线绘制图形

【例 4.6】圆及五角星绘制：完成图 4.48 所示图形。

步骤如下所述。

启动 AutoCAD 2018，新建一个文件，根据项目 5 中绘图环境设置要求，设置绘图环境，并存为“例 4.5. dwg”。

(1)利用“圆”命令绘制圆形

命令：C↵

CIRCLE

指定圆的圆心或[三点(3P)/两点(2P)/切点、切点、半径(T)]：(在空白位置点一下)

指定圆的半径或[直径(D)]：30↵(输入半径 30)

(2)设置“点样式”

在“格式”→“点样式”选项中，选择“点”样式，如图 4.49 所示。

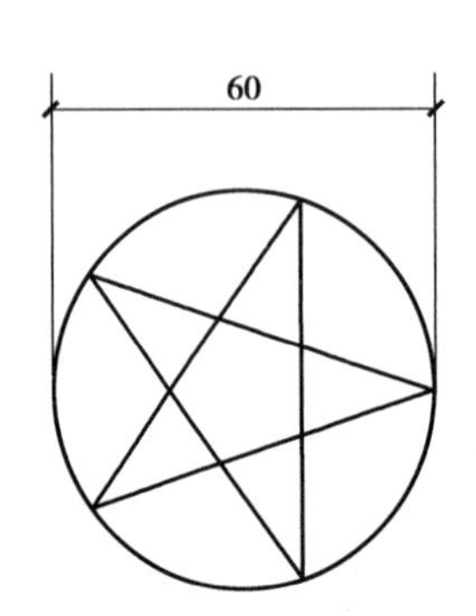

图 4.48 绘制圆及五角星

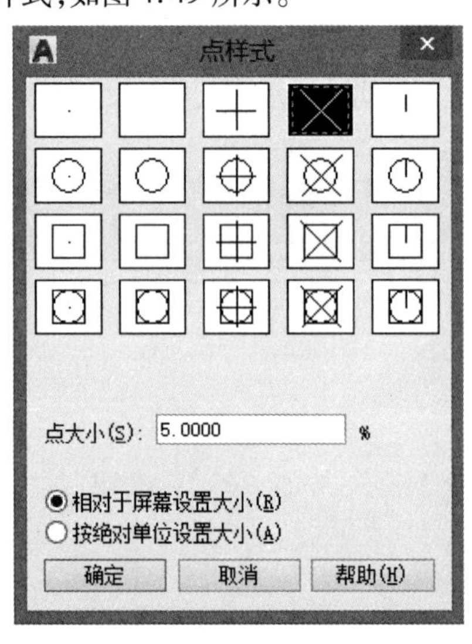

图 4.49 “点样式”对话框

(3)命令：DIV↵(将圆分为 5 等分)

DIVIDE

选择要定数等分的对象：(选择圆形)

输入线段数目或[块(B)]：5↵(输入 5 回车)

得到圆的 5 等分，如图 4.50 所示。

(4)连接点绘制直线

命令：L↵

LINE

指定第一个点：

指定下一点或[放弃(U)]:(在点与点之间连接)

指定下一点或[放弃(U)]:(在点与点之间连接,下同)

指定下一点或[闭合(C)/放弃(U)]:

指定下一点或[闭合(C)/放弃(U)]:

连接点绘制直线如图 4.51 所示。

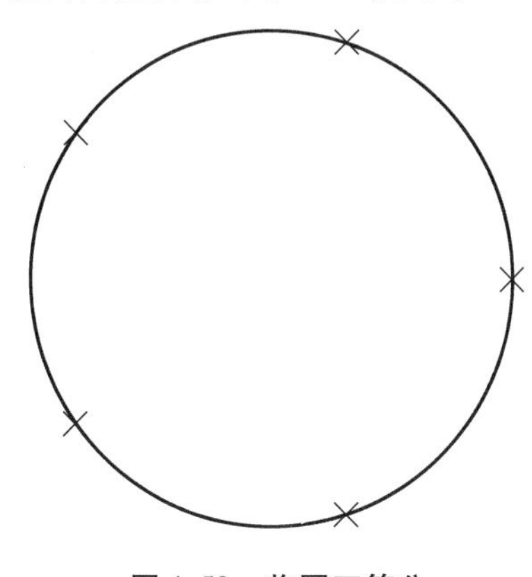

图 4.50　将圆五等分

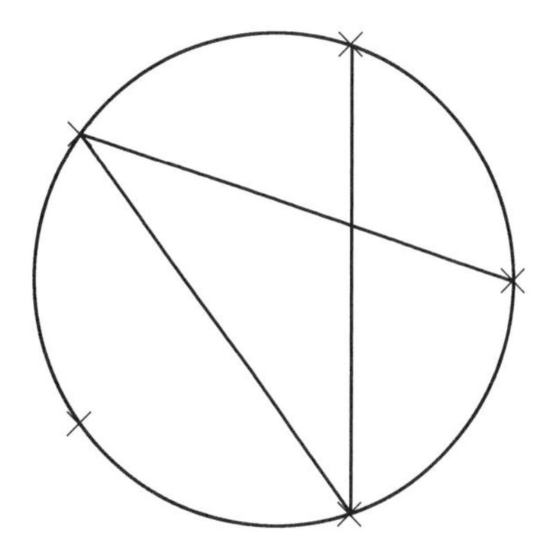

图 4.51　连接点绘制直线

4.4.2　利用直线、矩形绘制图形

【例 4.7】平房绘制,绘制平房平面图(图 4.52)和立面图(图 4.53)。

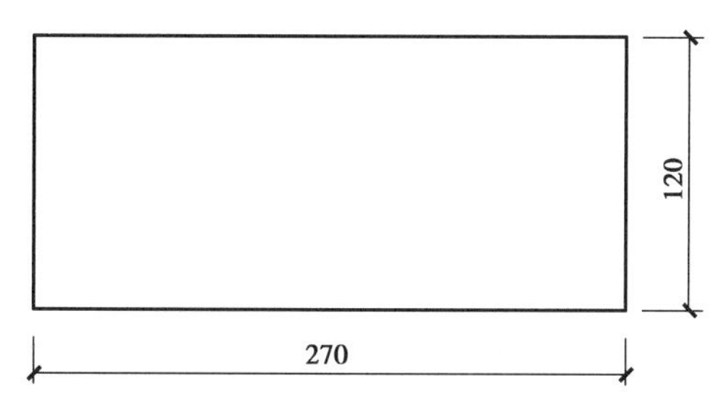

图 4.52　平房平面图

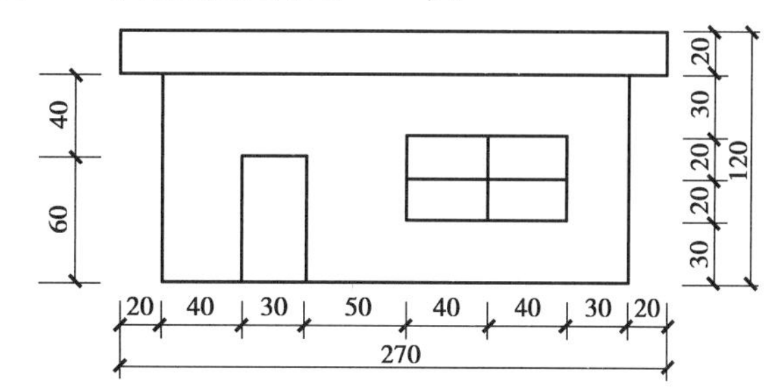

图 4.53　平房立面图

(1)绘制平房平面图

命令:<u>REC↵</u>

RECTANG

当前矩形模式:　宽度=1.0

指定第一个角点或[倒角(C)/标高(E)/圆角(F)/厚度(T)/宽度(W)]:w

指定矩形的线宽 <1.0>:1

指定第一个角点或[倒角(C)/标高(E)/圆角(F)/厚度(T)/宽度(W)]:(在空白的位置点一下)

指定另一个角点或[面积(A)/尺寸(D)/旋转(R)]:<u>@270,120↵</u>

绘制平房平面图如图 4.52 所示。

(2)绘制平房立面图

利用“矩形”绘制屋顶。

命令：REC↵

RECTANG

当前矩形模式：　宽度=1.0

指定第一个角点或[倒角(C)/标高(E)/圆角(F)/厚度(T)/宽度(W)]：w

指定矩形的线宽 <1.0>：1

指定第一个角点或[倒角(C)/标高(E)/圆角(F)/厚度(T)/宽度(W)]：(在空白的位置点一下)

指定另一个角点或[面积(A)/尺寸(D)/旋转(R)]：@270,20↵

利用“矩形”绘制屋立面。

命令：REC↵

RECTANG

当前矩形模式：　宽度=1.0

指定第一个角点或[倒角(C)/标高(E)/圆角(F)/厚度(T)/宽度(W)]：w

指定矩形的线宽 <1.0>：

指定第一个角点或[倒角(C)/标高(E)/圆角(F)/厚度(T)/宽度(W)]：

指定另一个角点或[面积(A)/尺寸(D)/旋转(R)]：@230,100↵

命令：M↵(将画出的矩形屋立面向右偏移20)

MOVE 找到 1 个

指定基点或[位移(D)] <位移>：

指定第二个点或 <使用第一个点作为位移>：20↵

命令：M↵(将画出的矩形屋立面向下偏移100)

MOVE 找到 1 个

指定基点或[位移(D)] <位移>：

指定第二个点或 <使用第一个点作为位移>：

命令：L↵

LINE

指定第一个点：(捕捉到屋檐左下角点)

指定下一点或[放弃(U)]：40↵

指定下一点或[放弃(U)]：30↵

指定下一点或[闭合(C)/放弃(U)]：50↵

指定下一点或[闭合(C)/放弃(U)]：40↵

指定下一点或[闭合(C)/放弃(U)]：40↵

指定下一点或[闭合(C)/放弃(U)]：30↵

指定下一点或[闭合(C)/放弃(U)]：↵

利用“标注”→“快速标注”框选地面线，将标注标出。

命令：QDIM↵(快速标注命令)

关联标注优先级 = 端点

选择要标注的几何图形：指定对角点：找到 6 个(框选地面线，回车)

选择要标注的几何图形：

指定尺寸线位置或[连续(C)/并列(S)/基线(B)/坐标(O)/半径(R)/直径(D)/基准点(P)/编辑(E)/设置(T)] <连续>:(移动鼠标到合适的位置单击鼠标左键,标注显示出来了)

绘制图形,如图4.54所示。

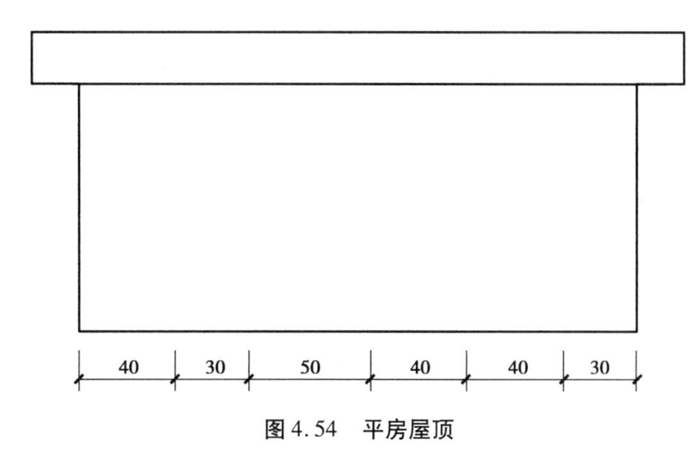

图4.54　平房屋顶

(3)绘制门

命令:L↵

LINE

指定第一个点:

指定下一点或[放弃(U)]: 60↵

指定下一点或[放弃(U)]: 30↵

指定下一点或[闭合(C)/放弃(U)]: 60↵

指定下一点或[闭合(C)/放弃(U)]:↵

(4)绘制窗

命令: L↵

LINE

指定第一个点:

指定下一点或[放弃(U)]: 30↵

指定下一点或[放弃(U)]: ↵

命令: REC↵

RECTANG

当前矩形模式:　宽度=1.0

指定第一个角点或[倒角(C)/标高(E)/圆角(F)/厚度(T)/宽度(W)]:w↵

指定矩形的线宽 <1.0>:1↵

指定第一个角点或[倒角(C)/标高(E)/圆角(F)/厚度(T)/宽度(W)]:

指定另一个角点或[面积(A)/尺寸(D)/旋转(R)]:@80,40↵

命令: L↵

LINE

指定第一个点:(捕捉左窗中点)
指定下一点或[放弃(U)]:(捕捉右窗中点)
指定下一点或[放弃(U)]:
命令: LINE
指定第一个点:(捕捉上窗中点)
指定下一点或[放弃(U)]:(捕捉下窗中点)
指定下一点或[放弃(U)]:
命令: E↵
ERASE
选择对象: 找到 1 个
选择对象:(删除辅助线 30)如图 4.55 所示。

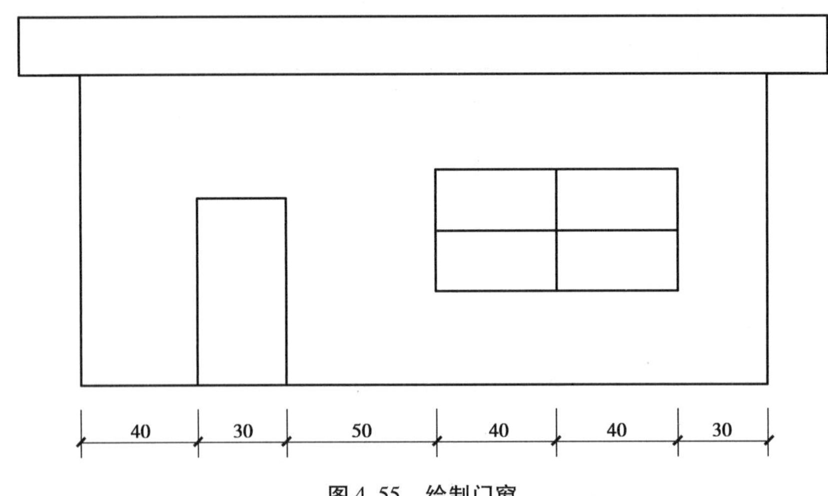

图 4.55 绘制门窗

4.4.3 利用多边形绘制图形

1)任务

【例 4.8】装饰图案:完成图 4.56 所示图形。

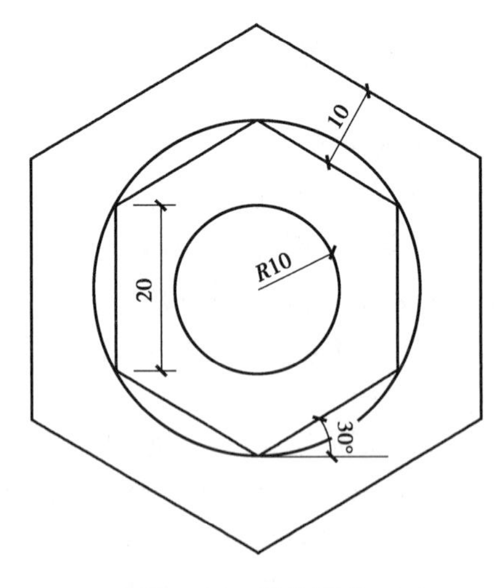

图 4.56 装饰图案

2)绘图步骤

启动 AutoCAD 2018,在“选择样板”对话框中选择“acadiso. dwt”样板,并另存为“例 4.7. dwg”

(1)绘制六边形

命令: POL↵
POLYGON 输入侧面数 <4>: 6↵
指定正多边形的中心点或[边(E)]: e↵
指定边的第一个端点: 指定边的第二个端点: 20↵

绘制六边形如图 4.57 所示。

(2)绘制外接圆和小圆

命令：C↵(过3个顶点作圆)

CIRCLE

指定圆的圆心或[三点(3P)/两点(2P)/切点、切点、半径(T)]：3p↵

指定圆上的第一个点：(点取任一顶点)

指定圆上的第二个点：(点取另一个顶点)

指定圆上的第三个点：(点取第三个顶点)

命令：C↵(绘制小同心圆)

CIRCLE

指定圆的圆心或[三点(3P)/两点(2P)/切点、切点、半径(T)]：(捕捉圆心)

指定圆的半径或[直径(D)] <20.0>：10↵

绘制圆如图4.58所示。

(3)偏移外部正六边形

命令：o↵

OFFSET

当前设置：删除源=否　图层=源　OFFSETGAPTYPE=0

指定偏移距离或[通过(T)/删除(E)/图层(L)] <通过>：10↵

选择要偏移的对象，或[退出(E)/放弃(U)] <退出>：

指定要偏移的那一侧上的点，或[退出(E)/多个(M)/放弃(U)] <退出>：(在六边形外侧，单击鼠标)

选择要偏移的对象，或[退出(E)/放弃(U)] <退出>：↵

绘制如图4.59所示。

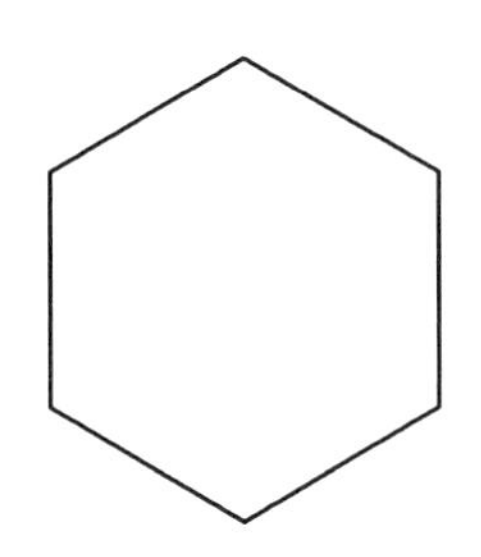

图4.57　绘制六边形

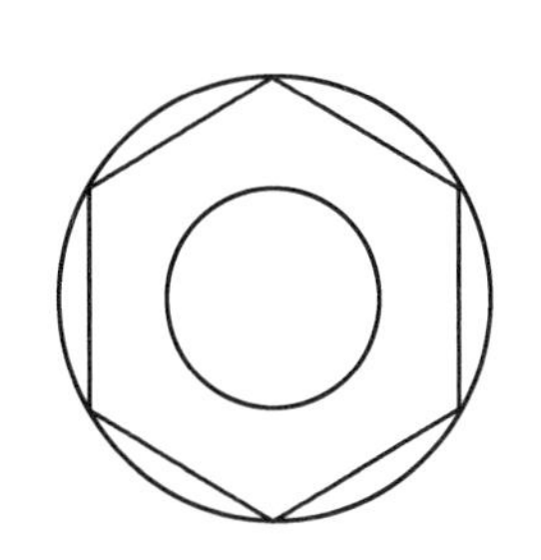

图4.58　绘制圆

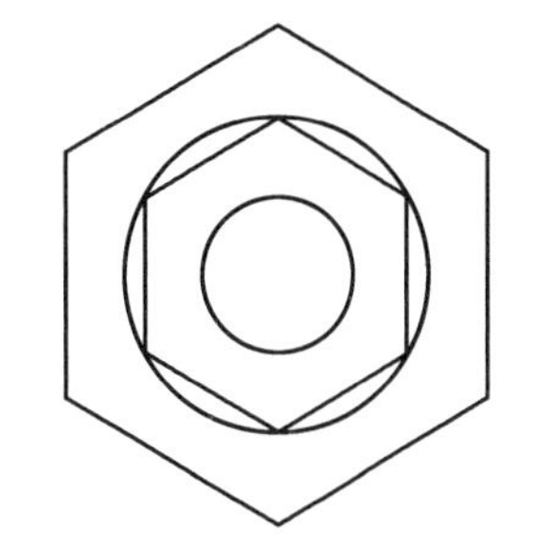

图4.59　偏移外六边形

4.4.4　圆形图形绘制

皮带传送带图形绘制如图4.60图形。

(1)绘制直线

命令：L↵

LINE

指定第一个点：

指定下一点或[放弃(U)]：200↵

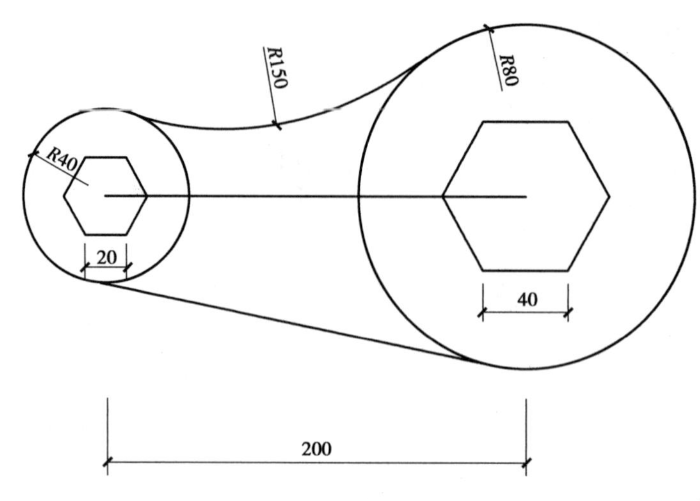

图 4.60　皮带传送带图形

指定下一点或[放弃(U)]:

绘制直线如图 4.61 所示。

(2)绘制圆

命令: C↵

CIRCLE

指定圆的圆心或[三点(3P)/两点(2P)/切点、切点、半径(T)]:(捕捉直线左端点)

指定圆的半径或[直径(D)] <10.0>: 40↵

命令: C↵

CIRCLE

指定圆的圆心或[三点(3P)/两点(2P)/切点、切点、半径(T)]:(捕捉直线右端点)

指定圆的半径或[直径(D)] <40.0>: 80↵

命令: C↵

CIRCLE

指定圆的圆心或[三点(3P)/两点(2P)/切点、切点、半径(T)]: t↵

指定对象与圆的第一个切点:(单击左圆)

指定对象与圆的第二个切点:(单击右圆)

指定圆的半径 <80.0>: 150↵

命令: TR↵

TRIM

当前设置:投影=UCS,边=无

选择剪切边...

选择对象或 <全部选择>:　指定对角点: 找到 4 个↵

选择对象:

选择要修剪的对象,或按住"Shift"键选择要延伸的对象,或

[栏选(F)/窗交(C)/投影(P)/边(E)/删除(R)/放弃(U)]:(单击圆 150 上部分)

选择要修剪的对象,或按住 Shift 键选择要延伸的对象,或

[栏选(F)/窗交(C)/投影(P)/边(E)/删除(R)/放弃(U)]:↵
绘制圆如图 4.62 所示。

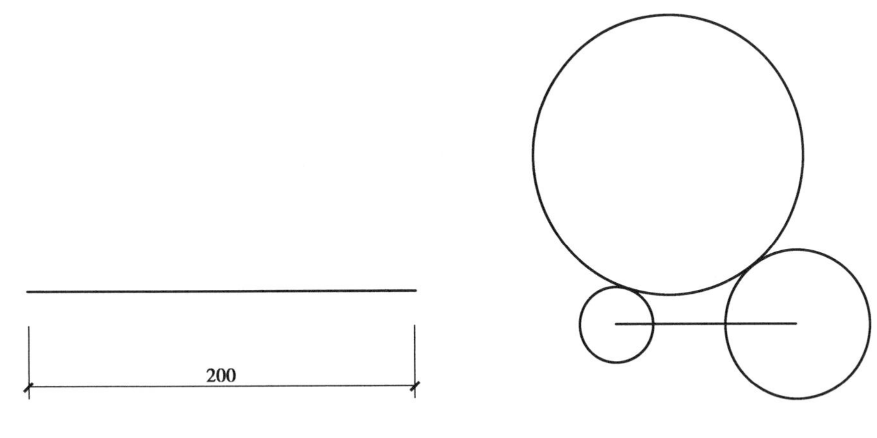

图 4.61 绘制直线

图 4.62 绘制圆

(3)绘制切线
命令: L↵
LINE
指定第一个点: tan↵(设置捕捉切点)
到(单击左圆)
指定下一点或[放弃(U)]: tan↵(设置捕捉切点)
到(单击右圆)
指定下一点或[放弃(U)]:↵
绘制切线如图 4.63 所示。
(4)绘制多边形
命令: POL↵
POLYGON 输入侧面数 <6>:6↵
指定正多边形的中心点或[边(E)]:
输入选项[内接于圆(I)/外切于圆(C)] <I>: i↵
指定圆的半径: 20↵
命令: POL↵
POLYGON 输入侧面数 <6>: 6↵
指定正多边形的中心点或[边(E)]:
输入选项[内接于圆(I)/外切于圆(C)] <I>: i↵
指定圆的半径: 40↵
绘制多边形如图 4.64 所示。

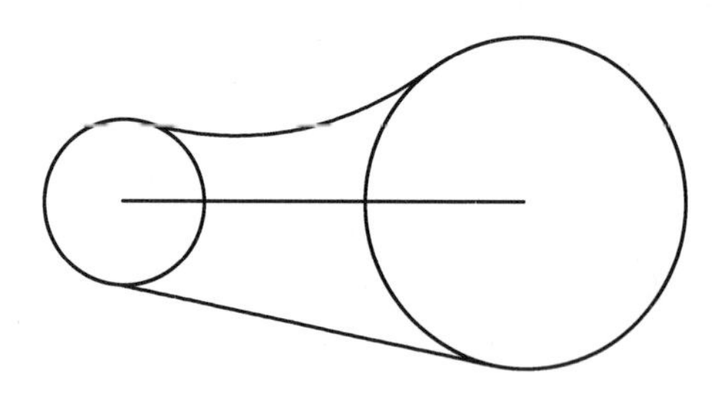

图 4.63 绘制切线

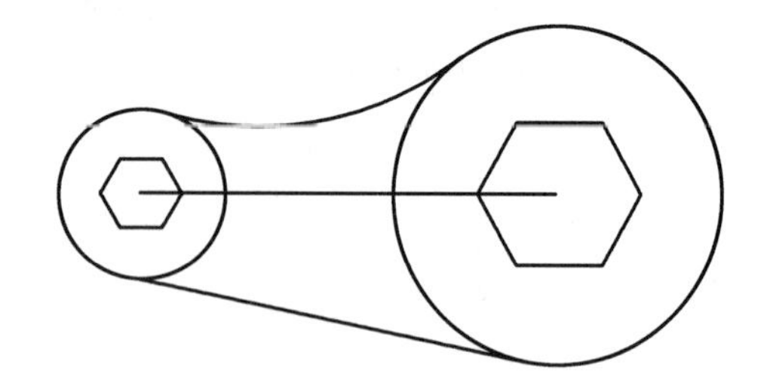

图 4.64 绘制多边形

习题

1. 绘制如图 4.65 所示图形。
2. 绘制如图 4.66 所示图形。
3. 绘制如图 4.67 所示图形。
4. 绘制如图 4.68 所示图形。

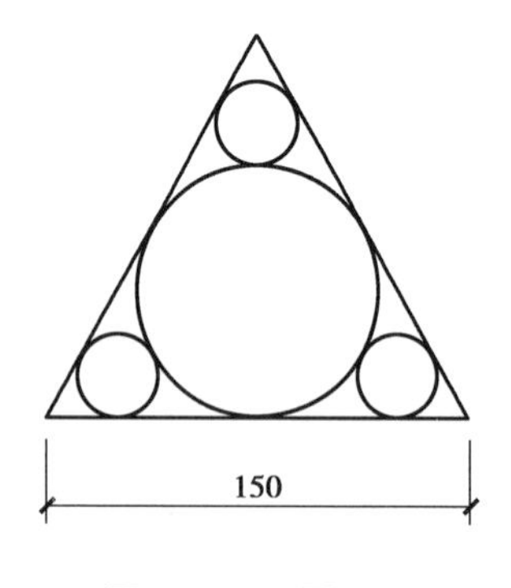

图 4.65 习题 1 图

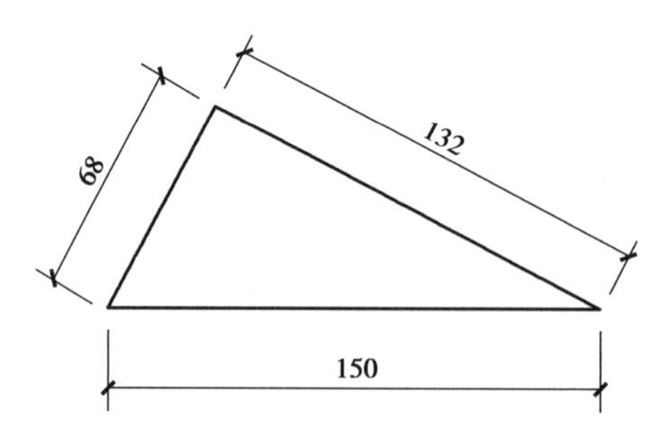

图 4.66 习题 2 图

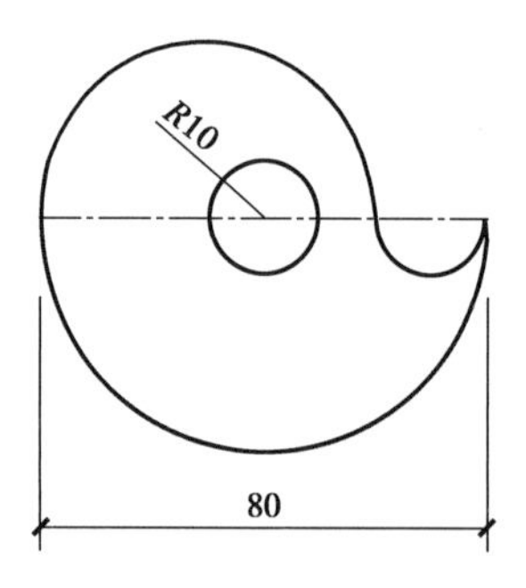

图 4.67 习题 3 图

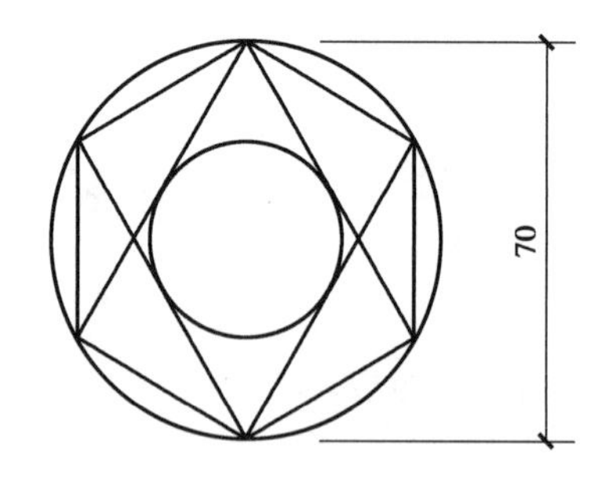

图 4.68 习题 4 图

4.5　几何图形的绘制与编辑

4.5.1　椭圆、多段线的绘制与编辑

1)任务

【例4.9】标志绘制:绘制如图4.69所示图形。

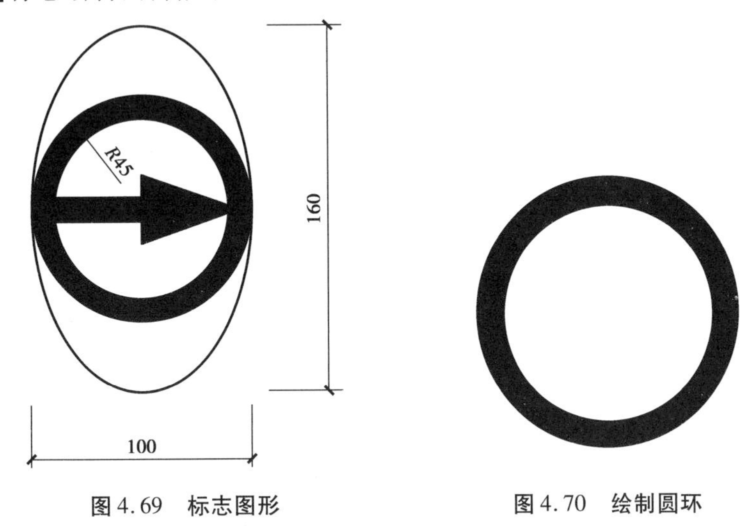

图4.69　标志图形　　　　图4.70　绘制圆环

2)绘图步骤

启动 AutoCAD 2018,新建一个空的样板文件,并保存为"例4.9.dwg"。

(1)绘制圆环

命令:DO↵

DONUT

指定圆环的内径 <80.0>:80↵

指定圆环的外径 <100.0>:100↵

指定圆环的中心点或 <退出>:(鼠标单击在绘图中心插入圆环的位置)

指定圆环的中心点或 <退出>:↵

绘制圆环如图4.70所示。

(2)绘制椭圆

命令:EL↵(绘制椭圆)

ELLIPSE

指定椭圆的轴端点或[圆弧(A)/中心点(C)]:c↵(以圆心绘制椭圆)

指定椭圆的中心点:(捕捉圆心)

指定轴的端点:50↵(鼠标向左时输入)

指定另一条半轴长度或[旋转(R)]:80↵(鼠标向上时输入)

绘制椭圆如图4.71所示。

(3)用多段线绘制箭头

命令:PL↵(用多段线绘制箭头线段部分)

PLINE
指定起点:
当前线宽为 0.0
指定下一个点或[圆弧(A)/半宽(H)/长度(L)/放弃(U)/宽度(W)]: w↵(设置多段线线宽)
指定起点宽度 <0.0>: 10↵
指定端点宽度 <10.0>: 10↵
指定下一个点或[圆弧(A)/半宽(H)/长度(L)/放弃(U)/宽度(W)]:(捕捉圆心)
指定下一点或[圆弧(A)/闭合(C)/半宽(H)/长度(L)/放弃(U)/宽度(W)]: w↵(设置箭头的线宽)
指定起点宽度 <10.0>: 30↵
指定端点宽度 <30.0>: 0↵
指定下一点或[圆弧(A)/闭合(C)/半宽(H)/长度(L)/放弃(U)/宽度(W)]:
指定下一点或[圆弧(A)/闭合(C)/半宽(H)/长度(L)/放弃(U)/宽度(W)]:↵
用多段线绘制箭头如图 4.72 所示。

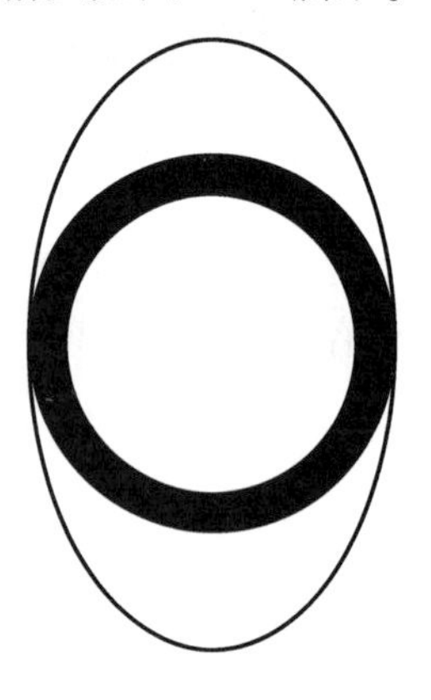

图 4.71　绘制椭圆

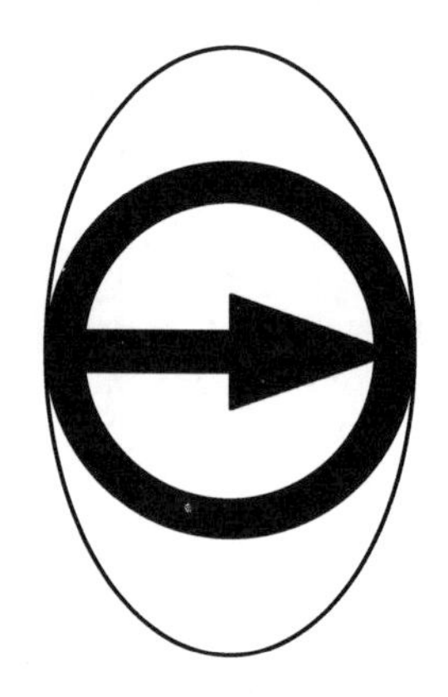

图 4.72　绘制箭头

4.5.2　多线绘制与编辑

1)任务

【例 4.10】绘制如图 4.73 所示图形。

2)绘图步骤

启动 AutoCAD 2018,新建一个文件,并保存为“例 4.10.dwg”。

(1)设置外墙线

命令:ML↵(用多线命令绘制双线,在建筑平面图主要用于绘制墙体)
MLINE
当前设置:对正 = 无,比例 = 240.00,样式 = STANDARD
指定起点或[对正(J)/比例(S)/样式(ST)]: j↵(对正)
输入对正类型[上(T)/无(Z)/下(B)] <无>: z↵(无)
当前设置:对正 = 无,比例 = 240.00,样式 = STANDARD

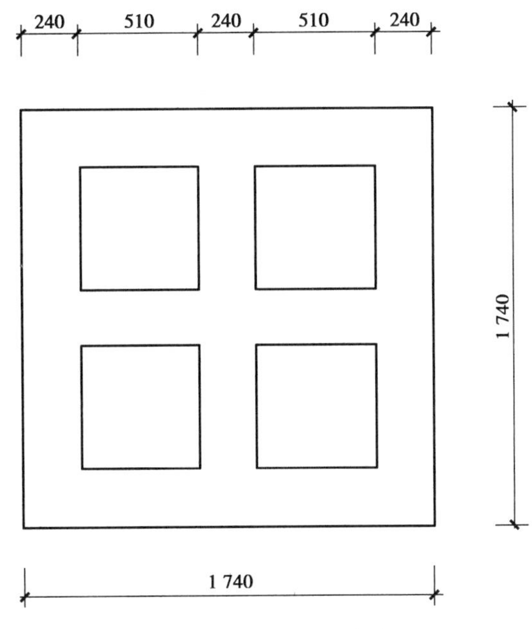

图 4.73 例 4.10 图形

指定起点或[对正(J)/比例(S)/样式(ST)]: s ↵(比例)

输入多线比例 <240.00>: 240 ↵(输入双线距离)

当前设置:对正 = 无,比例 = 240.00,样式 = STANDARD

指定起点或[对正(J)/比例(S)/样式(ST)]:(单击第一点)

指定下一点: 1500 ↵(鼠标向左移动输入)

指定下一点或[放弃(U)]: 1500 ↵(鼠标向下移动输入)

指定下一点或[闭合(C)/放弃(U)]: 1500 ↵(鼠标向右移动输入)

指定下一点或[闭合(C)/放弃(U)]: c ↵(闭合)

设置外墙线如图 4.74 所示。

(2)绘制中间的多线

命令:ML ↵(多线命令绘制双线)

MLINE

当前设置:对正 = 无,比例 = 240.00,样式 = STANDARD

指定起点或[对正(J)/比例(S)/样式(ST)]:(单击左边内墙线中点)

指定下一点:(单击右边内墙线中点)

指定下一点或[放弃(U)]:

命令:↵(重复多线命令)

命令: MLINE

当前设置:对正 = 无,比例 = 240.00,样式 = STANDARD

指定起点或[对正(J)/比例(S)/样式(ST)]:

指定下一点:(单击上边内墙线中点)

指定下一点或[放弃(U)]:(单击下边内墙线中点)

绘制中间的多线如图 4.75 所示。

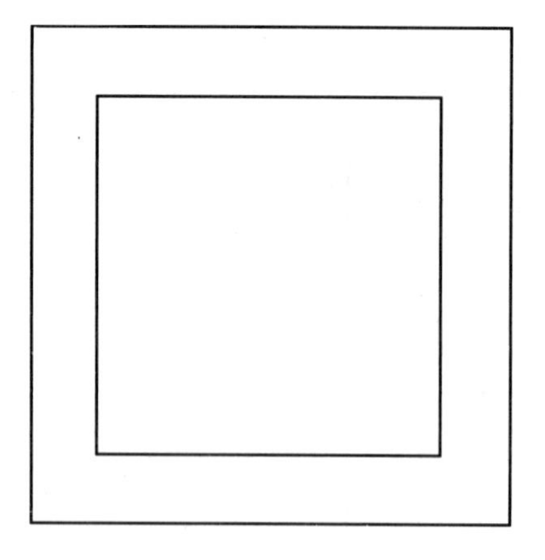

图 4.74　绘制外墙线

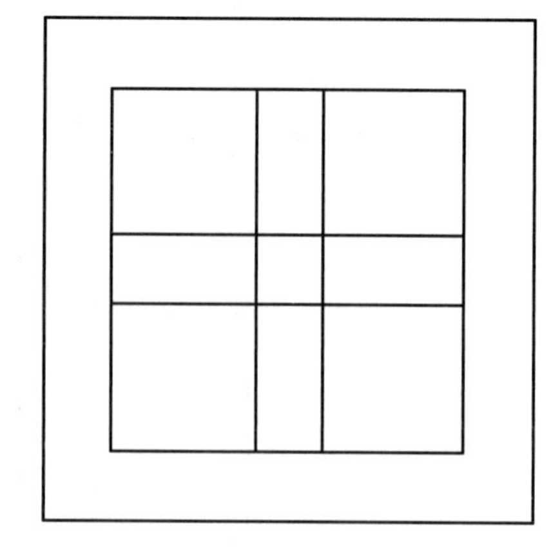

图 4.75　绘制中间的多线

(3)编辑多线

双击中间其中一组多线,弹出“多线编辑工具”,如图 4.76 所示,单击“T 形打开”,对多线进行编辑。

操作如下:

命令: _mledit

选择第一条多线:(单击中间横向多线)

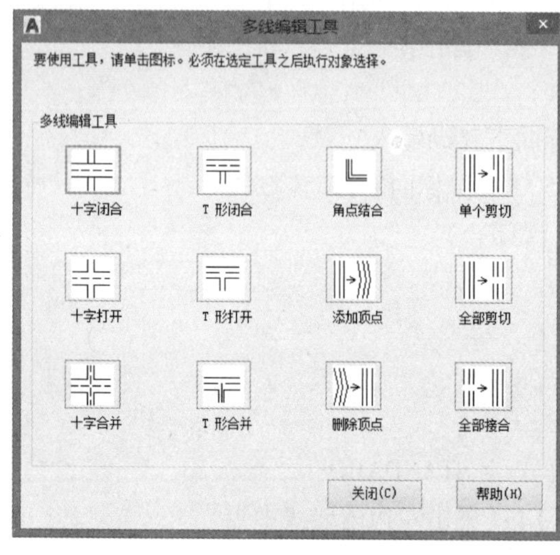

图 4.76　“多线编辑工具”对话框

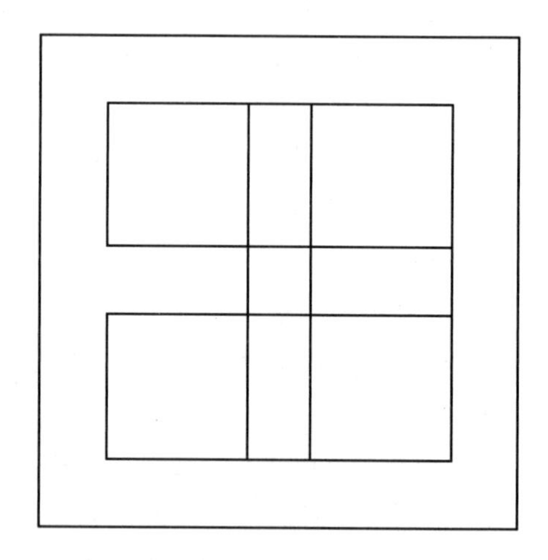

图 4.77　编辑多线(1)

选择第二条多线:(点击左边竖向多线,如图 4.77 所示)

选择第一条多线 或[放弃(U)]:(点击中间竖向多线)

选择第二条多线:(点击顶上边横向多线,如图 4.78 所示)

选择第一条多线 或[放弃(U)]:

选择第二条多线:

选择第一条多线 或[放弃(U)]:

选择第二条多线：

选择第一条多线 或[放弃(U)]：

操作完毕如图 4.79 所示。

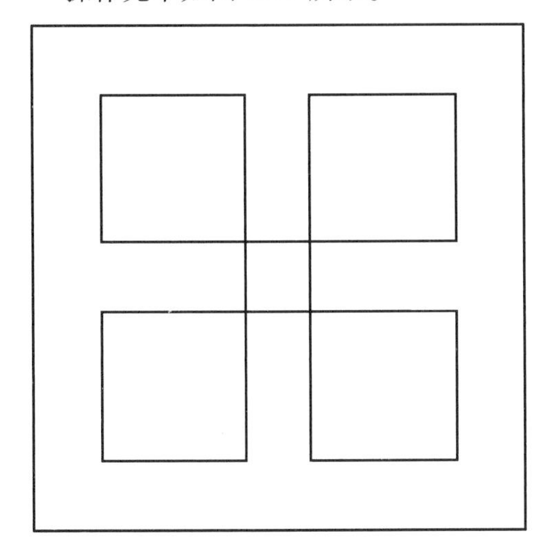

图 4.78 编辑多线(2)

图 4.79 编辑多线(3)

(4)对中间多线进行操作

双击中间其中一组多线，弹出“多线编辑工具”，如图 4.79 所示，单击“十字合并”。

命令：_mledit

选择第一条多线：(单击中间横向多线)

选择第二条多线：(单击中间竖向多线)

选择第一条多线 或[放弃(U)]： ↵

4.5.3 倒角图形编辑

1)任务

【例 4.11】绘制如图 4.80 所示图形。

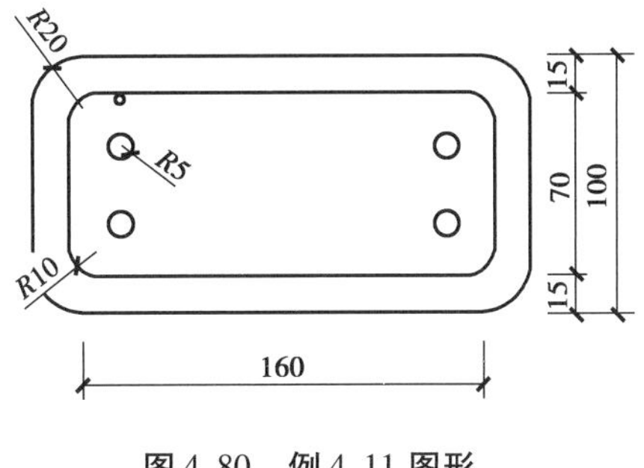

图 4.80 例 4.11 图形

2)绘图步骤

启动 AutoCAD 2018，新建一个文件，并保存为“例 4.11.dwg”。

(1)绘制矩形

命令：REC ↵

RECTANG

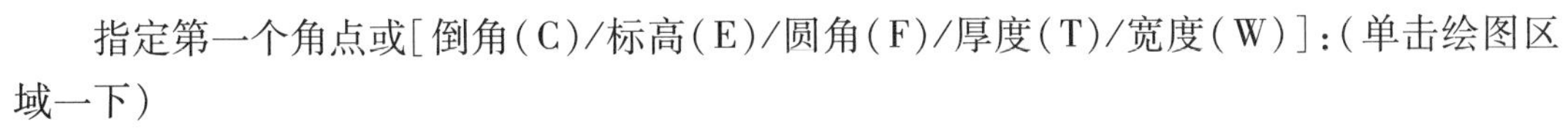

指定第一个角点或[倒角(C)/标高(E)/圆角(F)/厚度(T)/宽度(W)]：(单击绘图区域一下)

指定另一个角点或[面积(A)/尺寸(D)/旋转(R)]：@200,100 ↵

绘制矩形如图 4.81 所示。

(2)偏移命令复制矩形

命令：O ↵

OFFSET

当前设置：删除源=否　图层=源　OFFSETGAPTYPE=0

指定偏移距离或[通过(T)/删除(E)/图层(L)] <通过>：　15↵

选择要偏移的对象，或[退出(E)/放弃(U)] <退出>:(选择矩形，向内侧单击一下鼠标左键)

指定要偏移的那一侧上的点，或[退出(E)/多个(M)/放弃(U)] <退出>:

选择要偏移的对象，或[退出(E)/放弃(U)] <退出>:↵

复制矩形如图4.82所示。

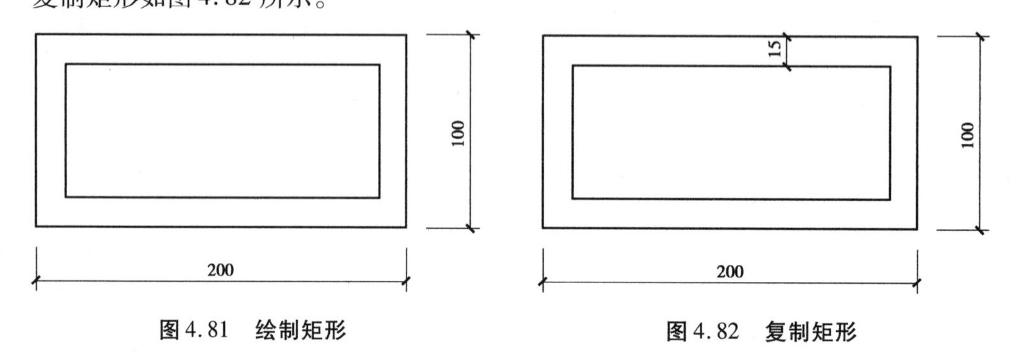

图4.81　绘制矩形　　图4.82　复制矩形

(3)执行圆角命令绘制外框圆角

命令：F↵(输入圆角命令)

FILLET

当前设置：模式 = 修剪，半径 = 0.0

选择第一个对象或[放弃(U)/多段线(P)/半径(R)/修剪(T)/多个(M)]：r↵

指定圆角半径 <0.0>：20↵

选择第一个对象或[放弃(U)/多段线(P)/半径(R)/修剪(T)/多个(M)]：m↵(多个相同操作)

选择第一个对象或[放弃(U)/多段线(P)/半径(R)/修剪(T)/多个(M)]：

选择第二个对象，或按住 Shift 键选择对象以应用角点或[半径(R)]：

选择第一个对象或[放弃(U)/多段线(P)/半径(R)/修剪(T)/多个(M)]：

选择第二个对象，或按住 Shift 键选择对象以应用角点或[半径(R)]：

选择第一个对象或[放弃(U)/多段线(P)/半径(R)/修剪(T)/多个(M)]：

选择第二个对象，或按住 Shift 键选择对象以应用角点或[半径(R)]：

选择第一个对象或[放弃(U)/多段线(P)/半径(R)/修剪(T)/多个(M)]：

选择第二个对象，或按住 Shift 键选择对象以应用角点或[半径(R)]：

选择第一个对象或[放弃(U)/多段线(P)/半径(R)/修剪(T)/多个(M)]：

绘制外矩形倒角如图4.83所示。

(4)执行圆角命令绘制内框圆角

命令：F↵

FILLET

当前设置：模式 = 修剪，半径 = 20.0

选择第一个对象或[放弃(U)/多段线(P)/半径(R)/修剪(T)/多个(M)]：r↵

指定圆角半径 <20.0>：20↵

选择第一个对象或[放弃(U)/多段线(P)/半径(R)/修剪(T)/多个(M)]：m↵(多个相同操作)

选择第一个对象或[放弃(U)/多段线(P)/半径(R)/修剪(T)/多个(M)]：

选择第二个对象，或按住 Shift 键选择对象以应用角点或[半径(R)]：

选择第一个对象或[放弃(U)/多段线(P)/半径(R)/修剪(T)/多个(M)]：

选择第二个对象，或按住 Shift 键选择对象以应用角点或[半径(R)]：

选择第一个对象或[放弃(U)/多段线(P)/半径(R)/修剪(T)/多个(M)]：

选择第二个对象，或按住 Shift 键选择对象以应用角点或[半径(R)]：

选择第一个对象或[放弃(U)/多段线(P)/半径(R)/修剪(T)/多个(M)]：

选择第二个对象，或按住 Shift 键选择对象以应用角点或[半径(R)]：

选择第一个对象或[放弃(U)/多段线(P)/半径(R)/修剪(T)/多个(M)]：

绘制内矩形倒角如图 4.84 所示。

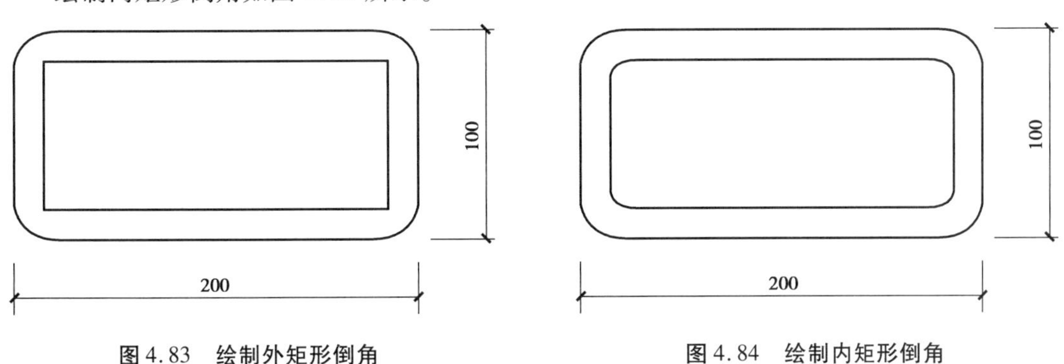

图 4.83　绘制外矩形倒角　　图 4.84　绘制内矩形倒角

(5)绘制小圆

命令：C↵

CIRCLE

指定圆的圆心或[三点(3P)/两点(2P)/切点、切点、半径(T)]：(捕捉内矩形圆角的圆心)

指定圆的半径或[直径(D)] <14.4>：5↵

绘制小圆如图 4.85 所示。

(6)镜像小圆

命令：MI↵

MIRROR 找到 1 个(选择小圆)

指定镜像线的第一点：(选择左边内框竖线中点向右移动方向并单击鼠标左键)

指定镜像线的第二点：

要删除源对象吗？[是(Y)/否(N)] <否>：↵

命令：MI↵

MIRROR 找到 2 个(选择 2 个小圆)

指定镜像线的第一点:(选择上边内框竖线中点向下移动方向并单击鼠标左键)
指定镜像线的第二点:
要删除源对象吗?[是(Y)/否(N)]<否>:↵
镜像小圆如图4.86所示。

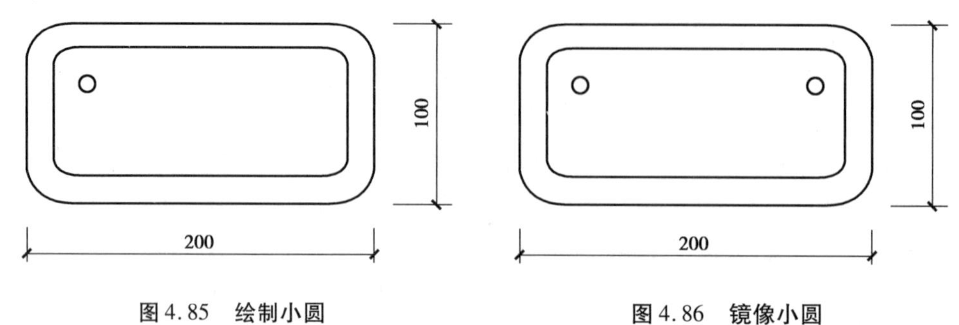

图4.85 绘制小圆　　图4.86 镜像小圆

4.5.4 缩放图形

1)任务

【例4.12】绘制如图4.87所示图形。

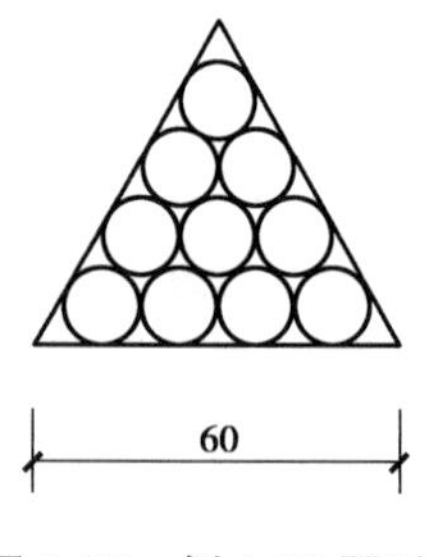

图4.87 例4.12图形

2)绘图步骤

启动AutoCAD 2018,新建一个文件,并保存为"例4.11.dwg"。
(1)绘制等边三角形
命令:POL↵
POLYGON 输入侧面数 <3>: 3↵
指定正多边形的中心点或[边(E)]:
输入选项[内接于圆(I)/外切于圆(C)] <I>: I↵
指定圆的半径: 80↵
命令: C↵
CIRCLE
指定圆的圆心或[三点(3P)/两点(2P)/切点、切点、半径(T)]: t↵
指定对象与圆的第一个切点:
指定对象与圆的第二个切点:
指定圆的半径 <10.0>: 10↵
等边三角形如图4.88所示。
(2)水平阵列一行4个相切的圆
命令: AR↵
ARRAY
选择对象: 找到 1 个
选择对象: 输入阵列类型[矩形(R)/路径(PA)/极轴(PO)] <矩形>: r↵
类型 = 矩形 关联 = 是
选择夹点以编辑阵列或[关联(AS)/基点(B)/计数(COU)/间距(S)/列数(COL)/行数(R)/层数(L)/退出(X)] <退出>: s↵

指定列之间的距离或[单位单元(U)] <30>: 20↵

指定行之间的距离 <30>:r↵

需要数值距离或两点

指定行之间的距离 <30>:1↵

选择夹点以编辑阵列或[关联(AS)/基点(B)/计数(COU)/间距(S)/列数(COL)/行数(R)/层数(L)/退出(X)] <退出>: r↵

输入行数数或[表达式(E)] <3>: 1↵

指定 行数 之间的距离或[总计(T)/表达式(E)] <1>:

指定 行数 之间的标高增量或[表达式(E)] <0>: 指定第二点:

选择夹点以编辑阵列或[关联(AS)/基点(B)/计数(COU)/间距(S)/列数(COL)/行数(R)/层数(L)/退出(X)] <退出>: *取消*

绘制出的圆形如图 4.89 所示。

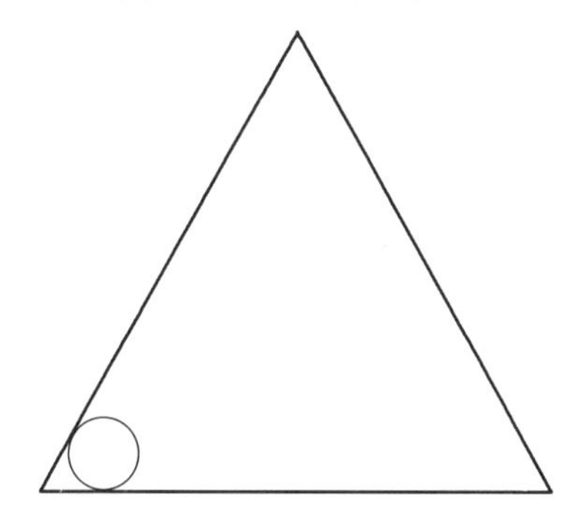

图 4.88 等边三角形

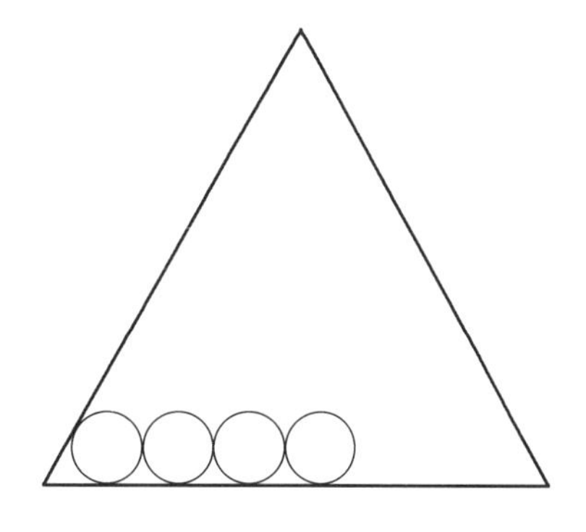

图 4.89 水平阵列一行 4 个相切的圆

(3)绘制第二层相切圆

单击"菜单栏"选择"绘图",单击"圆",选择"相切、相切、相切",单击相切点,如图 4.90 所示。

绘制第一、第二层圆如图 4.91、图 4.92 所示。

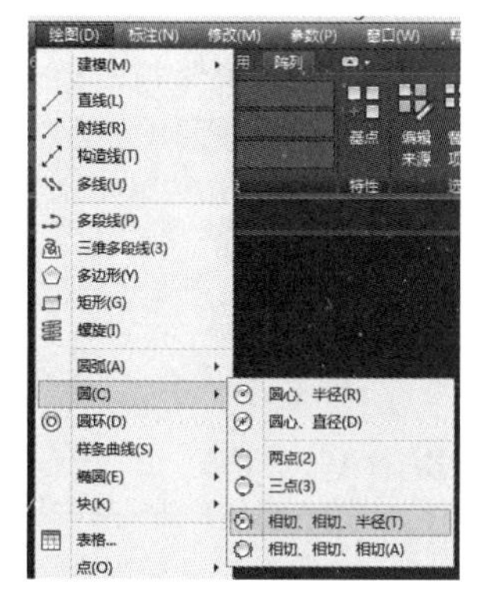

图 4.90 "绘图"菜单

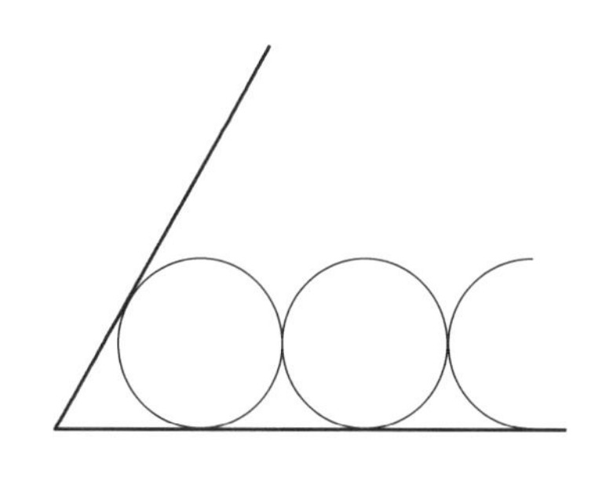

图 4.91 绘制第二层圆(1)

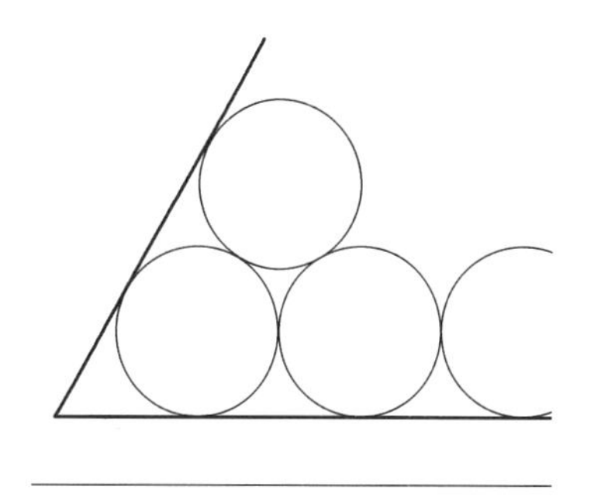

图 4.92 绘制第二层圆(2)

(4)从左到右复制圆

命令: CO↵

COPY 找到 1 个 （找到左边第一个圆）
当前设置： 复制模式 = 多个
指定基点或[位移(D)/模式(O)] <位移>:(单击左象限点)
指定第二个点或[阵列(A)] <使用第一个点作为位移>:(单击右象限点)
指定第二个点或[阵列(A)/退出(E)/放弃(U)] <退出>:↵
用同样的方法绘制第三、第四层圆。
第二层圆效果如图 4.93 所示,第三、第四层圆效果如图 4.94 所示。

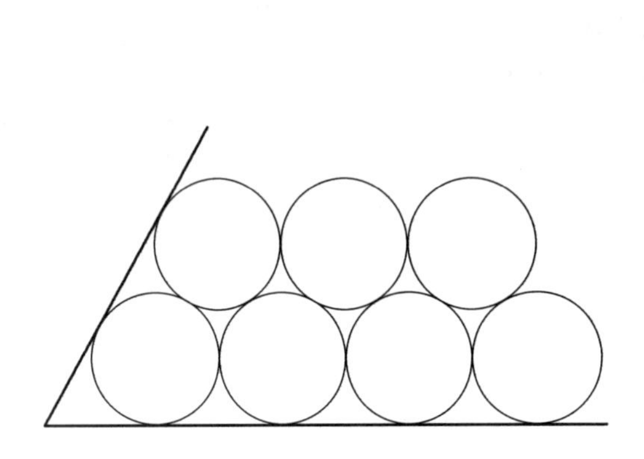
图 4.93 第二层圆效果

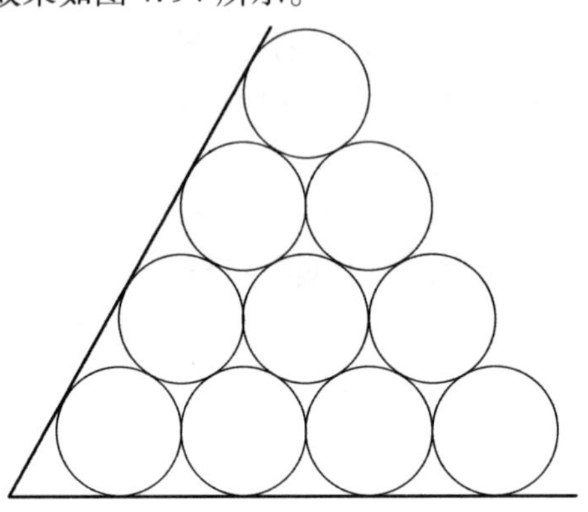
图 4.94 第三、第四层圆效果

(5)作右切线
命令:L↵
LINE
指定第一个点:
指定下一点或[放弃(U)]:
指定下一点或[放弃(U)]:
命令:F↵
FILLET
当前设置:模式 = 修剪,半径 = 20.0
选择第一个对象或[放弃(U)/多段线(P)/半径(R)/修剪(T)/多个(M)]:r↵
指定圆角半径 <20.0>:0↵
选择第一个对象或[放弃(U)/多段线(P)/半径(R)/修剪(T)/多个(M)]:
选择第二个对象,或按住 Shift 键选择对象以应用角点或[半径(R)]:
命令： FILLET
当前设置:模式 = 修剪,半径 = 0.0
选择第一个对象或[放弃(U)/多段线(P)/半径(R)/修剪(T)/多个(M)]:
选择第二个对象,或按住 Shift 键选择对象以应用角点或[半径(R)]:
命令:L↵
LINE
指定第一个点:tan 到(单击 *A* 点)
指定下一点或[放弃(U)]:tan 到(单击 *B* 点)

指定下一点或[放弃(U)]：↵

绘制右切线如图 4.95 所示。

(6)做三角形的右边相交线

命令：F ↵

FILLET

当前设置：模式 = 修剪,半径 = 20.0

选择第一个对象或[放弃(U)/多段线(P)/半径(R)/修剪(T)/多个(M)]：R ↵

指定圆角半径 <20.0>：0 ↵

选择第一个对象或[放弃(U)/多段线(P)/半径(R)/修剪(T)/多个(M)]：(单击 *C* 点)

选择第二个对象,或按住 Shift 键选择对象以应用角点或[半径(R)]：(单击 *D* 点)

命令： FILLET

当前设置：模式 = 修剪,半径 = 0.0

选择第一个对象或[放弃(U)/多段线(P)/半径(R)/修剪(T)/多个(M)]：(单击 *E* 点)

选择第二个对象,或按住 Shift 键选择对象以应用角点或[半径(R)]：(单击 *F* 点)

绘制右边相交线如图 4.96 所示。

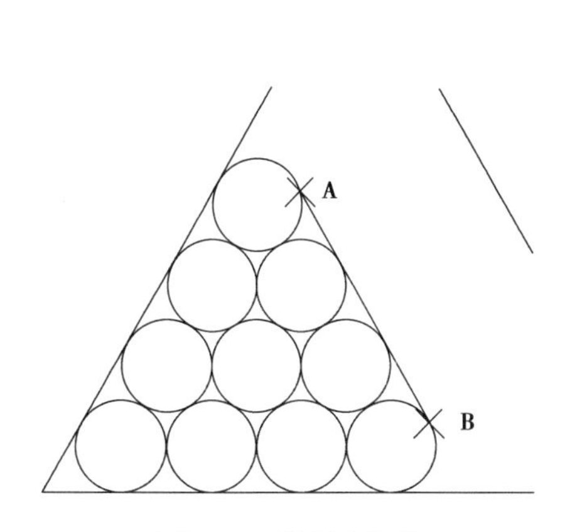

图 4.95　绘制右切线

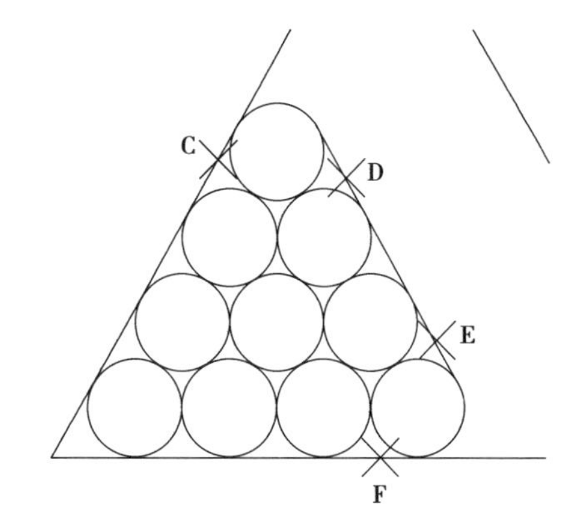

图 4.96　绘制右边相交线

(7)缩放图形

删除右边多余的直线并缩放图形。

命令：SC ↵

SCALE

选择对象：指定对角点：找到 8 个 (选择所有的图,按 ↵)

选择对象：

指定基点：(单击绘图界面一下)

指定比例因子或[复制(C)/参照(R)]：r ↵

指定参照长度 <1.0000>： (点击三角形左下角)

指定第二点：(点击三角形右下角)

指定新的长度或[点(P)] <1.0000>：60 ↵(输入 60 按回车键或空格键)

缩放图如图 4.97 所示,效果如图 4.98 所示。

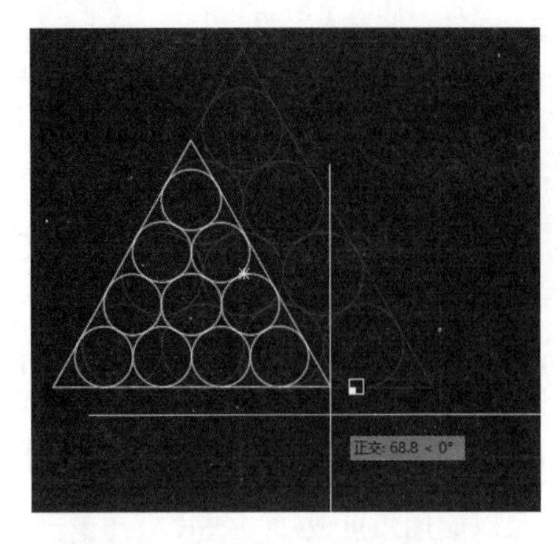

图 4.97　删除多余直线并缩放图形

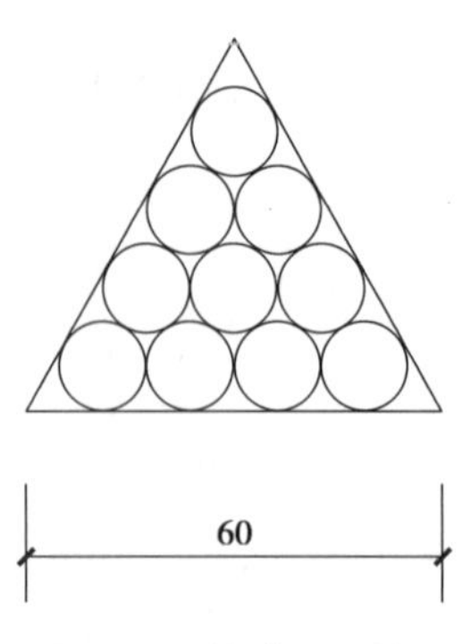

图 4.98　缩放图形效果

4.5.5　图案填充

1) 任务

【例 4.13】在【例 4.6】基础上,绘制如图 4.99 所示平房立面图。

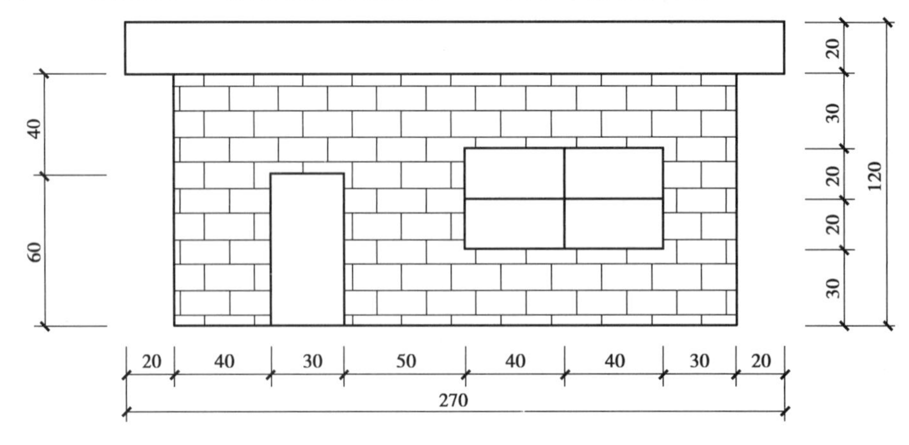

图 4.99　平房立面图

2) 绘图步骤

启动 CAD,打开"例 2.6"所绘制的图形文件,另存为"例 4.13. dwg",使用图案填充命令"H 回车",弹出"图案填充编辑"窗口。在"图案填充"选项中选择合适的图案,在"比例"中输入"0.05",单击"添加:拾取点",选择平房需要填充的墙立面。按回车键确定即可,如图 4.100 所示。

命令: H↵

HATCH

拾取内部点或[选择对象(S)/删除边界(B)]:(单击"添加:拾取点",单击墙立面)

正在选择所有对象...

正在选择所有可见对象...

正在分析所选数据...

正在分析内部孤岛...

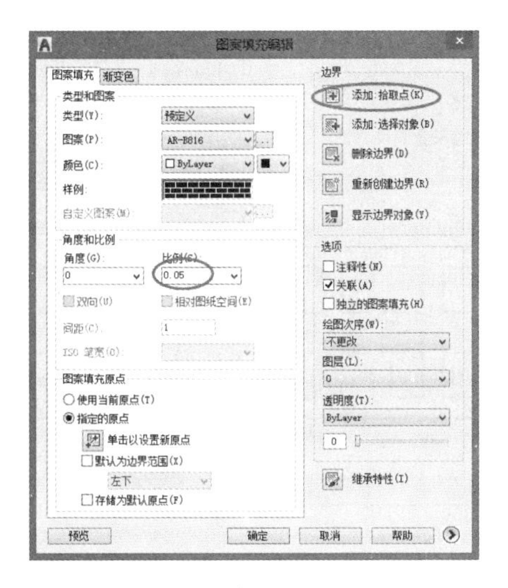

图 4.100　“图案填充和渐变色”对话框

拾取内部点或[选择对象(S)/删除边界(B)]:↵

习题

1. 绘制如图 4.101 所示图形。
2. 绘制如图 4.102 所示图形。

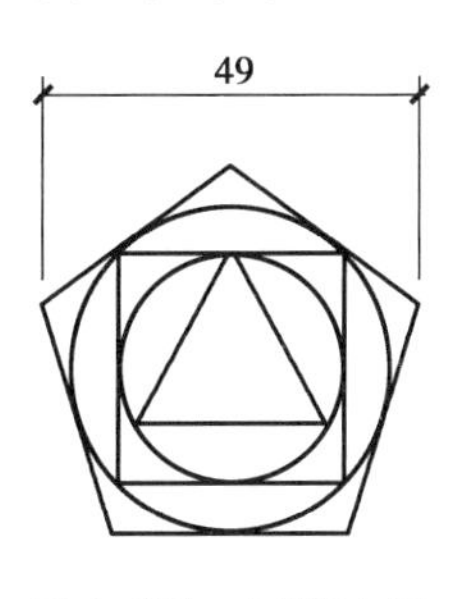

图 4.101　习题 1 图

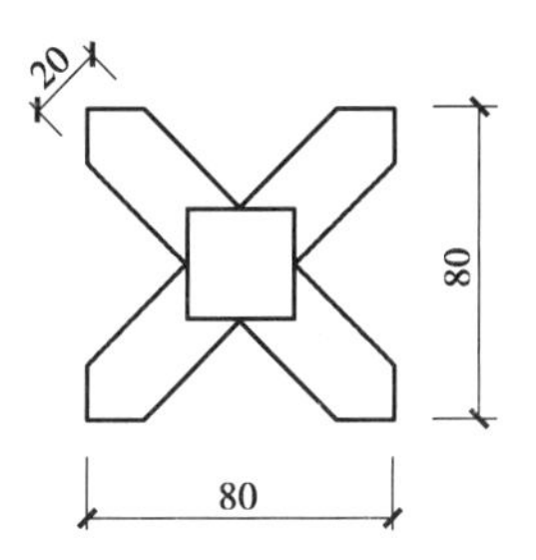

图 4.102　习题 2 图

3. 绘制如图 4.103 所示图形。
4. 绘制如图 4.104 所示图形。

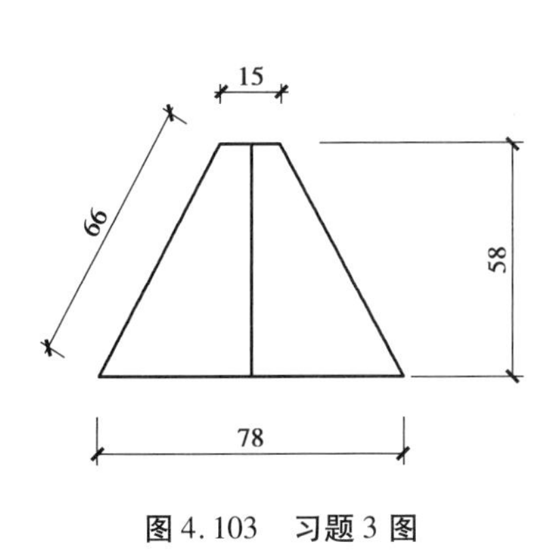

图 4.103　习题 3 图

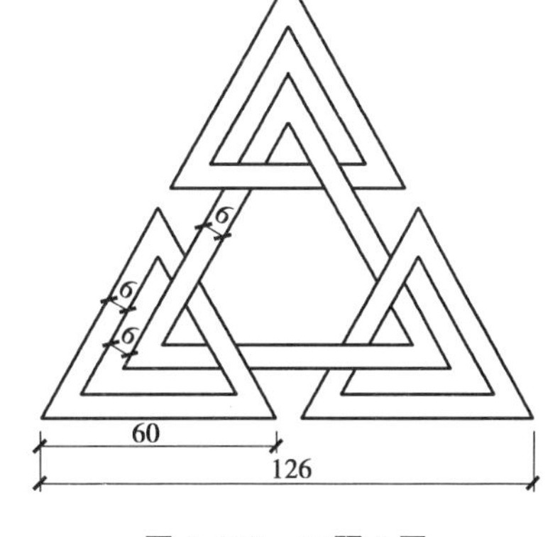

图 4.104　习题 4 图

5. 绘制如图 4.105 所示图形。

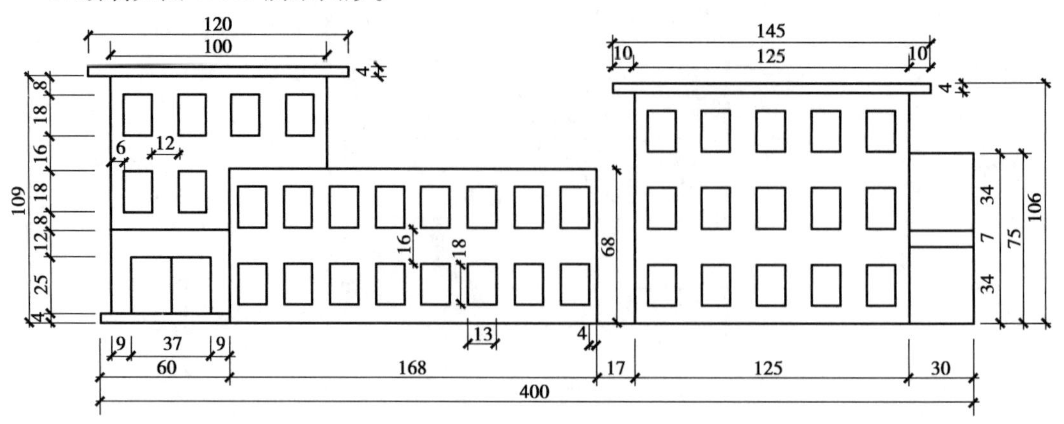

图 4.105　习题 5 图

模块3

建筑施工图识读与绘制

任务5　建筑施工图识读

任务目标

知识目标：

(1)掌握房屋施工图的组成。

(2)掌握房屋建筑施工图的识读要点与绘制的基本规定和方法。

(3)了解建筑制图的绘制过程和步骤。

能力目标：

掌握房屋建筑施工图的基本规定和识读要点。

素质目标：

(1)培养严谨认真、一丝不苟的工作态度。

(2)具有质量意识和良好的职业道德。

(3)重视工程图纸，执行国家标准、行业规范和法规。

(4)具有良好表达能力、团队精神、协作能力。

任务情境

施工图纸是建造房屋的依据，是工程师的"语言"，既是设计者设计意图的体现，也是施工、监理、经济核算的重要依据。它明确规定了要建造一幢什么样的建筑，并且具体规定了形状、尺寸、做法和技术要求。本任务从一般民用建筑的组成出发，详细学习建筑施工图的基本规定、组成内容以及建筑施工图的识读方法。

5.1　建筑施工图简述

5.1.1　建筑工程设计简介

建筑工程设计是指设计一座建筑物所要做的全部工作，包括设计前期工作、总体规划、建筑设计、结构设计、给排水设计、采暖通风、空气调节设计、电气设计等方面的内容。以上工作大部分由建筑设计师承担。

根据房屋规模和复杂程度，建筑物的设计过程可分为两阶段设计和三阶段设计两种。大型的、重要的、复杂的建筑，必须经过3个阶段设计，即初步设计(方案设计)、技术设计(扩大初步设计)和施工图设计；规模较小、技术简单的建筑多采用两阶段设计，即初步设计和施工图设计。

初步设计包括建筑物的总平面图,各层平面图,主要立面图、剖面图及简要说明,主要结构方案及主要技术经济指标,工程概算书等,供有关部门分析、研究、审批。

技术设计是在被批准的初步设计的基础上,进一步确定各专业工种之间的技术问题。

施工图设计是建筑设计的最后阶段,其任务是绘制满足施工要求的全套图纸,并编制工程说明书、结构计算书和工程预算书。

施工过程中使用的建筑施工图均是在施工图设计阶段完成的。

5.1.2 建筑施工图的标准

1)建筑施工图的内容与编排顺序

一套完整的施工图按专业不同,主要分为建筑施工图、结构施工图、设备施工图(水暖电)等。

①建筑施工图主要表达房屋建筑群体的总体布局、房屋的外部造型、内部布置、固定设施、构造作法和所用材料等内容,包括总平面图、建筑平面图、建筑立面图、建筑剖面图、建筑详图等。

②结构施工图主要表达房屋承重构件的布置、类型、规格及其所用材料,配筋形式和施工要求等内容,包括结构布置图、构件详图、节点详图等。

③设备施工图主要表达室内给排水、采暖通风、电气照明等设备的布置、安装要求和线路敷设等内容,包括给排水、采暖通风、电气等设施的平面布置图、系统图、构造和安装详图等。

一栋建筑的全套施工图的编排顺序是:图纸目录、建筑设计总说明、总平面图、建施图、结施图、设施图。

各专业施工图的编排顺序是全局性的在前,局部性的在后;先施工的在前,后施工的在后;重要的在前,次要的在后。

由此可以看出,一套完整的房屋施工图,其内容和数量较多。而且工程的规模和复杂程度不同,工程的标准化程度不同,都可导致图样数量和内容的差异。为了能准确地表达建筑物的形状,设计时图样的数量和内容应完整、详尽、充分。一般在能够清楚表达工程对象的前提下,一套图样的数量及内容越少越好。

2)建筑工程施工图的图示特点

施工图中的各图样,除了水暖管道系统是用斜投影法绘制之外,其余图样都采用正投影法绘制。某些工程构造,当用正投影法绘制不易表达时,可用镜像投影法绘制,但须在图名后注写“镜像”二字。

绘图所用的比例,应根据图样的用途与被绘制对象的复杂程度来选用。由于建筑物的体型较大,房屋施工图一般采用缩小的比例绘制。但在房屋内部各局部节点,在小比例的平、立、剖面图中不可能表示清楚所有细部,这时就需用较大比例将其内部构造详细绘制出来。一般情况下,一个图样应选用一种比例。但根据专业制图的需要,同一图样也可以选用两种比例。

由于建筑物的构配件、建筑材料等种类较多,为作图简便起见,国家标准规定了一系列的图例符号来代表建筑构配件、卫生设备、建筑材料等。对这些图例和符号,必须熟记才能正确阅读和绘制建筑工程施工图。

房屋设计中有许多建筑构配件已有标准定型设计，并有标准图集可供使用。为节省设计和制图工作，凡采用标准定型设计之处，只标出标准图集的编号、页数和图号即可。

3）房屋建筑施工图制图标准

为了保证制图质量、提高效率、表达统一和便于识读，我国制订了《建筑制图标准》（GB/T 50104—2010）等国家标准。在绘制施工图时，应严格遵守标准中的规定。

（1）图线

在建筑施工图中，为了表明不同的内容并使图层分明，须采用不同线型和线宽的图纸绘制。图线的线型和线宽按表5.1的说明来选用。

表5.1　图线的要求

名称		线　型	线宽	用　途
实线	粗		b	1. 平、剖面图中被剖切的主要建筑构造（包括构配件）的轮廓线 2. 建筑立面图或室内立面图的外轮廓线 3. 建筑构造详图中被剖切主要部分的轮廓线 4. 建筑构配件详图中的外轮廓线 5. 平、立、剖面图的剖切符号
	中粗		$0.7b$	1. 平、剖面图中被剖切的次要建筑构造（包括构配件）的轮廓线 2. 建筑平、立、剖面图中建筑构配件的轮廓线 3. 建筑构造详图及建筑构配件详图中的一般轮廓线
	中		$0.5b$	小于$0.7b$的图形线、尺寸线、尺寸界线、索引符号、标高符号、详图材料做法引出线、粉刷线、保温层线、地面、墙面的高差分界线
	细		$0.25b$	图例填充线、家具线、纹样线等
虚线	中粗		$0.7b$	1. 建筑构造详图及建筑构配件不可见的轮廓线 2. 平面图中的起重机（吊车）轮廓线 3. 拟建、扩建的建筑物轮廓线
	中		$0.5b$	投影线、小于$0.5b$的不可见轮廓线
	细		$0.25b$	图例填充线、家具线等
单点长画线	粗		b	起重机（吊车）轨道线
	细		$0.25b$	中心线、对称线、定位轴线
折断线	细		$0.25b$	部分省略表示时的断开界线
波浪线	细		$0.25b$	部分省略表示时的断开界线，曲线形件断开界线

（2）比例

建筑物形体庞大，必须采用不同的比例来绘制。对于整幢建筑物、构筑物的局部和细部结构都分别予以缩小画出，特殊细小的线脚等有时不缩小，甚至需要放大画出。在建筑施工图中，各种图样常用的比例见表5.2。

表 5.2　建筑施工图常用比例

图　名	比　例
建筑物或构筑物的平面图、立面图、剖面图	1 : 50,1 : 100,1 : 150,1 : 300
建筑物或构筑物的局部放大图	1 : 10,1 : 20,1 : 25,1 : 30,1 : 50
配件及构造详图	1 : 1,1 : 2,1 : 5,1 : 10,1 : 15,1 : 20, 1 : 25,1 : 30,1 : 50

(3)定位轴线及其编号

建筑施工图中的定位轴线是施工定位、放线的重要依据。凡是承重墙、柱子等主要承重构件,都应画上轴线来确定其位置。对于非承重的分隔墙、次要的局部承重构件等,有时用分轴线定位,有时也可由注明与附近轴线的相关尺寸来确定。

①定位轴线编号及顺序。定位轴线采用细单点长画线表示,此线应伸入墙内 10 ~ 15 mm。轴线的端部用细实线画直径为 8 mm 的圆圈并对轴线进行编号。横向编号应采用阿拉伯数字,从左到右依次编号,竖向编号应采用大写拉丁字母按自下而上的顺序编写,平面图中的定位轴线编号宜标注在图形的下方和左方,如图 5.1 所示。

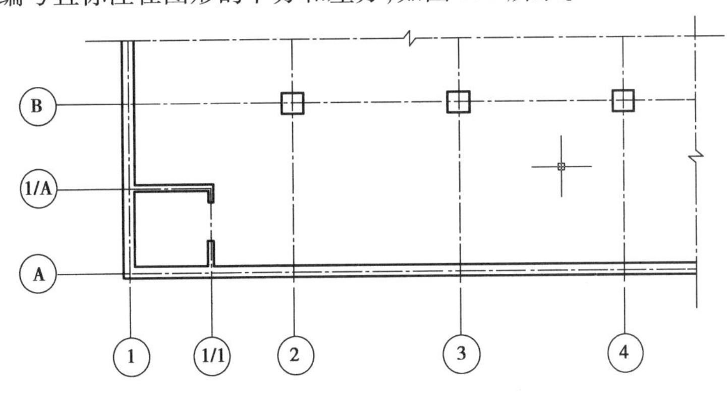

图 5.1　平面图定位轴线的编号及顺序

拉丁字母的 I、O、Z 不得用作轴线编号,以免与阿拉伯数字 1、0、2 混淆。如字母数量不够使用,可增加双字母或单字母加数字注脚,如 AA、BA……YA 或 A1、B1……Y1。

②附加定位轴线的表达。在两轴线之间,如需附加分轴线时,其编号可用分数表示,即为附加定位轴线。分母表示前一轴线的编号,分子表示附加轴线的编号。例如,2/5 轴线表示横向 5 号轴线之后附加的第 2 条轴线。

若在 1 号轴线或 A 号轴线之前的附加轴线时,分母应以 01 或 OA 表示。例如,1/01 轴线表示横向 1 号轴线之前附加的第 1 条定位轴线;例如,3/OA 轴线表示纵向 A 号轴线之前附加的第 3 条定位轴线.

③一个详图适用于几根定位轴线的表达。一个详图适用于几根定位轴线时,应同时注明各有关轴线的编号,如图 5.2 所示。

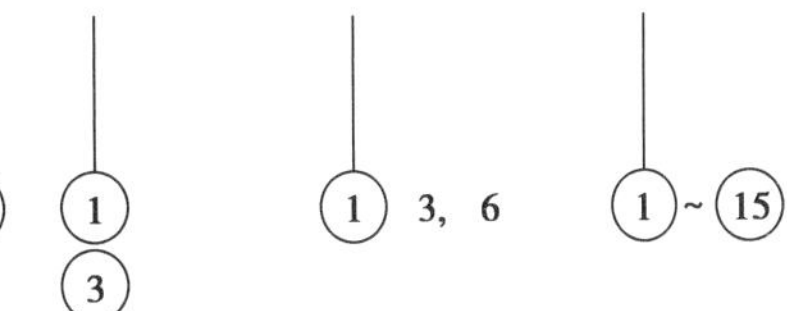

图 5.2　详图定位轴线

通用详图中的定位轴线,应画圆,不注写轴线编号。

(4)尺寸、标高、图名

①尺寸。尺寸单位除标高及建筑总平面图以米(m)为单位外,其余一律以毫米(mm)为单位。尺寸的基本注法见项目1。

②标高。标高是标注建筑物高度的一种尺寸形式,是以某一水平面作为基准面,并从零点(水准基点)起算地面(楼面)至基准面的垂直高度。标高符号应以直角等腰三角形表示,用细实线绘制,如标注位置不够,也可用引出线引出再标注。标高符号的具体画法如图5.3(a)所示。如果同一位置表示几个不同的标高时,数字注写形式如图5.3(f)所示。

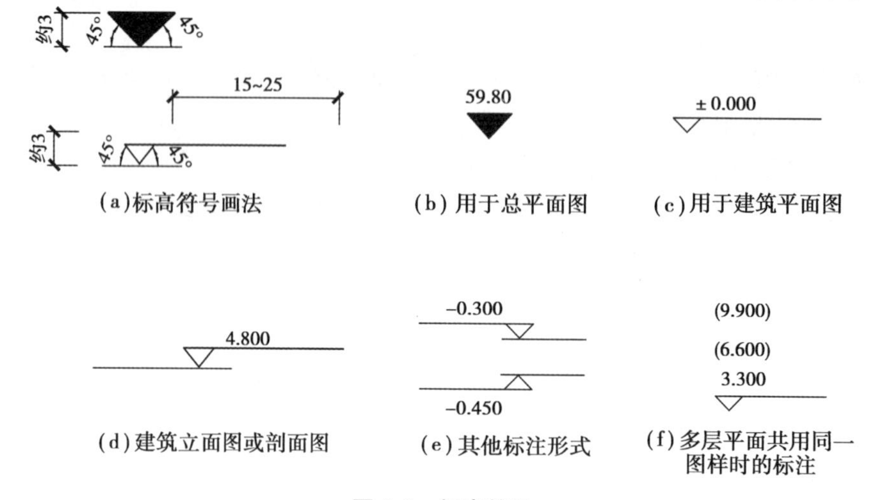

图5.3　标高符号

标高数字以米(m)为单位,单体建筑工程的施工图注写到小数点后第三位,在总平面图中则注写到小数点后两位。在单体建筑工程中,零点标高注写成±0.000,负数标高数字前必须加注“-”,正数标高前不写“+”。标高数字不到1 m时,小数点前应加写“0”。在总平面图中,标高数字注写形式与上述相同。

标高有绝对标高和相对标高两种。

我国把青岛附近某处黄海的平均海平面定为绝对标高的零点,其他各地标高都以它作为基准。

在建筑物的施工图上要注明许多标高,如果全用绝对标高,不但数字烦琐,而且不容易得出各部分的高差。因此,除总平面图外,一般都采用相对标高,即将底层室内主要地坪高定为相对标高的零点,并在建筑工程的总说明中说明相对标高和绝对标高的关系,由建筑物附近的水平点来测定拟建工程的底层地面的绝对标高。

房屋的标高,还有建筑标高和结构标高之分。建筑标高是构件包括粉饰层在内、装修完成后的标高;结构标高是不包括构件表面的粉饰层厚度,是构件的毛面标高,如图5.4所示。

③图名。图样的下方应标注图名,在图名下应画一条横线,其粗度应不粗于同张图中所画图形的粗实线。同张图样中的这种横线粗度应一致。图名下的横线长度,应以所写文字所占长短为准,不要任意画长。在图名的右侧应用比图名的字号小一号或二号的字号注写比例。

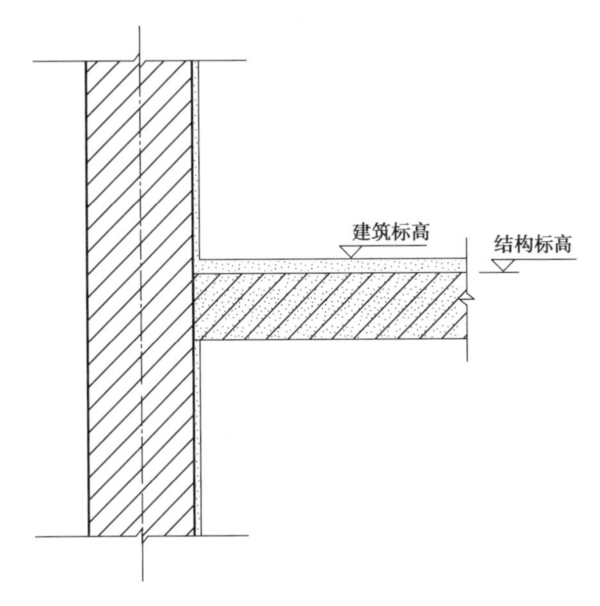

图 5.4　建筑标高与结构标高

(5)索引符号和详图符号

图样中的某一局部或某一构件和构件间的构造如需另见详图,应以索引符号索引,即在需要另画详图的部位编上索引符号,并在所画的详图上编上详图符号且两者必须对应一致,以便看图时查找相应的有关图样。索引符号的圆和水平直线均以细实线绘制,圆的直径一般为 10 mm。详图符号的圆圈应画成直径为 14 mm 的粗实线圆。

索引符号和详图符号的具体表达见表 5.3。

表 5.3　索引和详图符号

名　称	符　号	说　明
详图的索引标志	5 — 详图的编号；— 详图在本张图样上 5 — 局部剖视详图的编号；— 剖视详图在本张图样上	细实线单圆圈直径为 10mm 详图在本张图样上
	5 — 详图的编号；4 — 详图所在的图样编号 5 — 局部剖视详图的编号；4 — 剖视详图所在的图样编号	详图不在本张图样上
	J103 — 标准图册编号；5 — 详图的编号；4 — 详图所在的图样编号	标准详图

续表

名　称	符　号	说　明
详图的标志	5 ——详图的编号	粗实线单圆圈直径为 14 mm 被索引的详图在本张图样上
	5 ——详图的编号 2 ——被索引的详图编号	被索引的详图不在本张图样上

(6)引出线

引出线应以细实线绘制,宜采用水平方向的直线或与水平方向成 30°,45°,60°,90°的直线,或经上述角度再折为水平线。文字说明宜写在水平线的上方,也可注写在水平线的端部,如图 5.5(a)所示。

同时引出几个相同部分的引出线,宜相互平行,也可画集中于一点的放射线,如图 5.5(b)所示。

多层构造或多层管道共用引出线,应通过被引出的各层。文字说明注写在水平线的上方,或注写在水平线的端部,说明的顺序应由上至下,并应与被说明的层次相互一致。如层次为横向顺序,则由上至下的说明应与由左至右的层次相互一致,如图 5.5(c)所示。

(7)其他符号

①指北针。指北针用于表达房屋的朝向,用直径为 24 mm 的细实线圆绘制,内部通过圆心并对称画一瘦长形实心箭头,箭头尾宽取直径的 1/8,即 3 mm。通常只画在建筑首层平面图旁的适当位置,指北针如图 5.6 所示。

②风玫瑰图。风玫瑰图通常绘制在建筑总平面图中,不仅可以表达房屋朝向,还可以表达各向风力对房屋所在地区的影响。它根据房屋所在地区多年平均统计的各个方向(一般为 16 个或 32 个方位)吹风次数的百分率值按一定比例绘制。图中长短不同的实线表示该地区常年的风向频率,连接 16 个端点,形成封闭折线图形。玫瑰图上所表示的风的吹向,是吹向中心的。风玫瑰图如图 5.7 所示。

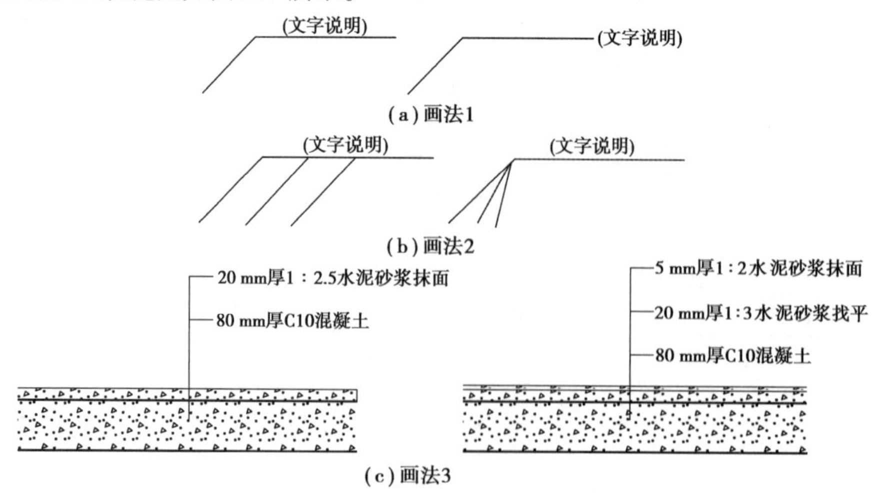

图 5.5　引出线画法

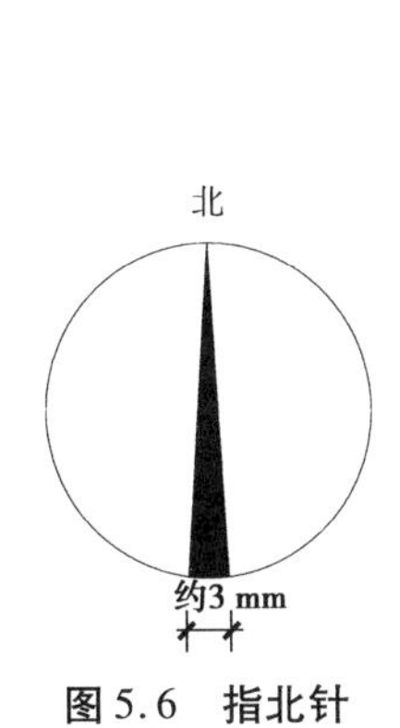

图 5.6　指北针

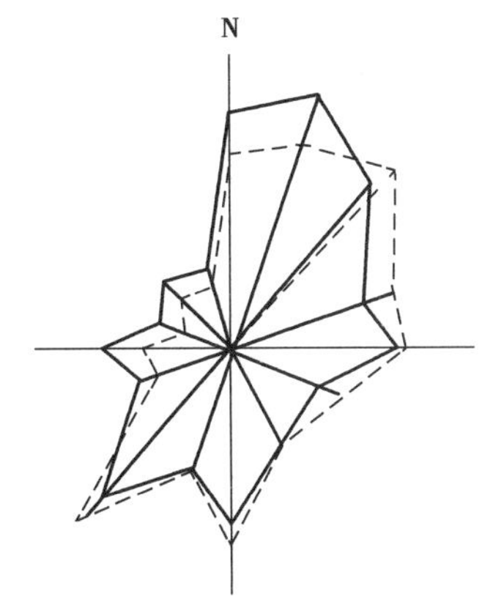

图 5.7　风玫瑰图

③连接符号和折断符号。连接符号应以折断线表示需要连接的部位。两部位相距过远时,折断线两端靠图样一侧应标注大写拉丁字母表示连接符号。两个被连接的图样必须相同的字母编号,如图 5.8 所示。

当图形采用直线折断时,这段符号为折断线,它经过被折断的图面。对圆形构件的图形折断,其折断符号为曲线,如图 5.9 所示。

④对称符号。对构配件的图形为对称图形,绘图时可画对称图形的 1/2,并用细实线画出对称符号如图 5.8 所示。符号中两端平行线的长度为 6 ~ 10 mm,平行线的间距宜为 2 ~ 3 mm,平行线在对称线两端的长度应相等,对称符号如图 5.9 所示。

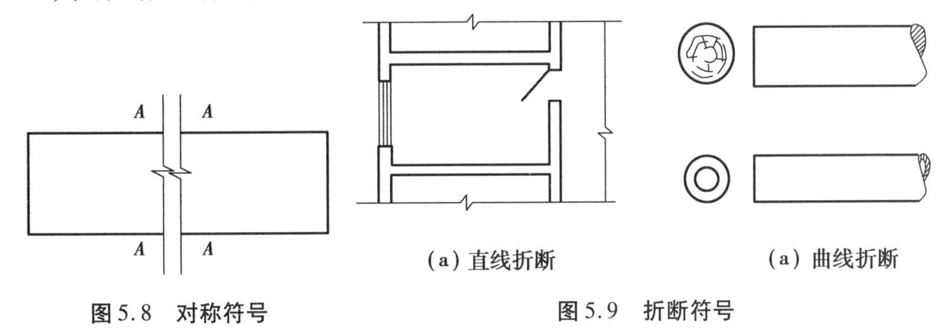

(a) 直线折断　　(a) 曲线折断

图 5.8　对称符号　　图 5.9　折断符号

⑤坡度符号。施工图中的屋顶、道路等倾斜部分,一般会用到坡度符号。坡度符号一般指坡,在符号上方标注坡度。坡度的表示方法与坡度符号如图 5.10 所示。

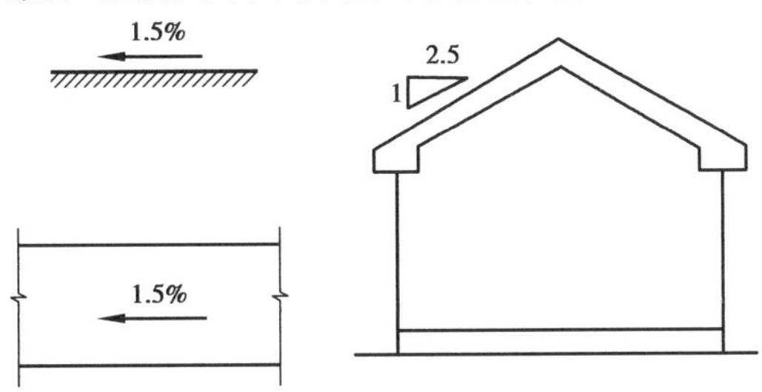

图 5.10　坡度表示方法及坡度符号

(8)图例及代号

建筑物和构筑物是按比例缩小在图纸上的,对于有些建筑细部、构件形状以及建筑材料

等,往往不能如实画出,也难以用文字注释来表达清楚,所以都按统一规定的图例和代号来表示,以得到简单明了的效果。因此制图标准中规定了各种各样的图例。为熟练识图必须熟记常用图例。

4)图纸识读方法与步骤

(1)识图应具备的基本知识

施工图是根据投影的原理绘制的,用图样表明房屋建筑的设计及构造做法。因此,要看懂施工图的内容,必须具备下面的基础知识:

①掌握投影的基本原理和建筑形体的各种表达方法。

②熟悉房屋建筑的基本构造。

③熟悉建筑施工图中常用的图例、符号、线型、尺寸和比例的意义。

(2)读图的方法与步骤

看图的一般方法:自外向里,由大到小,由粗到细,图样与说明对照看,建筑与结构对照看。先粗看一遍,了解工程的概貌,而后再细读。

一般情况下,识读建筑施工图的步骤是:

①看图纸目录和设计说明。通过目录了解整套图纸一共有多少张,图纸是否齐全;通过设计说明了解工程在设计和施工方面的要求。

②依照图纸顺序通读一遍,使整个工程在头脑中形成概念,如工程的建设地点和基础、屋顶等关键部位情况,要做到心中有数。

③分专业对照阅读,按专业次序深入仔细了解。对于全套图纸而言,先看首页图,后看专业图;对于各专业图而言,先“建施”,后“结施”,再“水施”“暖施”“电施”;对于建施图而言,先总图、建筑设计说明,后平面、立面、剖面图,再详图;对于结施图而言,先结构设计说明,后基础图、结构平面布置图,再构件详图;具体到每一张图纸而言,先看标题,后看文字,再看图样,最后看尺寸。读图时,应把各类图纸相互联系、密切配合、反复多遍进行识读。

读图是建筑工程技术人员深入了解施工项目的过程,也是检查复核图纸的过程,所以必须认真、细致,不可粗心大意。

5.2 首页图

为了能够快速了解拟建房屋的概貌和基本情况,以及方便查找有关图样,需要识读建筑工程的首页图。

首页图放在全套图纸的首页,其组成部分一般包括图纸目录、建筑设计说明、工程细部做法说明、门窗表等。

5.2.1 图纸目录

图纸目录起到组织编排图纸的作用,以便于阅读者查找图样。图纸目录中列出了全套图纸的类别、张数,每张图纸的图名、图号、图幅大小以及页码,采用标准图集的,应列出它们所在标准图集的名称、标准图的图名、图号和页次。

本工程案例中的图纸目录见表5.4。

表 5.4　某中学宿舍楼图纸目录

图别	顺序	图　号	图　名	通用图集编号	备　注
建施	1	建—1	设计说明		
	2	建—2	总平面图		
	3	建—3	门窗表		
	4	建—4	一层平面图		
	5	建—5	二层—三层平面图		
	6	建—6	屋顶平面图		
	7	建—7	1—8 轴立面图		
	8	建—8	8—1 轴立面图		
	9	建—9	A—D 轴、D—A 轴立面图		
	10	建—10	1—1 剖面图、2—2 剖面图		
	11	建—11	卫生间详图、楼梯详图		

5.2.2　建筑设计说明

建筑设计与施工说明内容包括工程的概貌与总的施工要求，一般包括以下几个方面。

①依据性文件名称和文号，如批文，本专业设计执行的主要法规和设计标准，以及设计合同等。

②项目概况。内容一般应包括建筑名称、建设地点、建设单位、建筑面积、建筑基底面积、项目设计规模等级、设计年限、建筑层数和建筑高度、建筑防火分类和耐火等级、人防工程类别和防护等级、人防建筑面积、屋面和地下室防水等级、主要结构类型、抗震设防烈度等，以及能反映建筑规模的主要技术经济指标，如住宅的套型和套数（包括套型总建筑面积等）、旅馆的客房间数和床位数、医院的床位数、车库的停车泊位数等。

③设计标高。工程的相对标高与总图绝对标高的关系。

④材料说明和室内外装修。

⑤对采用新技术、新材料和新工艺的做法说明，以及对特殊建筑造型和必要的建筑构造的说明。

本工程案例中的建筑设计总说明如图 5.11 所示。

建筑设计总说明

一.设计依据

1.建设工程设计合同

2.用地红线图

3.方案批复文件，业主提供的有关资料及设计要求

二.项目概况

1.工程名称：某中学宿舍楼 建设地点：南宁市江南区

2.建筑层数和建筑高度：地下0层；地上 4层；建筑总高度：13.8 m

3.建筑工程等级：三级 耐火等级：二级

结构类型：框架结构抗争设防烈度：六度，结构设计使用年限50年。

4.本工程首层室内设计标高 ±0.000由现场定。

5.本工程表盖以米（m）为单位，尺寸以毫米（mm）为单位。各层标高为建筑完成标高。

6.非实际工程，请勿照图施工

三.墙体

1. ±0.000以下，M7.5水泥砂浆砌MU10标准砖，墙厚240. ±0.000以上，M5混合砂浆砌MU10烧结多孔砖，墙厚240.

2.屋面女儿墙高度为600，构造钢筋混凝土压顶及构造柱，构造柱尺寸为240×240，构造柱间距≤3600，构造柱做法参照10ZG601⑤，其中4Φ12。

女儿墙泛水做法参见11ZJ201 (6/11)，女儿墙厚度为240，

外墙与框架柱相接应增设钢丝网抹灰等措施防止表面开裂。

四.屋面防水：

本工程屋面防水等级为二级，防水层耐用年限为10年，一道防水设防。

所有防水层四周均涂卷至屋面泛水高度，女儿墙阴阳砖转角处应增加铺卷材，

垂直于水平方向加长300mm，穿板面管道或泛水以下外墙穿管，

安装后须严格用C20细石混凝土封严，管根四周加嵌防水胶，与防水层闭合。

雨蓬顶用1：2水泥防水砂浆抹面。

五.屋面及楼地面

1.本设计处标注外，外廊楼面标高均比楼层标高低20mm，梁顶标高下降20mm。

2.屋面：按不上人屋面处理，屋面采用有组织排水，建筑找坡。

3.卫生间C20砼反边120高于结构砼同时浇捣

4.卫生间下凹填处1：6水泥炉渣

六.门窗工程

1.门窗立面形式、开启方式见门窗大祥图；门窗数量见门窗表。窗框颜色甲方自理；门窗玻璃由厂家按节能设计结果选用，门窗玻璃厚度。框料尺寸由厂家根据门窗立面现格，高度经风压计算后确定，各部位均应满足《建筑安全玻璃管理规定》。门窗五金件选用优质产品，经设计人和建设单位认可后确定。

2.木门油调和漆，用油灰膏嵌缝、砂纸打磨平整、内外同色、底油一道，面油淡栗色调和漆两道做法参照05ZJ001/第87页/涂1。

七.内装修做法

层号	房间名称	地面（楼面）	踢脚	墙面	天棚
一层	宿舍	05ZJ001地19（抛光砖600*600）	05ZJ001踢18	05ZJ001内墙4 面刮双飞粉腻子	05ZJ001顶3 面刮双飞粉腻子
	门厅	05ZJ001地19（抛光砖600*600）	05ZJ001踢18	05ZJ001内墙4 面刮双飞粉腻子	05ZJ001顶3 面刮双飞粉腻子
	卫生间	05ZJ001地56（防滑砖300*300）		05ZJ001内墙8 白瓷砖300*400	05ZJ001顶4 面刮双飞粉腻子
	走廊	05ZJ001地19（抛光砖600*600）	05ZJ001踢18	05ZJ001内墙4 面刮双飞粉腻子	05ZJ001顶3 面刮双飞粉腻子
	楼梯间 地面	05ZJ001地19（抛光砖600*600）	05ZJ001踢18	05ZJ001内墙4 面刮双飞粉腻子	05ZJ001顶3 面刮双飞粉腻子
	楼梯间 [illegible]	05ZJ001楼10（防滑砖300*300）	05ZJ001踢18	05ZJ001内墙4 面刮双飞粉腻子	05ZJ001顶3 面刮双飞粉腻子
二层、三层	宿舍	05ZJ001楼10（抛光砖600*600）	05ZJ001踢18	05ZJ001内墙4 面刮双飞粉腻子	05ZJ001顶3 面刮双飞粉腻子
	活动室	05ZJ001楼10（抛光砖600*600）	05ZJ001踢18	05ZJ001内墙4 面刮双飞粉腻子	05ZJ001顶3 面刮双飞粉腻子
	卫生间	05ZJ001楼33（防滑砖300*300）		05ZJ001内墙8 白瓷砖300*400	05ZJ001顶4 面刮双飞粉腻子
	走廊	05ZJ001楼10（抛光砖600*600）	05ZJ001踢18	05ZJ001内墙4 面刮双飞粉腻子	05ZJ001顶3 面刮双飞粉腻子
	楼梯间 [illegible]	05ZJ001楼10（防滑砖300*300）	05ZJ001踢18	05ZJ001内墙4 面刮双飞粉腻子	05ZJ001顶3 面刮双飞粉腻子
四层	宿舍	05ZJ001楼10（抛光砖600*600）	05ZJ001踢18	05ZJ001内墙4 面刮双飞粉腻子	05ZJ001顶3 面刮双飞粉腻子
	活动室	05ZJ001楼10（抛光砖600*600）	05ZJ001踢18	05ZJ001内墙4 面刮双飞粉腻子	05ZJ001顶3 面刮双飞粉腻子
	卫生间	05ZJ001楼33（防滑砖300*300）		05ZJ001内墙8 白瓷砖300*400	05ZJ001顶4 面刮双飞粉腻子
	走廊	05ZJ001楼10（抛光砖600*600）	05ZJ001踢18	05ZJ001内墙4 面刮双飞粉腻子	05ZJ001顶3 面刮双飞粉腻子
	楼梯间		05ZJ001踢18	05ZJ001内墙4 面刮双飞粉腻子	05ZJ001顶3 面刮双飞粉腻子
四层	女儿墙			05ZJ001外墙23	

八.外墙装修做法

1.外墙：详见05ZJ001外墙23

2.屋面：详见05ZJ001屋16

3.散水：鲜见05ZJ001散2

4.详见05ZJ001台5

5.散水暗沟 98 ZJ901 (3/6) 盖板为A型板

6.检修孔 98 ZJ201 (3/19)

九.其他

1.凡人墙柱预埋铁件经除锈后油红丹漆而道（含露明铁件，）露明铁件，面涂银灰色磁漆两道。凡与砖（砌块）或混凝土接触的木材表面须做防腐处理。

2.本工程施工及验收严格执行国家现行的建筑安装工程施工及验收规范，以及工程所在地的有关建筑工程法规。本说明未尽之处，在施工中各方协商配合，共同解决。

×××××设计研究院有限公司				证书编号	证书等级 乙级 编 号
审 定		建设单位		单 位	m,mm
审 核		设计项目	某中学宿舍楼	比 例	详 图
工程负责				日 期	2018.10
设 计		图 名	建筑总说明	图 别	建 施
制 图				图 号	

图 5.11 设计总说明

5.2.3 工程做法

工程做法是对工程细部构造及要求加以说明，包括楼地面、内外墙、散水、台阶等处的构造做法和装修做法。如图 5.12 所示中的内装修做法。

5.2.4 门窗表

为了便于装修和加工，应列有门窗表，包括门窗的编号、尺寸、数量及制作说明。

本工程案例中的门窗表及门窗做法如图 5.12 所示。

门窗表							
类别	名称	洞口宽	洞口高	樘数	底高度	门窗类型	图集代号
门	M1512	1 500	2 100	5		普通双扇无亮木门	建—11
	M0921	900	2 100	32		普通单扇有亮胶合板门	建—11
窗	C1518	1 500	1 800	52	900	90 系列高级铝合金窗、白玻无窗纱	建—11

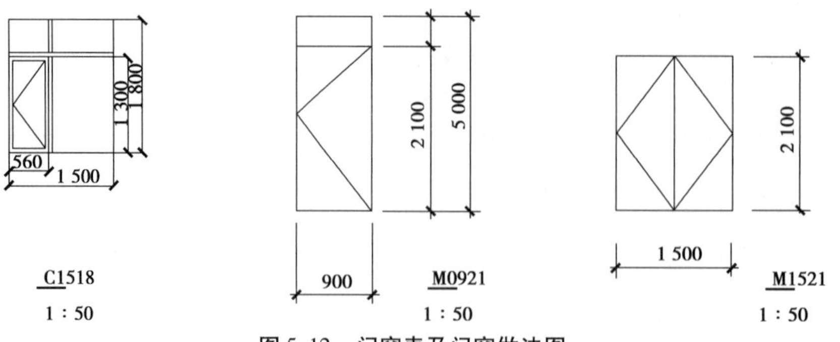

图 5.12 门窗表及门窗做法图

5.3　建筑总平面图

5.3.1　建筑总平面图的形成

建筑总平面图是拟建房屋所在基地一定范围内的水平投影图，主要反映拟建房屋、原有建筑物等的平面形状、位置和朝向、室外场地、道路、绿化等的布置，地形、地貌、标高以及其与原有环境的关系和临界情况等的图样。

5.3.2　建筑总平面图的作用

建筑总平面图是拟建房屋定位、施工放线、土方施工，以及绘制水、电、暖等管线总平面图和施工总平面设计的依据。

5.3.3　建筑总平面图的图示内容

①图名、比例。由于总平面图所包括的区域面积较大，此绘制时常采用 1∶500，1∶1 000，1∶2 000，1∶5 000 等小比例尺，房屋只用外围轮廓线的水平投影表示。布置方向一般按上北下南。

②应用图例来表明新建、改建和扩建区的总体布置，各建筑物和构筑物的位置道路、广场、室外场地和绿化等的布置情况及各建筑物的层数等。在总平面图上一般应画上所采用的主要图例及其名称。此外，对于标准中缺乏规定而需要自定的图例必须在总平面图中绘制清楚，并注明其名称。

③确定新建、改建和扩建工程的具体位置，以图例示意。一般根据原有房屋或道路来定位，并以米(m)为单位标出定位尺寸。当新建成片的建筑物和构筑物或较大的公共建筑或厂房时，往往用坐标来确定每一建筑物及道路转折点的位置。地形起伏较大的地区，还应画出地形等高线。

④标注层数（常用黑小圆点数表示），并注明新建房屋底层室内地面和屋外整平地面的绝对标高和。总平面图中的坐标、标高、距离以米(m)为单位，至少取至小数点后两位，不足时以 0 补齐。

⑤用带有指北针的风玫瑰图来表示该地区的常年风向频率和建筑物的朝向。

⑥根据工程的需要，有时还有水、暖、电管线总平面图，各种管线综合布置图，道路纵横剖面图及绿化布置等。

5.3.4　建筑总平面图的识读要点

识读建筑总平面图时应注意如下要点：

①看图名、比例及有关文字了解工程项目，熟悉图例。图 5.13 是总平面图中用到的部分图例。

②了解建设项目中各房屋的位置和朝向。

③了解拟建建筑物的标高、面积和层数。

④了解建设项目场地的坡度及排水填挖情况。

⑤了解新建房屋附属设施及周围环境。

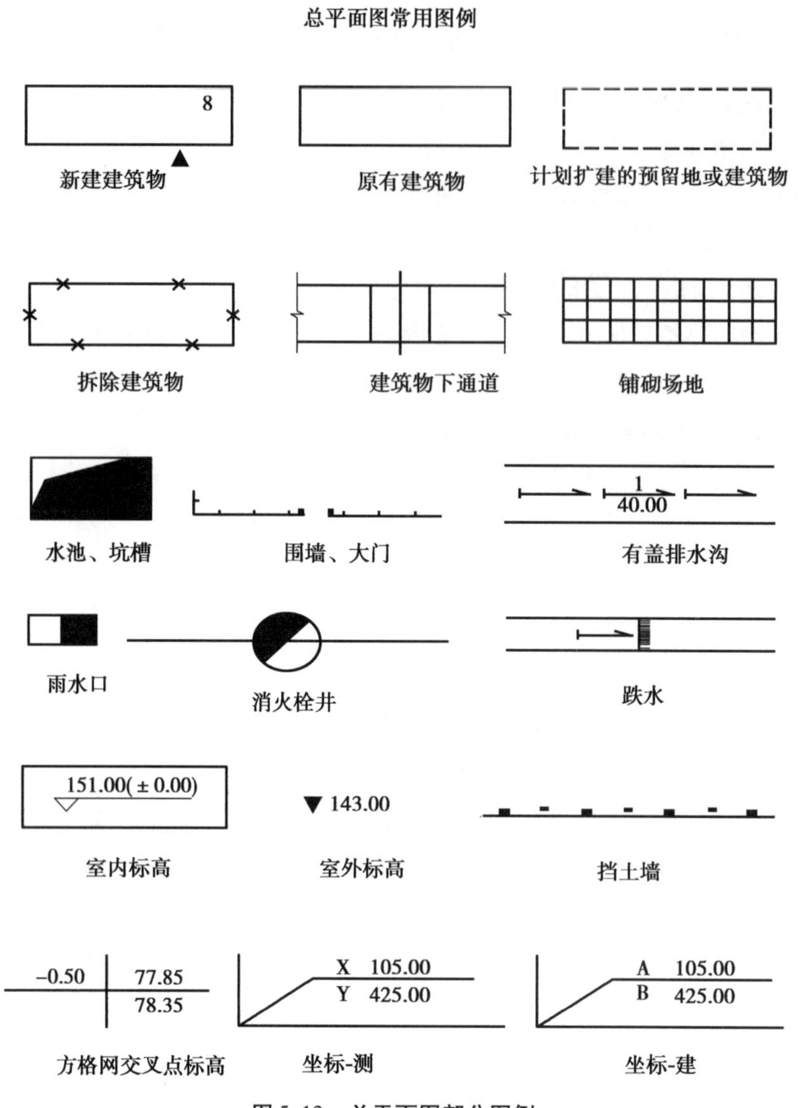

图 5.13 总平面图部分图例

5.3.5 总平面图识图

图 5.14 所示为某中学宿舍楼总平面图,从图中可以看出新建宿舍楼的朝向、相对位置、标高等基本情况,地块周边已有建筑物及设施,以及道路、绿化等环境,还可通过风玫瑰图看出当地主导风向。

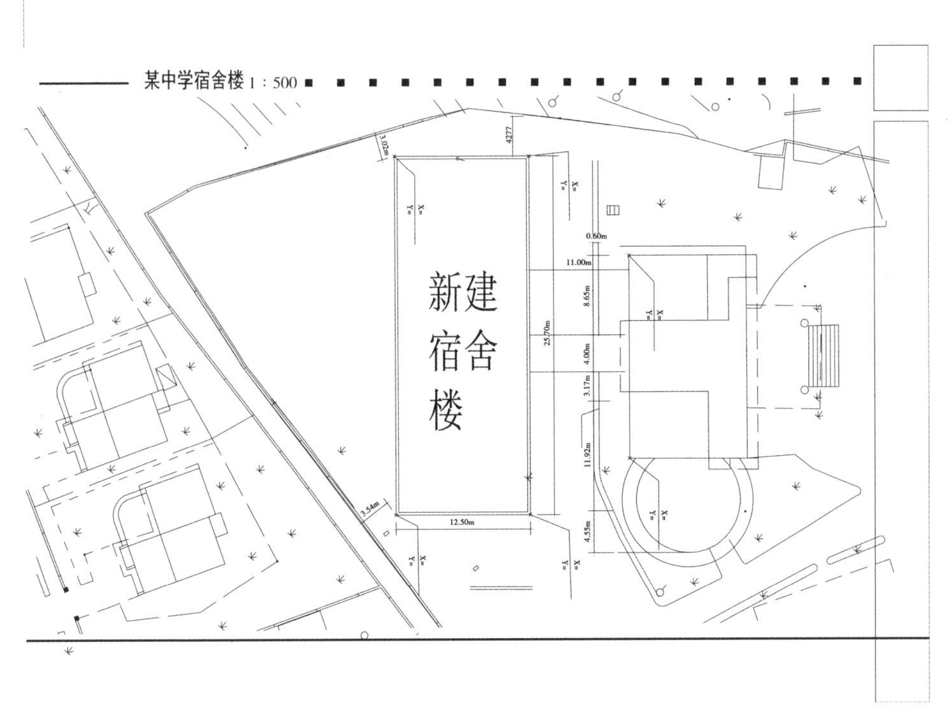

图 5.14 某中学教学楼总平面图

5.4 建筑平面图

5.4.1 建筑平面图的图示方法

建筑平面图是将房屋用一个假想的水平剖切平面,沿门窗洞口在视平面的位置剖切后,移去以上的部分,再将剖切平面以下的部分做投影所得的水平投影图,简称平面图。

平面图主要反映房屋的平面形状、大小和各部分水平方向的组合关系,如房间的布置与功能;墙、柱的位置和尺寸,楼梯、走廊的设置;门窗的类型和位置等。

对于多层和高层建筑,一般按层数绘制平面图,并在图的下方注以相应的图名,一般包括底层平面图、各层平面图、顶层平面图和屋顶平面图。如果除一层和顶层外,某些中间层的平面布置、房间分隔完全相同时,则可用一张平面图表示,图名为“标准层平面图”。若建筑平面左右对称,也可将两层平面图画在同一张图上,中间用对称符号分界,并在图两边分别注明图名。

1)底层平面图

底层平面图主要表示建筑物的底层形状、大小,建筑物平面的布置情况及名称。入口、走道、门窗、楼梯等的平面位置、数量,以及墙或柱的平面形状及材料等情况。除此之外还应反映房屋的朝向(用指北针表示)、室外台阶、明沟、散水、花坛、雨水管等的布置,并应注明建筑剖面图的剖切符号,如图 5.15 所示。

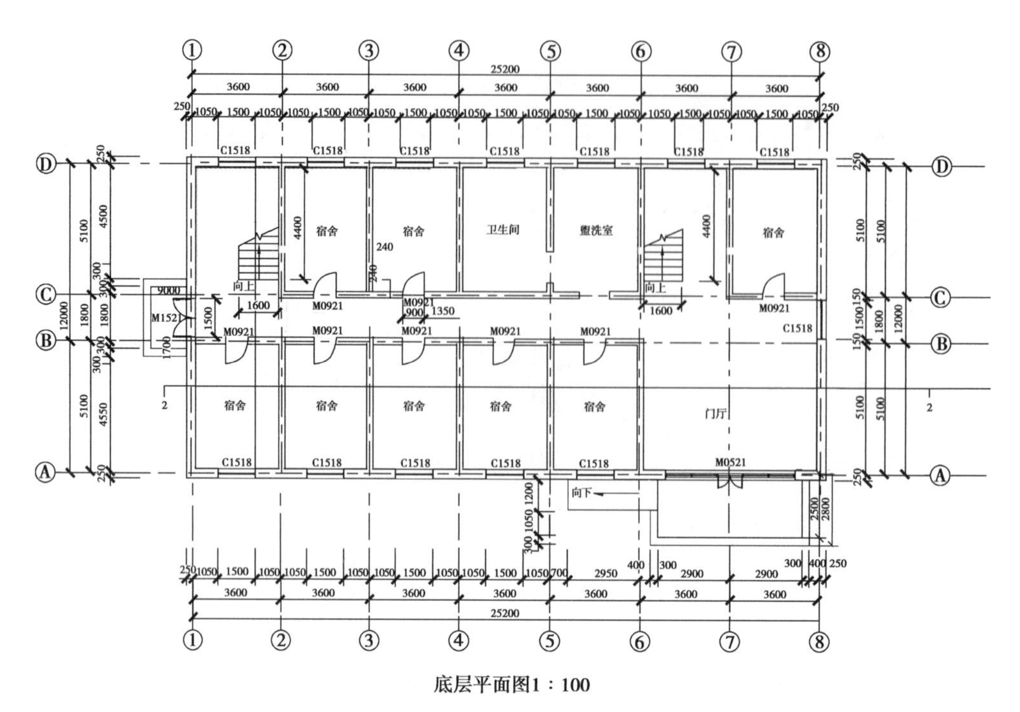

底层平面图1∶100

图 5.15　底层平面图

2)二层平面图

二层平面图除画出房屋二层范围的投影内容之外,还应画出底层平面图无法表达的雨篷、阳台、窗楣等内容,而对于底层平面图上已表达清楚的台阶、花池、散水等内容不需再画。三层以上的平面图则只需画出本层的投影内容及下一层的窗楣、雨篷等下一层无法表达的内容,如图 5.16 所示。

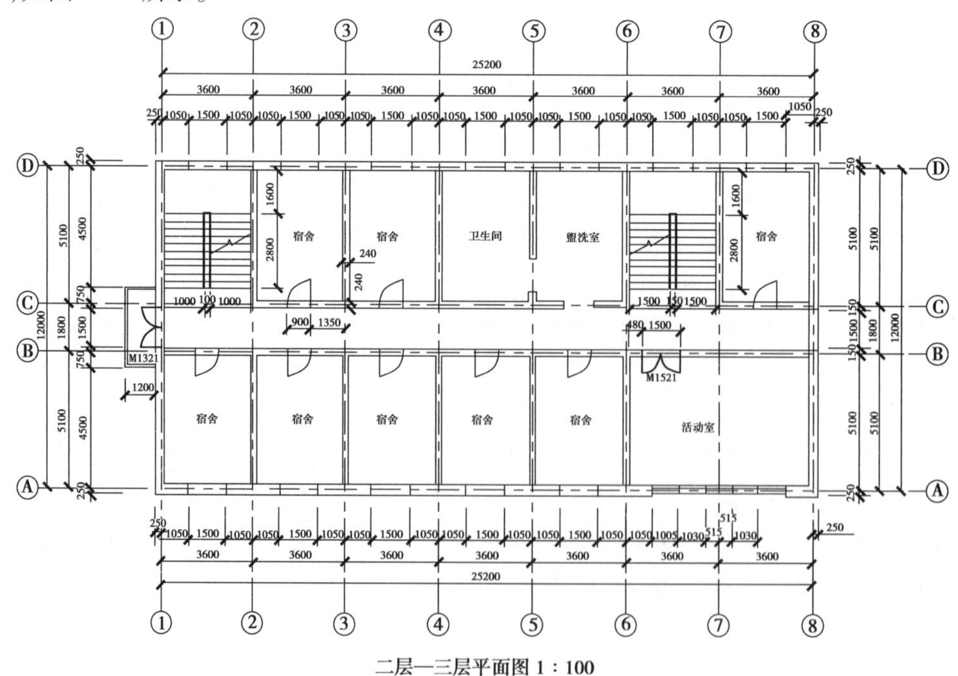

二层—三层平面图 1∶100

图 5.16　二层—三层平面图

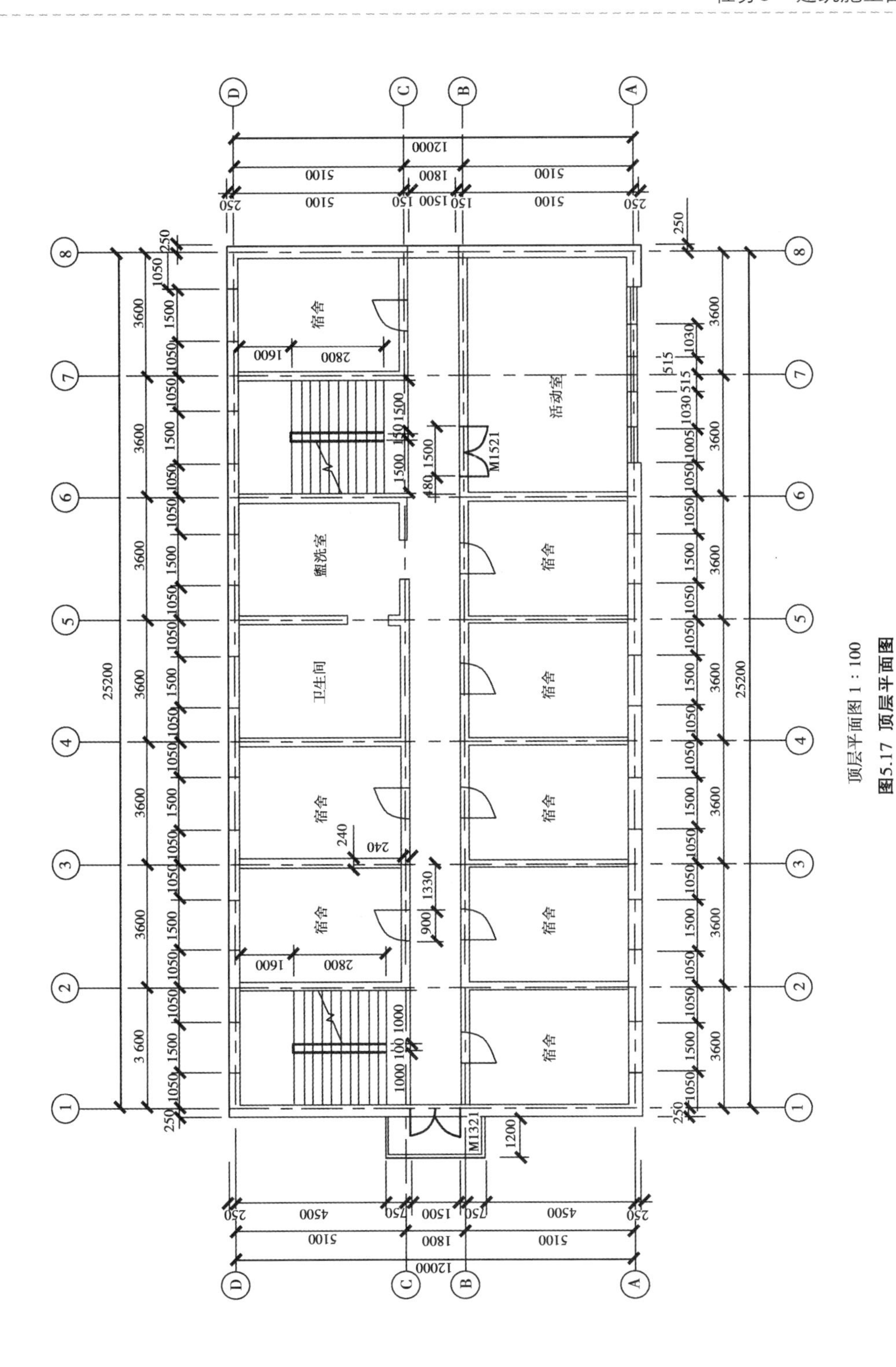

图5.17 顶层平面图

若房屋中间各层布置情况完全一样,可以合并为一个标准层,其表示内容与中间层平面图基本相同。

3) 顶层平面图

顶层平面图表示房屋最高层的平面布置图,若房屋顶层平面与标准层平面相同,则顶层平面图可以省略,如图 5.17 所示。

4)屋顶平面图

屋顶平面图用来表达房屋屋顶的形状、女儿墙位置、坡度、天窗、检修孔、水箱间、排烟道等位置,以及屋顶的排水布置,包括排水分区和导流方向、排水坡度、天沟、排水口、雨水管等。对于比较简单,施工方法通用的屋顶,也可省略屋顶平面图,如图 5.18 所示。

由于比例尺较小,各层平面图中的卫生间、楼梯间、门窗等投影难以详尽表示,可采用国家标准规定的图例来表达,另用较大比例的详图来具体绘制。

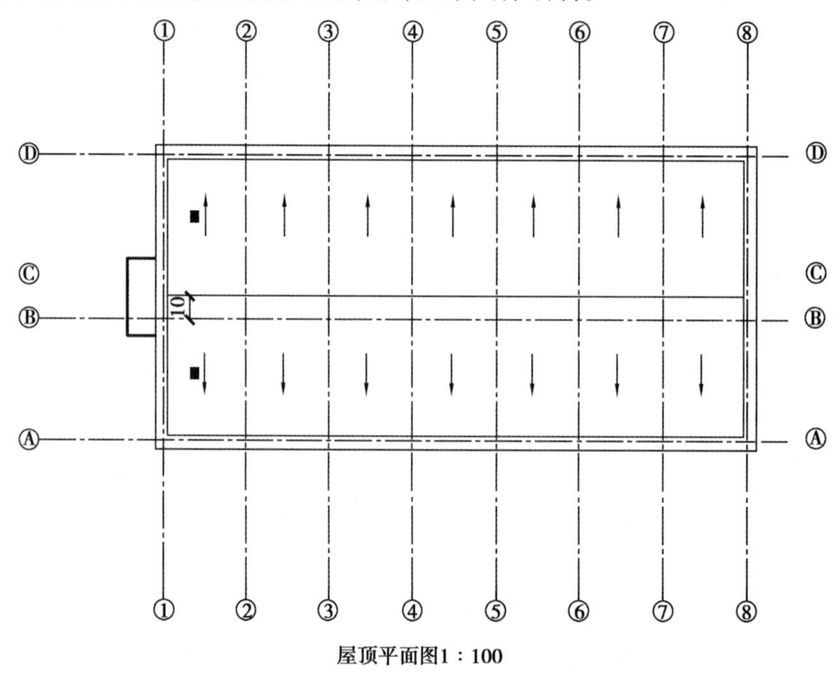

图 5.18　屋顶平面图

5.4.2 平面图的图示内容

1)图名

一般情况下,房屋有几层就应画几个平面图,并在图的下方标注相应的图名,如“底层平面图”“二层平面图” 等,符合要求时也可绘制“标准层平面图”。图名下方应加一条粗实线,图名右方标注比例,比例字号比图名小一号或二号。

2)图线、比例

平面图一般用1∶50,1∶100,1∶200的比例绘制,实际工程中常用1∶100。住宅单元平面宜选用1∶50,组合平面宜选用1∶200。

平面图中的线形粗细分明:凡被剖切到的墙、柱用粗实线绘制;未被剖切到的可见轮廓线(窗台、台阶等),以及门的开启线用中实线绘制;其余结构(如墙内壁柜等)及索引符号指引线、窗的图例线等用细实线绘制。

3)定位轴线及编号

为了满足建筑工业化,在建筑平面图中采用轴线网格划分平面使房屋的平面布置及构件和配件趋于统一。这些轴线称为定位轴线,它是确定房屋主要承重构件(墙、柱、梁)位置及标注尺寸的基线,也是施工定位和放样的重要依据。在施工图中,凡承重的构件都要确定轴线。

国标规定:横向轴线自左至右用阿拉伯数字依次连续编为①、②、③,竖向轴线自下而上用大写拉丁字母连续编写Ⓐ、Ⓑ、Ⓒ,并除去I、O、Z 3个字母以免与阿拉伯数字中1、0、2三个数字混淆。如果平面为折线形,定位轴线的编号也可用分区,也可以自左至右依次编注。如果为圆形平面,定位轴线则应以圆心为准呈放射状依次编注,并以距圆心的距离决定其另一方向轴线的位置及编号。一般承重墙柱及外墙编为主轴线,非承重墙、隔墙等编为附加轴线(又称分轴线)。

定位轴线用细点画线绘制。在墙、柱中的位置既与墙的厚度有关,也与其上部搁置的梁、板支撑深度有关。例如,以砖墙承重的民用建筑,楼板搭接深度一般为120 mm以上,所以外墙定位轴线按其距内墙面120 mm定位,内墙及其他承重构件,定位轴线一般在中心线。

4)尺寸标注

建筑平面图标注的尺寸有外部尺寸、内部尺寸和具体构造尺寸3种。

(1)外部尺寸

在水平方向和竖直方向各标注3道,最外一道尺寸标注房屋长宽方向的总长、总宽,称为总尺寸。中间一道尺寸标注房屋的开间、进深,称为轴线尺寸(注:一般情况下两横墙之间的距离称为“开间”,两纵墙之间的距离称为“进深”)。最里面一道尺寸标注房屋外墙的墙段及门窗洞口尺寸,称为细部尺寸。

如果建筑平面图图形对称,宜在图形的左边、下边标注尺寸,在局部不对称的部分增加标注尺寸。

(2)内部尺寸

内部尺寸包括各房间的净长、净宽;内墙的门窗洞口的定型、定位尺寸,墙体厚度尺寸。各房间还应按使用功能注写其名称。在其他层平面图中,与一层平面图相同的细部尺寸可忽略,仅标注轴线间尺寸和总尺寸。

(3)具体构造尺寸

具体构造尺寸指单独标注的,外墙以外的台阶、花池、散水以及室内固定设施的大小与位置尺寸。

5)标高、门窗编号

平面图中应标注不同楼地面高度房间及室外地坪的标高,以及所有门窗的编号。门常用“M1”,窗用“C1 ”来表示。也可用标准图集上的门窗代号来标注门窗。

6)其他内容

在底层平面图中还需标注剖面图的剖切符号及编号;需要时还需标注有关部位详图的索引符号。按标准图集采用的构配件需要标注编号及必要的文字说明。在底层平面图的右上角需要画出指北针或风玫瑰图,以表示房屋的朝向。

5.4.3 建筑平面图的识读要点

①了解图名、比例及文字说明。

②了解纵横定位轴线及编号。

③了解房屋的平面形状和总尺寸。

④了解房间的布置、用途及交通联系。

⑤了解门窗的布置、数量及型号。

⑥了解房屋的开间、进深、细部尺寸和室内外标高。

⑦了解房屋细部构造和设备配置等情况。

⑧了解剖切位置及索引符号。

5.4.4 建筑平面图的识读案例

以图5.15底层平面图为例,介绍平面图识读方法。

①先看图名,可知本工程为某宿舍楼的一层平面图,比例为1∶100。

②根据图中的指北针可知该宿舍楼坐北朝南。

③该教学楼的总长为25.2 m,总宽为12.0 m,横向有8道定位轴线,纵向有4道定位轴线。

④主要出入口在宿舍楼的东南角,西侧开有一个侧门,中间设置了走道,通过走道进入各间宿舍。垂直方向上的交通为两座平行双跑式楼梯,楼梯的走向由箭头指明,被剖切的楼梯段45°折断线表示。

⑤建筑物的各个房间的布置。一层共有8间宿舍、1间卫生间和一间盥洗室,所有房间尺寸完全相同。还有连个楼梯间和一个门厅。

⑥门窗的数量、类型及门的开启方向。图中门的代号为“M”,窗的代号为“C”,编号不同代表不同类型的门窗。阅读这部分内容时,应与门窗表相对照,核实两者是否一致。如一层M0921的单扇平开门为8樘,开启方向为向内;有M1521的双扇平开门两樘,开启方向为向外。C1518的推拉窗有13樘。

⑦建筑物的平面尺寸。如宿舍的开间为3.6 m,门厅开间为7.2 m,所有房间进深为5.1 m。走廊宽度为1.8 m。内外墙的厚度均为240 mm。

⑧两个门外均有两级台阶,其中东南侧大门外还有坡道。

⑨图中有两处剖切符号，位于南侧房间和西侧楼梯间处。图中未标注标高，这时应该去立面图查找楼层及其他标高。

其他各平面图请对照识读。

5.5　建筑立面图

5.5.1　建筑立面图的形成与命名

建筑立面图是将房屋的各个侧面向与之平行的投影面作正投影所得的图样，用来变现房屋外立面造型的艺术处理，房屋的外部造型和外墙面的装饰，同时可反映外墙面上门窗的位置、入口处和阳台的造型、外部台阶等构造，以及各表面装饰的工艺。

立面图的数量视房屋各里面的复杂程度而定，一般为 4 个立面，其命名方式通常有 3 种，如图 5.19 所示。

①通常将反映房屋主要外貌特征或主要出入口一面称为正立面图，其余各立面相应称为侧立面图和背立面图。

②对于朝向比较正的房屋，按照朝向分别命名为东、南、西、北立面图。

③有时采用立面图两端的定位轴线编号来确定，如①—⑧立面图等，便于阅读图样时与平面图对照。

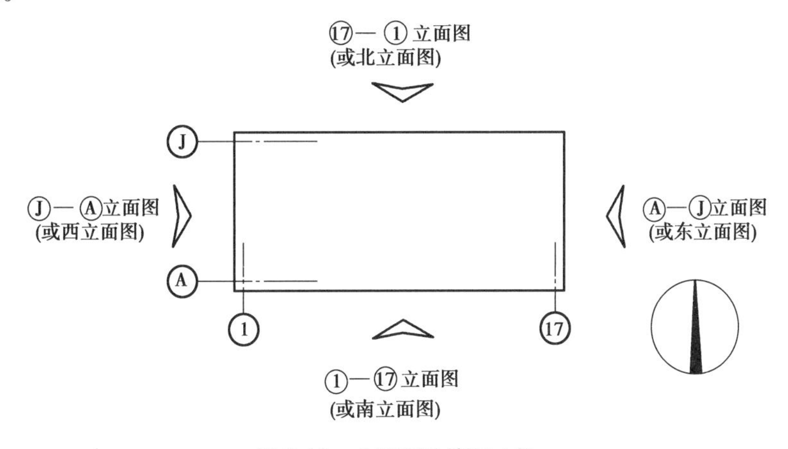

图 5.19　立面图的表示方法

5.5.2　立面图的图示内容和表示方法

1）投影关系与比例

建筑立面图应将所有投影可见的轮廓线全部绘出，如室外地面线、房屋勒脚、台阶、门、窗、阳台、雨篷、屋顶水箱间、排烟口、室外楼梯等。

立面图的比例尺选用与平面图一致，常用 1∶50，1∶100，1∶200 的比例绘制。

2）定位轴线和线形选用

立面图中一般只要求绘出外墙两端的定位轴线及编号，以便与平面图对照从而了解立面图的朝向。

为了突出建筑物外形的艺术效果，使之层次分明，在绘制立面图时常选用不同粗细的图线。通常用粗实线表示立面图的最外轮廓线,而凸出墙面的雨篷、阳台、柱子、窗台、窗楣、台阶、花池等投影线用中粗线画出,地坪线用加粗线(约 1.4b)画出,其余如门、窗及墙面分格线、落水管以及材料符号引出线、说明的引出线、尺寸线、尺寸界线、标高等采用细实线画出。

3)图例

由于立面图的比例通常较小,因此许多细部,如门、窗扇等应按图 5.13 规定的图例绘制。为了简化作图,对于类型完全相同的门、窗扇,在立面图中可详细绘出一个(或每层绘出一个),其他的只需绘制简图。另有详图和文字说明的细部构造,如檐口、屋顶、栏杆等,在立面图中也可简化绘制。

4)尺寸及其他标注

(1)竖直方向

竖直方向应标注建筑物的室内外地坪、门窗洞口上下口、台阶顶面、雨篷、房檐下口,屋面、墙顶等处的标高,标注标高时,应从其标注部位表面绘制一条引出线,标高符号指向引出线,指向可向上或向下。标高符号应标注在同一铅垂线方向,排列整齐。

除标高外,立面图的竖直方向标注有 3 道尺寸。里边一道尺寸标注房屋的室内外高差、门窗洞口高度、垂直方向窗间墙、窗下墙高、檐口高度尺寸;中间一道尺寸标注层高尺寸;外边一道尺寸为总高尺寸。

(2)水平方向

立面图水平方向一般不标注尺寸,但需要标出立面图最外两端墙的轴线及编号,以了解立面图朝向。

(3)其他标注

可在立面图上适当位置用文字标出其装修,或者标注出有关部位详图的索引符号,以指导施工和方便阅读。这些也可以不注写在立面图中,而在建筑设计总说明中列出外墙面的装修,以保证立面图的完整美观。

5.5.3 立面图的识读

立面图的识读一般包括以下内容:

①阅读图名或定位轴线的编号,了解立面图的投影方向或朝向。

②分析和阅读房屋的外轮廓线,了解房屋里面的造型、层数和层高的变化。

③了解外墙面上门窗的类型、数量、布置,以及水平高度。

④了解房屋的屋顶、阳台、雨篷、台阶、花池、勒脚等细部构造的形式及做法。

⑤阅读标高,了解房屋室内外高度差,以及各层高度和总高。

⑥阅读文字说明,了解外墙面装饰的做法、材料和要求。

下面以图 5.20 某学校宿舍楼的①—⑧轴立面图为例,介绍立面图识读方法。

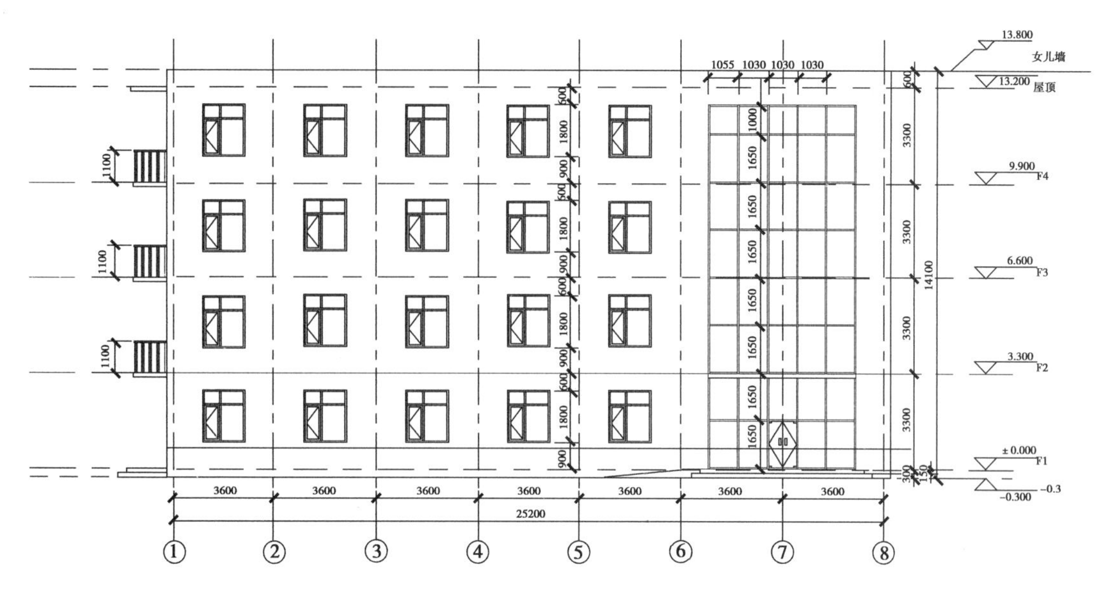

①—⑧轴立面图1∶100

图5.20　①—⑧轴立面图

①从图名可知该图为①—⑧轴立面图,比例为1∶100。

②从图中可以看出该宿舍楼的整个外观形状规整,楼高4层。右侧有玻璃幕墙。除此之外,还可了解台阶、坡道、门窗、屋顶、女儿墙等细部的形式和位置。

③从图中所标注的标高及尺寸标注,可知室外地坪比室内首层地面低0.300 m,教学楼最高处女儿墙顶标高为13.80 m,建筑高度为13.20 m;窗台高900 mm;女儿墙高600 mm;阳台栏杆顶高为1 100 mm;各楼层的层高均为3.3 m。

④图中未注明外墙面做法及玻璃幕墙做法,此时应去查看其他立面,或查看建筑设计说明。

其他各立面图请对照识读。

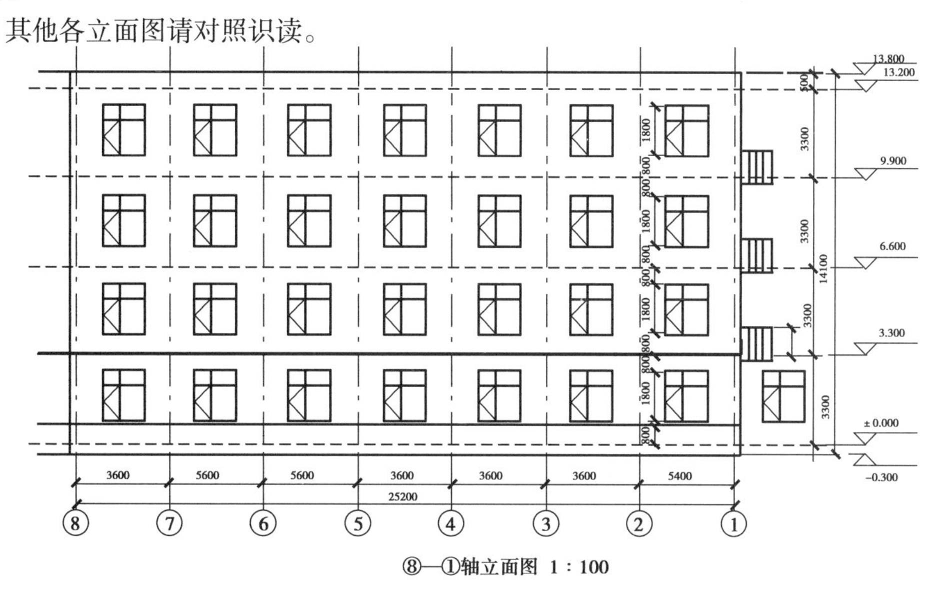

⑧—①轴立面图　1∶100

图5.21　⑧—①轴立面图

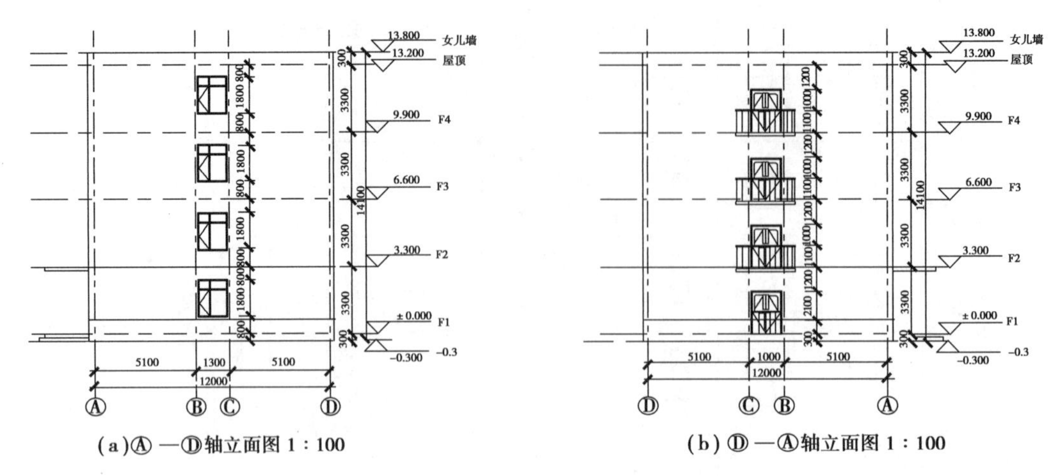

(a)Ⓐ—Ⓓ轴立面图 1∶100

(b)Ⓓ—Ⓐ轴立面图 1∶100

图 5.22　Ⓐ—Ⓓ轴立面图与Ⓓ—Ⓐ轴立面图

5.6　建筑剖面图

5.6.1　建筑剖面图的形成与作用

建筑剖面图是假想用一个或多个垂直于外墙轴线的铅垂剖切面，将整个房屋从屋顶到基础剖切开，把剖切面和剖切面与观察人之间的部分移开，将剩下部分按垂直于剖切平面的方向投影而画成的图样。

建筑剖面图主要用来表达房屋内部垂直方向的结构形式、沿高度方向分层情况、各层构造作法、室内门窗洞口高、层高、屋顶檐口高度尺寸、楼板搁置方法等。剖面图是与平面图、立面图相互配合的不可缺少的建筑图样之一。

5.6.2　建筑剖面图的图示内容

剖面图所表达的内容和投影方向要与平面图中(通常在底层平面图)标注的剖切符号位置一致。剖切平面剖切到的部分和投影方向可见部分都应表示清楚。

图 5.23 为某校宿舍楼 1—1 剖面图，图 5.24 为某校宿舍楼 2—2 剖面图。

剖面图的常见图示内容如下：

①表明被剖切到的墙、柱、门窗洞口及其所属定位轴线及编号。

②表明室内底层地面、各层楼面、屋顶、门窗、楼梯、阳台、雨篷、台阶、檐口、女儿墙顶面、室外地面、散水、明沟及室内外装修等剖到的或可见的内容。

③标高和高度方向的尺寸。

④表明建筑主要承重构件的相互关系，主要指梁、板、柱、墙的关系。

⑤剖面图中不能详细表达的地方，应引出索引符号另画详图。

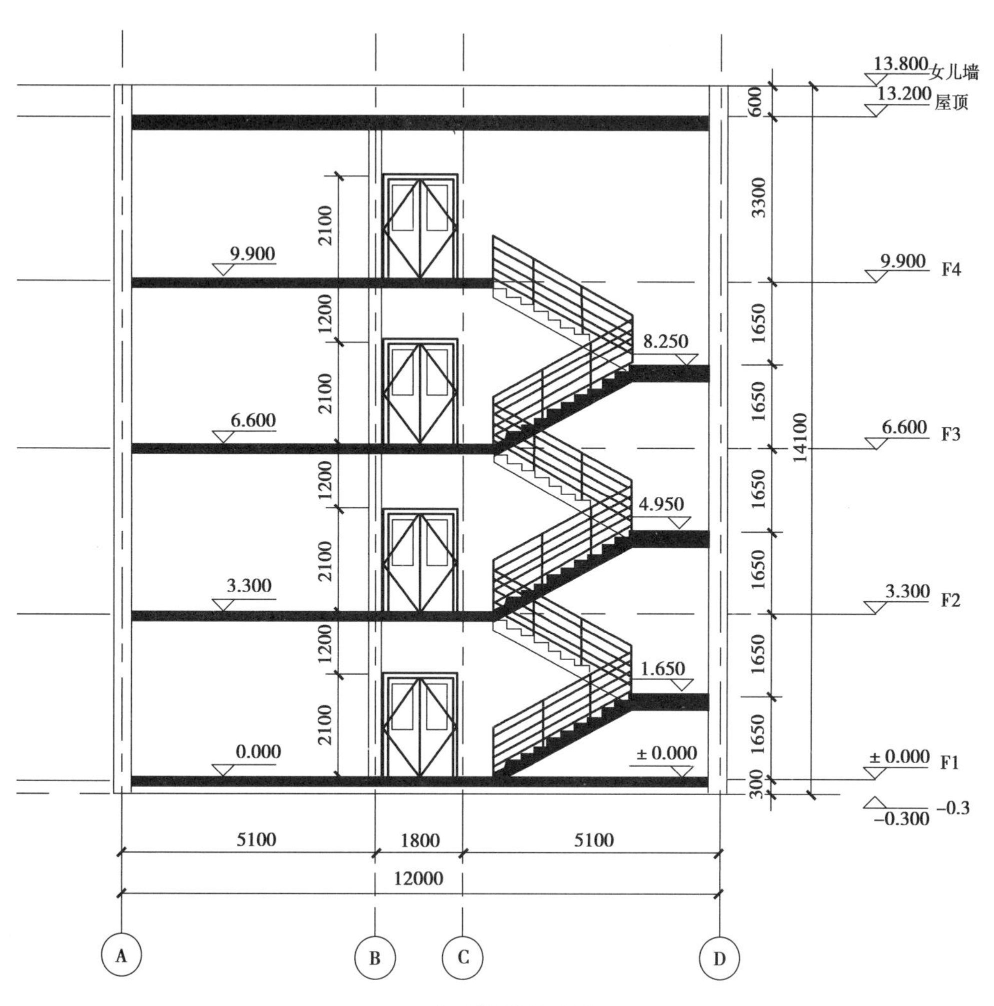

1—1剖面图1：100

图 5.23　1—1 剖面图

2—2剖面图 1：100

图 5.24　2—2 剖面图

5.6.3 建筑剖面图的图示方法

1)剖面图的图线和比例

剖面图的图线按国标规定,室外地坪线用加粗实线表示;凡是被剖切到的墙身、楼板、屋面板、梁、楼梯段、楼梯平台等构件轮廓线用粗实线表示;没剖切到但投影方向可看到的建筑构造的轮廓线采用中实线表示;图形线、门窗扇及其分格线、门窗图例、水斗及雨水管、引出线等采用细实线表示。

2)剖切位置和剖视方向

剖面图剖切的位置若垂直于纵墙,即平行于侧立投影面则称为横剖面图;若垂直于横墙即平行于正投影面则称为纵剖面图。剖切位置应选择在室内结构较复杂的部位,并应通过门、窗洞口及主要出入口、楼梯间或高度有变化的特殊部位。

平面图上剖切符号的剖视方向宜向左、向前,看剖面图应与平面相结合并对照立面图一起看。

剖面图的数量视房屋的具体结构和施工的实际需求而定,通常选用全剖面,必要时可选用阶梯剖面。其编号用阿拉伯数字(如1—1、2—2等)或英文字母(如*A*—*A*、*B*—*B*等)命名。

3)尺寸与标注

在剖面图中主要标注室内各部位的高度尺寸与标高。外部高度尺寸与平面图相似,一般注写3道:靠近墙体的第一道尺寸为细部尺寸,包括门窗洞口及洞间墙的高度尺寸;中间一道尺寸为层高尺寸;最外侧一道应注写室外地面以上的总高尺寸。内部尺寸主要标注室内门、窗、墙裙、隔断、搁板等的高度等。

关于标高,应标注出各层楼面、楼梯平台、门窗、阳台、雨篷、台阶、檐口、女儿墙顶面、高出屋面的水箱间顶面、烟囱顶面、楼梯间顶面等处的标高。

相邻的立面图或剖面图宜绘制在同一水平线上,图内相互有关的尺寸及标高,宜标注在同一竖线上。

剖面图中的门、窗按平面图中相同方式绘制。其断面材料图例、粉刷层、楼板及地面层线的表示原则和方法,与平面图相同。

4)楼地面、屋顶各层的构造

剖面图中一般用引出线指向所说明的部分,按其构造层次顺序,逐层加以文字说明,以表示各层的构造做法。如果另画详图或已有说明,则用索引符号引出说明。

5.6.4 建筑剖面图的识读

剖面图的识读方法如下:

①了解图名、比例。

②熟悉外墙(或柱)的定位轴线及其间距尺寸。

③结合建筑底层平面图明确剖切位置及投影方向,注意被剖切的各个部分结构构件的位置、尺寸、形状及图例。

④注意未剖切到的可见部分的构件位置、形状。

⑤核对竖直方向的尺寸和标高。

⑥了解详图索引符号及某些装修做法、用料注释。

下面以图5.24某学校宿舍楼的1—1剖面图为例,介绍识读步骤。

①根据图名"1—1剖面图",在一层平面图上找到相应的剖切位置及剖视方向。从一层平面可知,在该教学楼西边楼梯间的门洞口处用一个剖切平面进行剖切,然后由西向东作投影得到的剖面图。

②教学楼的垂直方向有四层。

③从剖面图中可以看出剖切情况。该剖面图剖到Ⓐ、Ⓓ轴线。剖到室内外地面、二、三、四楼板、屋顶、楼梯休息平台等。楼梯为平行双跑楼梯。剖面图中除画出剖切到的建筑构造、构配件外,还画出了看到的女儿墙、楼梯栏杆扶手等。

④从图中所标注的标高及尺寸标注,可知底层地面的标高为±0.000,室外地坪低于室内底层地面0.300 m。还标出了各层楼面、楼梯平台的标高。从各层楼面的建筑标高及竖向尺寸标注可知各层的层高均为3.3 m。楼梯间的各梯段高为1.65 m;每个梯段均设置11步级。门的高度为2.1 m。屋顶高度为13.2 m,女儿墙顶高度为13.8 m。

⑤各主要构件的关系。从图中可知,各层钢筋混凝土楼板搁置在两端承重墙上。详细结构由结构施工图表达。

5.7　建筑详图

5.7.1　建筑详图概述

建筑详图是建筑细部的施工图。因为房屋建筑平、立、剖面图都是用较小的比例绘制的,主要表达建筑全局性的内容,无法将房屋某些构配件(如门、窗、楼梯、阳台及各种装饰等)的形状、结构等表达清楚,因此,在实际工作中,为了满足施工需要,详细表达建筑节点及建筑构、配件的形状、材料、尺寸及做法,而用较大的比例画出的图形,称为建筑详图或大样图。

建筑详图主要表示以下内容:

①建筑构配件的详细构造及连接关系(如门、窗、楼梯、阳台、雨篷等)。

②建筑物细部及剖面节点的形式、做法、用料、规格及详细尺寸(如檐口、窗台、明沟、楼梯栏杆扶手、踏步、楼地面等)。

③施工要求及制作方法。

根据房屋构造的复杂程度,一栋房屋施工图中建筑详图一般有外墙详图、楼梯详图、厨房详图、厕所详图、雨篷详图、阳台详图、门详图、窗详图、台阶详图等。详图的表达范围和数量根据房屋细部构造的复杂程度而定。有时用一个剖面详图即可表达清楚,如外墙剖面详图;有时需要绘制平面图、立面图和剖面图等多个详图来表达。对于采用标准图集的建筑构配件和节点,则不必画出详图,只需注明所用图集的名称、代号和页码以备查询。

图样中的某一细部或构件,如需另见详图,应以索引符号标明。索引符号如用于索引剖面详图,应在被剖切的部位绘制剖切位置线。详图的位置和编号,应以详图符号表示。具体参见表5.3内容。

5.7.2 外墙剖面详图识读

1)图示内容

外墙详图是房屋墙身在竖直方向的节点剖面图,主要表示房屋的屋面、楼面、地面、檐口、门、窗、勒脚、散水等节点的尺寸、材料、做法等构造情况,以及楼板、屋面板与墙身的连接构造情况。外墙节点详图一般包括檐口、门、窗、勒脚、散水等详图,为识读方便,有时将外墙各节点详图按其实际位置以自上而下的顺序排列,所得详图又称为墙身大样图或墙身剖面图。墙身剖面图配合建筑平面图可以为砌墙、室内外装修、立面窗口、预制构件等提供做法,并为编制工程施工预算和材料准备提供依据。

2)图示方法

外墙详图一般用较大的比例绘制,常用比例为1:20。绘图图线选择与建筑剖面图相同,被剖切到的结构、构件断面轮廓线用粗实线表示,粉刷线用细实线表示。断面轮廓线内应画上相应材料图例。

在多层房屋中,各层构造情况基本相同,可只画墙脚、中间部分和檐口3个节点,门窗一般采用标准图集,为简化作图,通常采用省略画法,即在门窗洞口处断开。

①墙脚:主要指一层窗台及以下部分,包括散水(或明沟)、防潮层、勒脚、一层地面、踢脚等部位的形状、大小、材料及其构造情况。

②中间部分:主要包括楼层、门窗过梁及圈梁的形状、大小、材料及其构造情况,还应表示出楼板与外墙的关系。

③檐口:应表示出屋顶、檐口、女儿墙及屋顶圈梁的形状、大小、材料及其构造情况。

3)识读要点

①了解详图的图名、比例。

②熟悉详图与被索引图样的对应关系。

③掌握屋面、楼面、地面的构造层次和做法。

④注意檐口构造及排水方式。

⑤明确各层梁(过梁或圈梁)、板、窗台的位置及其与墙身的连接关系。

⑥弄清外墙的勒脚、散水及防潮层与内、外墙面装修的做法。

⑦核实各部位的标高、高度方向的尺寸和墙身细部尺寸。

下面以如图5.25所示的女儿墙大样图为例进行识读。

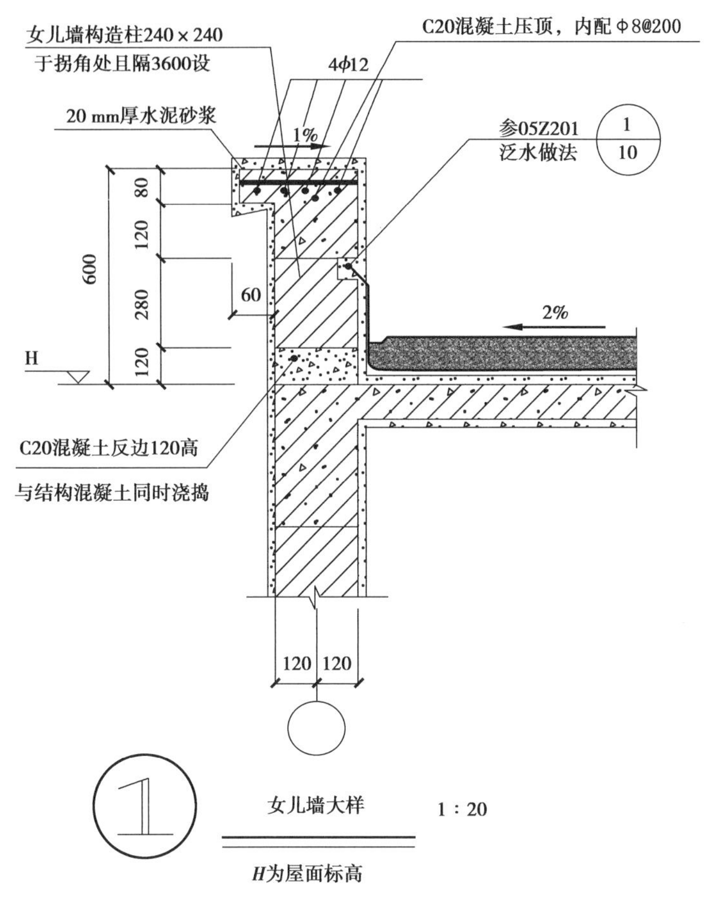

图5.25　女儿墙大样图

①了解图名、比例。该女儿墙详图的编号为1,比例为1∶20。可根据该编号在"屋顶平面图"中查找到其相应剖切平面的位置。

②按照由下到上的顺序或由上到下的顺序,逐个节点阅读,以了解各部位的详细构造、尺寸、做法,并与材料做法表相对照,检查是否一致。

本详图仅为外墙最顶部的一个节点,图中表示了该宿舍楼女儿墙的做法。由图可知女儿墙厚度为240 mm,高度为600 mm;由墙体填充图例可知,女儿墙砖砌高度280 mm,其上用C20强度混凝土压顶,压顶内沿厚度方向配置4ϕ12钢筋,沿长度方向配置ϕ8@200;表面做20 mm厚的水泥砂浆抹面,并向屋顶方向找坡1%;压顶下部高度120 mm同女儿墙厚,上部高度80 mm宽出墙面60 mm,并做滴水处理。女儿墙内于拐角处且隔3.6m长设置截面大小为240 mm×240 mm的构造柱。砖砌女儿墙下用C20强度混凝土反边120 mm高,该混凝土与结构混凝土同时浇筑。

从本详图中还可以了解到该屋面标高 *H* 对应的是结构标高,屋顶排水坡度为2%。

5.7.3　楼梯详图识读

1)楼梯的基本组成与形式

楼梯是多层和高层建筑中联系上下楼层的主要垂直交通疏散设施,是房屋的重要组成部分之一。楼梯一般由楼梯段(简称梯段)、平台(有休息平台和楼层平台之分)和栏杆(或栏板)、扶手组成。

常见的楼梯平面形式有单跑楼梯(上下两层之间只有一个梯段)、双跑楼梯(上下两层之间有两个梯段、一个中间平台)、三跑楼梯(上下两层之间有3个梯段、两个中间平台)等。

2)图示内容

在建筑平面图和剖面图中包含了楼梯部分的投影,但因为楼梯踏步、栏杆、扶手等各细部的尺寸相对较小,不易表达和标注,所以在绘制建筑施工图时,常将其放大比例绘制成楼梯详图;主要表示楼梯的类型、结构形式、构造和装修等,是楼梯施工放样的主要依据。

楼梯详图一般包括楼梯平面图、楼梯剖面图、楼梯踏步、栏杆扶手节点详图。楼梯详图应尽量安排在同一张图纸上,且平、剖面图的比例一致,以便对照阅读。踏步、栏杆、扶手等节点放大比例绘制,以便清楚表达其详细构造。

3)图示方法

(1)楼梯平面图

楼梯平面图是距离地面1 m以上的位置,用一个假想的剖切平面,沿着水平方向剖开(尽量剖到楼梯间的门窗),然后向下作投影得到的投影图,可以说是建筑平面图中楼梯间的比例放大后画出的图样,常用比例为1∶50。

在楼梯平面图中,按制图标准规定,各层被剖切到的梯段均在平面图中以一根45°的折断线表示,并在每一梯段上画出长箭头,并注写“上”或“下”字和步级数,表明从该层楼(地)面往上或往下走多少步级可到达上(或下)一层的楼(地)面。

楼梯平面图一般应分层绘制。除底层和顶层平面外,中间无论多少层,只要各层楼梯做法完全相同,可只画一个平面图,即楼梯标准层平面图。楼梯平面图需要表达出楼梯间墙身轴线,楼梯间的长宽尺寸,楼梯上行或下行的方向,楼梯的跑数,每跑楼梯的宽度及踏步数,踏步的宽度,休息平台的位置、尺寸及标高。在底层楼梯平面图中,还应注明楼梯剖面图的剖切位置及剖视方法。

阅读楼梯平面图时,要掌握以下各层平面图的特点:

①在底层楼梯平面图中,只有一个被剖切的梯段及栏板,并注有“上”字长箭头。

②在中间层楼梯平面图中,既要画出被剖切的往上走的梯段(即有“上”字长箭头),还要画出该层往下走的完整梯段(即画有“下”字长箭头)、楼梯平台及平台往下的梯段,这部分梯段与被剖切的梯段投影重合,以45°折断线为分界。

③在顶层楼梯平面图中,由于剖切平面在安全栏板(栏杆)之上,因而在图中画有两端完整的梯段和楼梯平台及安全栏板(栏杆)的位置,在梯口处标注“下”字的长箭头。

(2)楼梯剖面图

用一个假想的铅垂面通过各层的一个梯段和门窗洞口将楼梯垂直剖切,向另一个未剖切到的梯段方向投影所作的剖面图,即为楼梯剖面图。常用比例为1∶50。

楼梯剖面图主要表示楼梯间的竖向关系,如各个楼层和各层休息平台板的标高,梯段的长度,每个梯段的踏步数,楼梯结构形式及所用材料,房屋地面、楼面、休息平台、栏板(栏杆)、扶手和墙体的构造做法,楼梯间门窗洞口的位置及尺寸。如果各层楼梯构造相同,且踏步尺寸和数量相同,楼梯剖面图可只画底层、中间层和顶层剖面图,其余部分用折断线将其省略。

阅读楼梯剖面图时,应与楼梯平面图对照起来一起看。看图时,要注意剖切平面的位置和投影方向。

(3)楼梯节点详图

楼梯节点详图主要表达楼梯栏板(栏杆)、扶手、踏步的做法,如采用标准图集,则直接引用标准图集代号;如采用特殊形式,则采用较大的比例如1∶10,1∶5,1∶2,1∶1详细表示其形状、尺寸、所用材料及具体做法。因此,在楼梯剖面详图中的相应位置需要标注详图索引符号。

①楼梯栏板(栏杆)、扶手。楼梯栏板(栏杆)、扶手是为行人上下安全而设置的。靠梯段和平台悬空一侧设置栏板或栏杆,上面做扶手,扶手形式与大小、所用材料要满足一般手握适度弯曲情况。

②楼梯踏步。楼梯踏步由水平踏步和垂直踢面组成。踏步详图表明踏步截面形状及大小、材料与面层做法。踏面边沿磨损较大,易滑跌,常在踏步平面边沿部位设置一条或两条防滑条。

4)识读要点

(1)楼梯平面图

①根据轴号,了解楼梯间在房屋中的位置。

②了解楼梯间、梯段、梯井、平台的尺寸、构造形式,楼梯踏步的宽度和踏步数。

③了解楼梯的走向,栏板(栏杆)的设置及楼梯上下起步位置。

④了解楼层标高和休息平台标高。

⑤了解中间层平面图中不同梯段的投影形状。

⑥了解楼梯剖面图在楼梯底层平面图中剖切位置及投影方向。

(2)楼梯剖面图

①了解图名、比例。

②了解轴线编号和轴线间尺寸。

③了解房屋的层数、楼梯梯段、踏步数。

④了解各层楼面、平台面、楼梯间窗洞的标高、踏步的数量及栏板(栏杆)的高度等。

⑤了解栏板(栏杆)、扶手、踏步的详图符号。

下面以图5.26所示楼梯详图为例进行识读。

本楼梯详图主要有"一层楼梯平面图"和"二—三层楼梯平面图",楼梯剖面图一般在"1—1剖面图"中已经可以详尽表达,此处可省略。

由图可知,绘图比例为1∶100,此楼梯位于横向定位轴线②—③。该楼梯间平面形状为矩形,其开间为2.7 m,进深为6.6 m,休息平台深度为1.72 m,踏步宽度为280 mm,踏步数为24步,每个梯段宽度1.2 m,梯井宽度60 mm。由两个平面图上的指示线,可看出楼梯走向,第一梯段踏步的起步位置距离洞口边线1.8 m。一层楼梯地面标高为-0.450 m;二层、三层楼层平台标高分别为3.600 m,7.200 m;二层、三层楼梯休息平面的标高分别为1.800 m,5.400 m。在一层楼梯平面图中,楼梯间设置门M2,宽度1.5 m,门洞两边距离两侧定位轴线均为0.6 m;二—三层楼梯平面中,楼梯间设置窗C4,窗宽1.5 m,窗洞两边距离两侧定位轴线均为0.6 m。

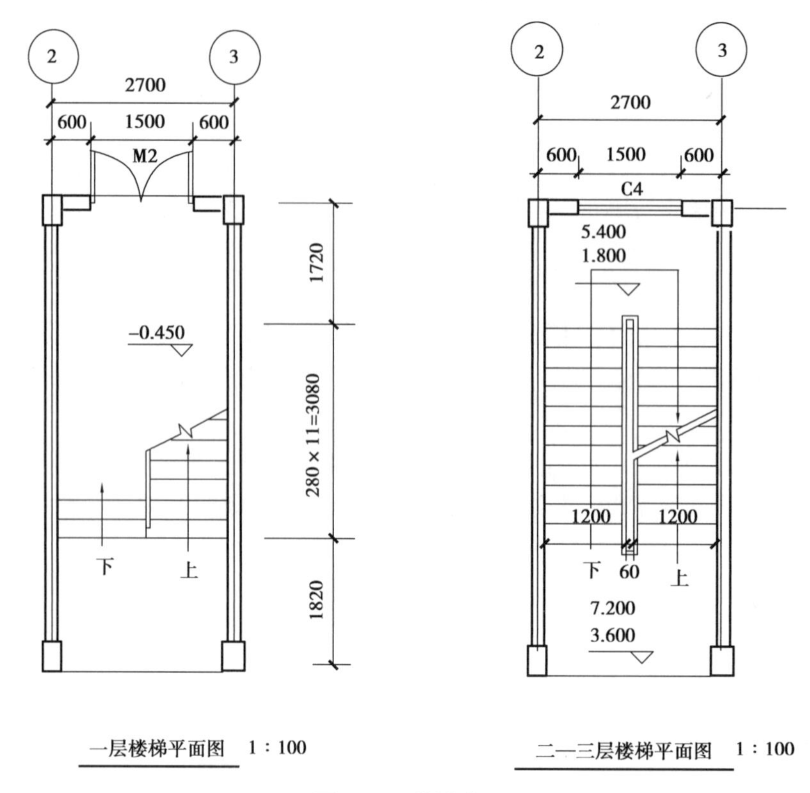

图 5.26 楼梯详图

习题

一、选择题

1. 在每张施工图纸上,都应画出标题栏。标题栏的位置应位于图纸的(　　)角,看图的方向与看标题栏的方向一致。

A. 左上　　B. 右上　　C. 左下　　D. 右下

2. 用来确定新建房屋的位置和朝向,以及新建房屋与原有房屋周围地形、地物关系等的图样称为(　　)。

A. 建筑平面图　　B. 剖面图　　C. 立面图　　D. 总平面图

3. 施工图中标注的相对标高零点±0.000 是指(　　)。

A. 青岛附近黄海平均海平面　　B. 建筑物室外地坪

C. 该建筑物室内首层地面　　D. 建筑物室外平台

4. 建筑平面图的形成是(　　)。

A. 水平剖面图　　B. 水平正投影图　　C. 垂直剖面图　　D. 纵向剖面图

5. 建筑平面图图示特点规定如在中间各层构造尺寸相同的情况下平面图可以省略只画(　　)。

A. 一层　　B. 二层　　C. 三层　　D. 四层

6. 若一栋建筑物水平方向定位轴线为①—⑩,竖直方向定位轴线为Ⓐ—Ⓔ,朝向是坐北朝南,则立面图Ⓔ—Ⓐ轴应为(　　)。

A. 西立面图　　B. 东立面图　　C. 南立面图　　D. 北立面图

7. 下列选项中,不是建筑剖面图所表达的内容的是(　　)。

A. 各层梁板、楼梯、屋面的结构形式、位置　B. 楼面、阳台、楼梯平台的标高

C. 外墙表面装修的做法　D. 门窗洞口、窗间墙等的高度尺寸

8. 楼梯平面图中标明的"上"或"下"的长箭头(　　)起点。

A. 都以室内首层地坪为起点　B. 都以室外地坪为起点

C. 都以该层楼地面为起点　D. 都以该层休息平台为起点

9. 楼梯平面图中上下楼的长箭头端部标注的数字是指(　　)。

A. 一个梯段的步级数　B. 该层至上一层共有的步级数

C. 该层至顶层的步级数　D. 该层至休息平台的步级数

10. 若某建筑物房间与卫生间的地面高差为0.020,标准层高为3.600,则该楼三层卫生间地面标高度应为(　　)。

A. -0.020　B. 7.180　C. 3.580　D. 3.600

二、思考题

1. 简述建筑总平面图的形成、作用、内容和图示方法。

2. 简述建筑平面图的形成、作用、内容和图示方法。

3. 建筑平面图的尺寸标注分几道?各是什么?

4. 建筑立面图的作用是什么?主要表达哪些内容?

5. 建筑剖面图的作用是什么?主要表达哪些内容?

6. 建筑详图表达哪些内容?一般包括哪些图样?

三、识图题

阅读某住宅建筑平面图(图5.27),并完成下面题目。

1. 由图可判断该平面图为__________层平面图。

2. 该居民房为________室______厅,一梯______户。建筑物外墙四周______(有或无)散水。室内外高差为__________ m。

3. 房屋的定位轴线均通过墙体中心线,横向定位轴线从______至______,纵向定位轴线从________至________。

4. 该建筑东西向总长________,南北向总长________。客厅的开间尺寸为________,进深尺寸为________。外墙厚度________。

5. 试一一列举该图所显示的门及其宽度有________、________、________;窗及其宽度有________、________、________。

6. 1—1,2—2,分别为剖视图的剖切位置,在设计中,剖切位置一般选在________的位置。

7. 该层楼中共有______种门,______种窗,分别是________。

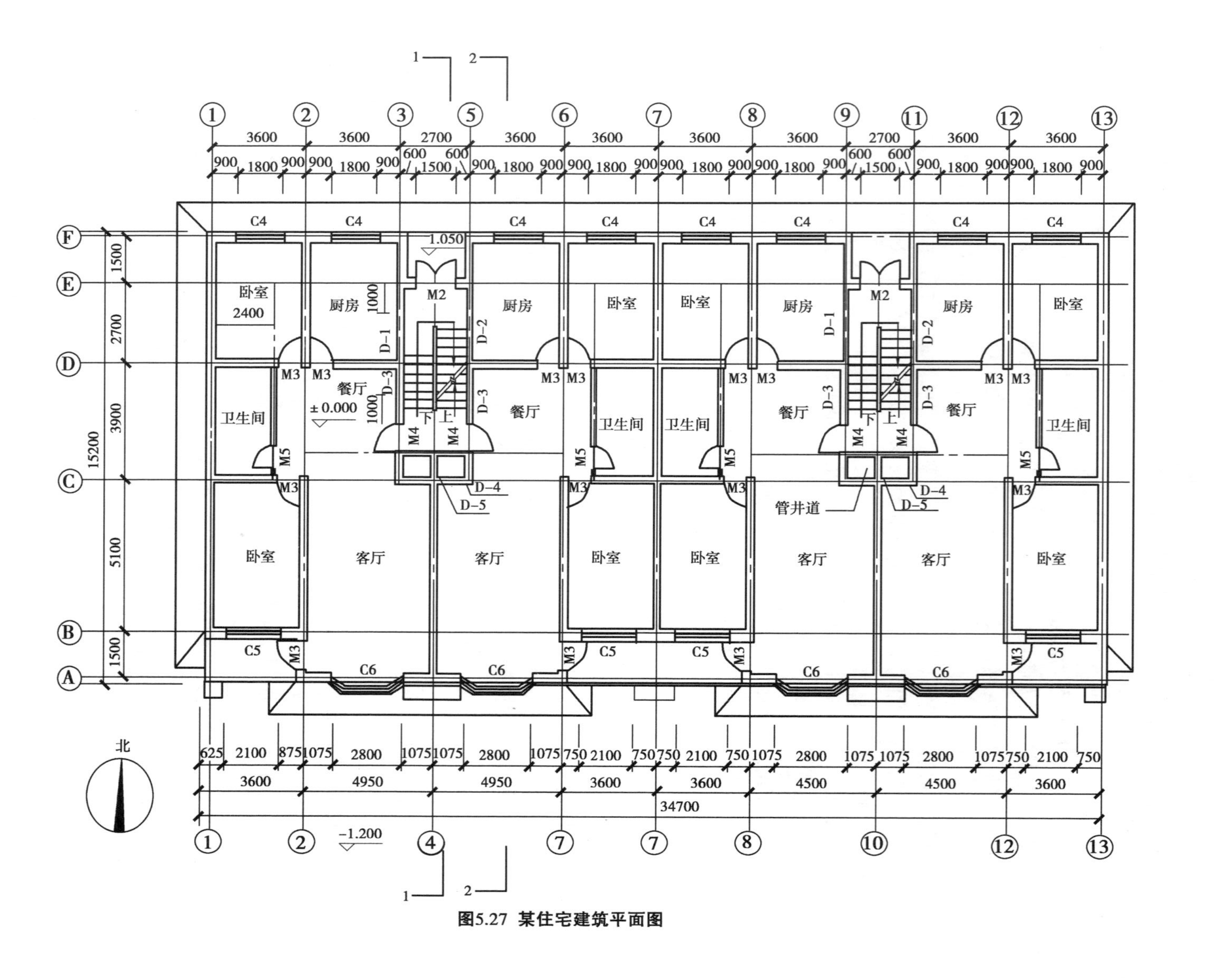

图5.27 某住宅建筑平面图

任务6　建筑施工图绘制

任务目标

知识目标:

(1)掌握建筑施工图绘制的环境设置。

(2)掌握建筑施工图平面图绘图方法。

(3)掌握建筑施工图立面图绘图方法。

(4)掌握建筑施工图剖面图绘图方法。

能力目标:

能够利用CAD绘制建筑平面、立面、剖面等施工图。

任务情境:

建筑平面图表达建筑面积、构件的位置关系等。通过平面图训练,学习者了解建筑平面图的组成及其构配件的作业,建筑图的图例、符号和建筑平面图的内容、阅读以及绘制方法。立面图主要反映房屋的长度、高度、层数、门窗阳台等外观和外墙装修的材料及做法,其比例与平面图的比例相同。立面图的绘制,有线宽的严格要求,标高中标注齐全,不可漏标。建筑剖面图表达建筑物内部构件的尺寸、外形及位置关系等。通过剖面图绘图训练,学习者了解建筑剖面图的组成及绘制步骤,掌握剖面图的绘制方法。

6.1　建筑平面图绘制

6.1.1　任务

绘制建筑平面图,内容如图6.1所示。

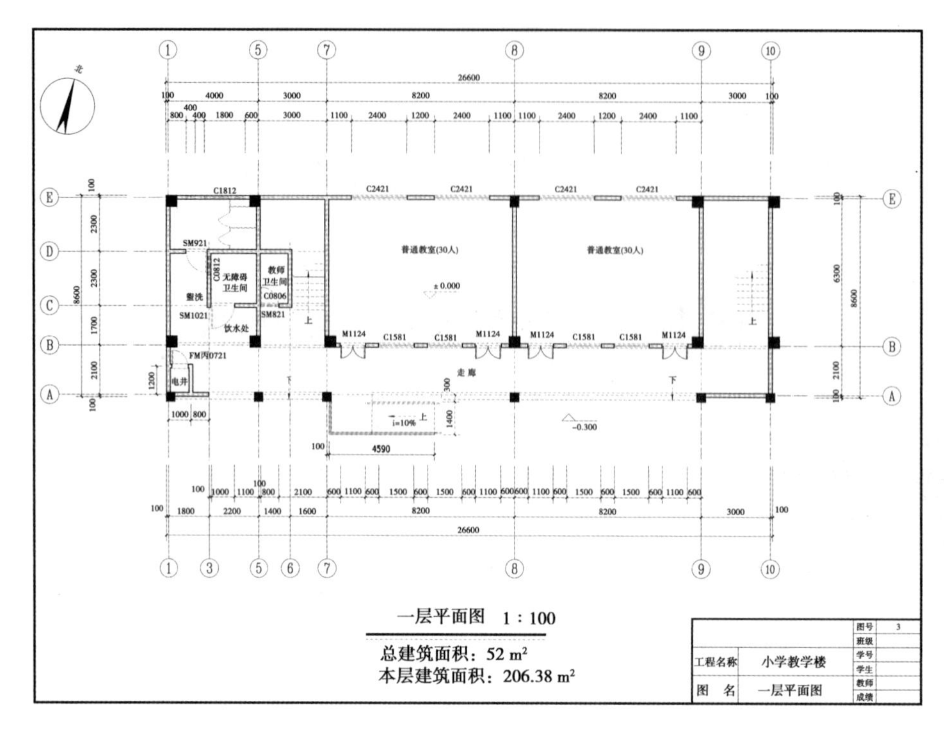

图 6.1　小学教学楼一层建筑平面图

6.1.2　绘图环境设置

1）单位设置

输入快捷键“UN”，单击“单位”，设置单位为“毫米”，将“长度”精度设置为“0”，如图 6.2 所示。

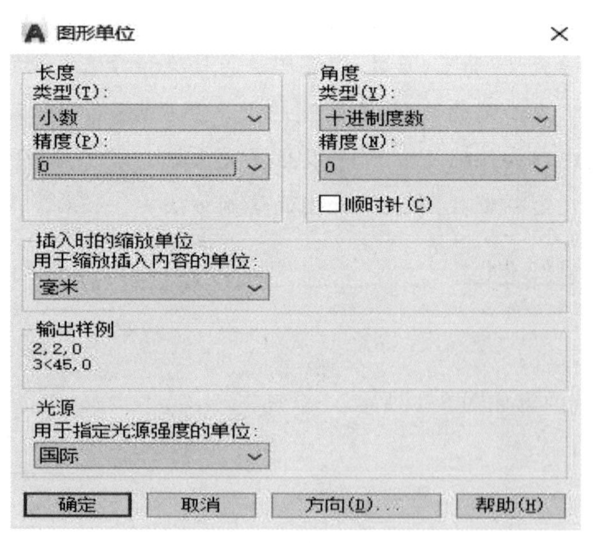

图 6.2　图形单位

2）设置图层

单击“图层特性”或输入快捷命令“la+空格”，进行图层设置，如图 6.3 所示。

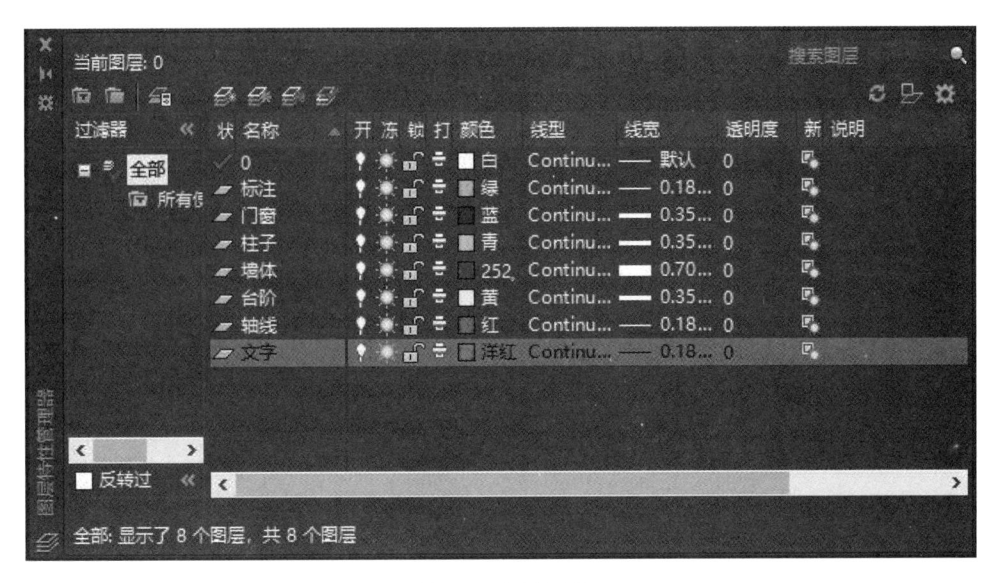

图 6.3　设置图层

3)设置线型

输入快捷命令“lt+空格”,选择加载,线型设置为 CENTERX2,如图 6.4 所示。

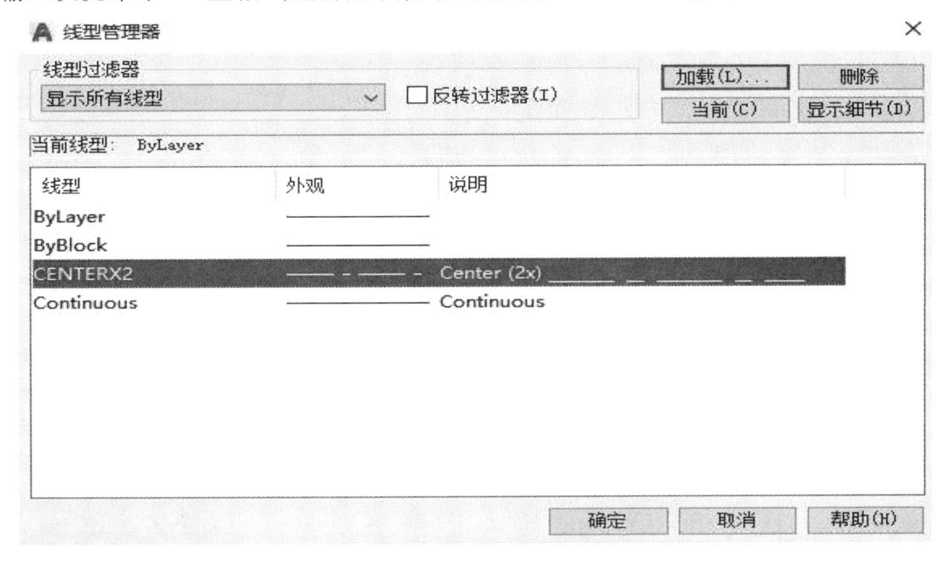

图 6.4　线型管理器

4)设置文字样式

输入快捷命令“ST+空格”。对字体样式及宽度因子进行设置,以建筑图为例,设置文字样式和比例因子。

“新建”文字样式为“样式 1”,去掉“使用大字体”的“√”,设置字体名为“仿宋”,“宽度因子”为“0.7”,“置为当前”→“应用”→“关闭”,如图 6.5 所示。

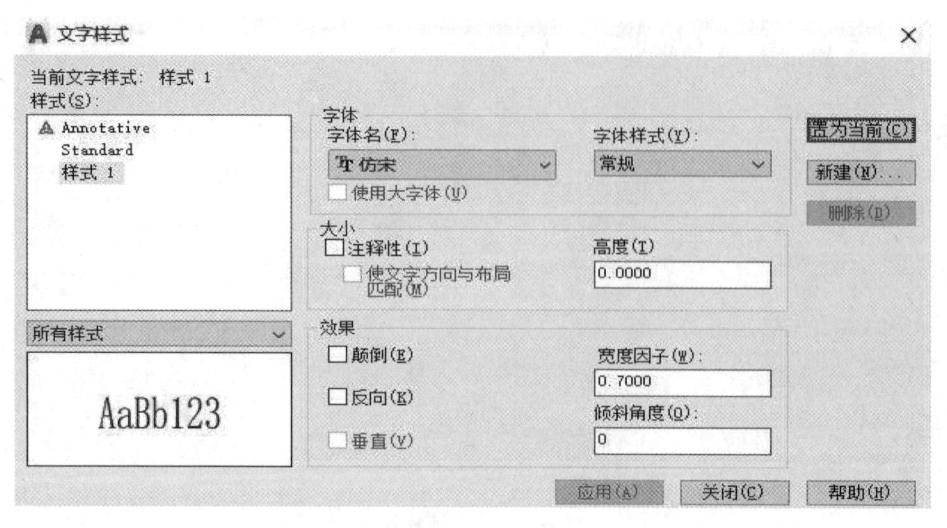

图 6.5　文字样式

“提示”：在设定文字时，大小里面的高度取 0，在标注样式中再进行字体高度设置。如果在文字样式中设置高度，则在标注样式中设置的高度无效。

5）设置标注样式

输入快捷命令“D+空格”。弹出“标注样式管理器”，“新建”一个标注样式，单击“继续”。设置相关参数如下：

①设置“线”的参数，如图 6.6(a)所示。

②设置“符号和箭头”的参数，如图 6.6(b)所示。

③设置“文字”的参数，如图 6.6(c)所示。

④设置“调整”的参数，如图 6.6(d)所示。

⑤设置“主单位”的参数，如图 6.6(e)所示。

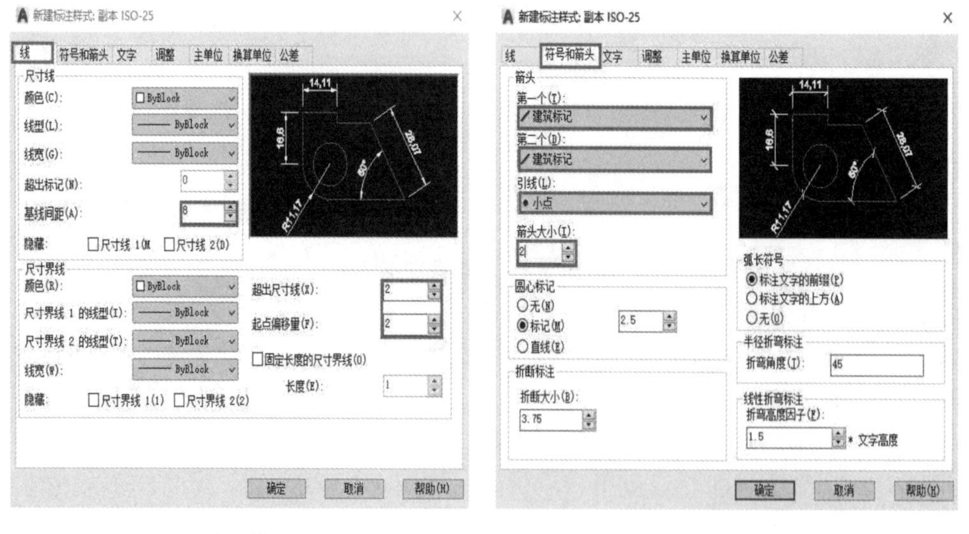

(a)线　　　　(b)符号和箭头

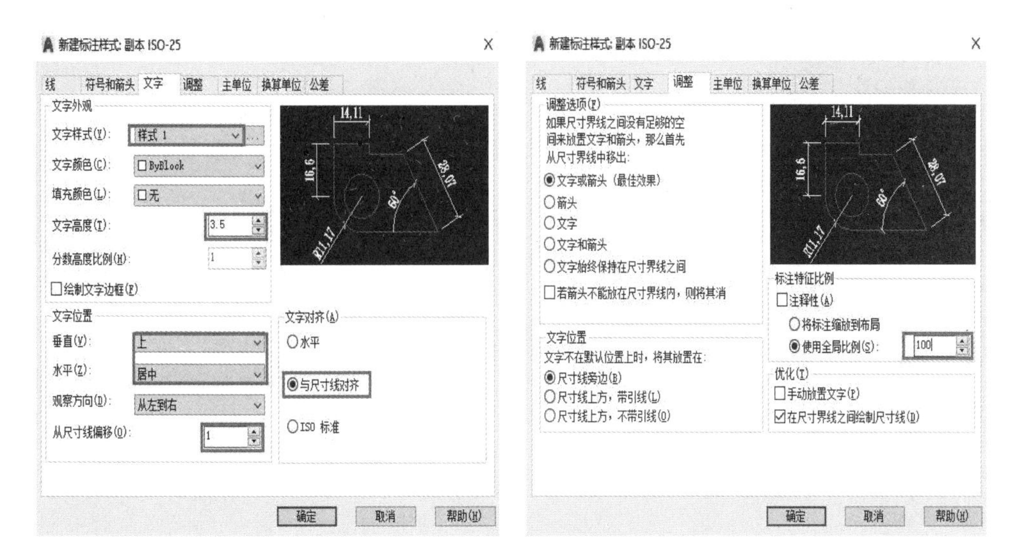

(c)文字　　　　　　　　　　　　(d)调整

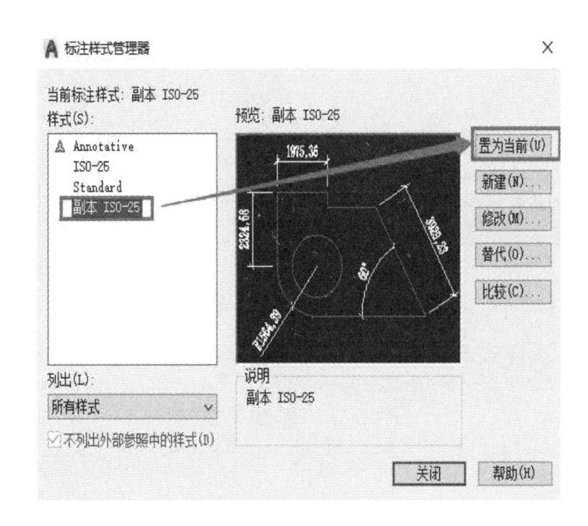

(e)置为当前

图6.6　标注样式

6)设置墙线、窗线

输入“MLSTYLE”,按空格键,调出多线样式窗口。

①新建多线样式,命名为q,如图6.7(a)所示。

②设置墙线,参数设置如图6.7(b)所示。

③新建多线样式,命名为e,如图6.7(c)所示。

④设置窗线,参数设置如图6.7(d)所示。

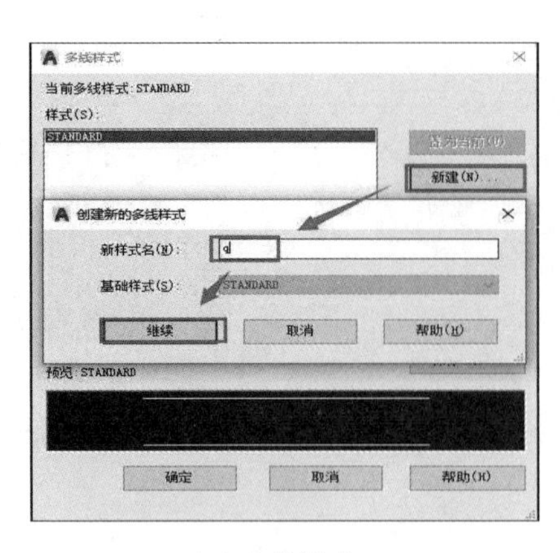

(a)多线样式 1

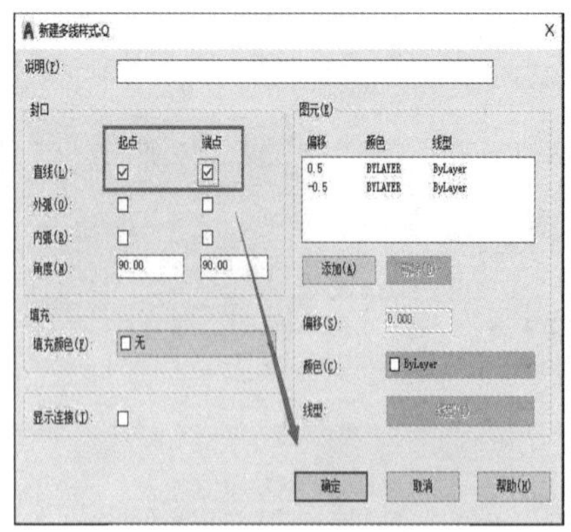

(b)多线样式 2

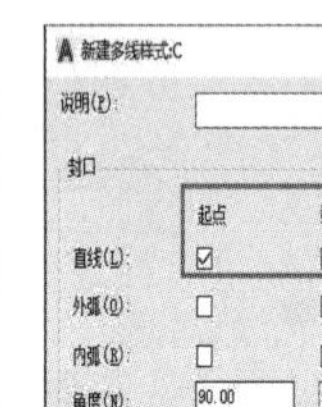

(c)多线样式 3

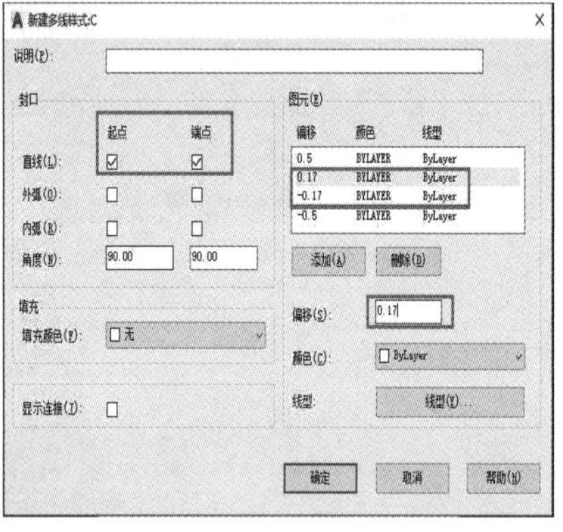

(d)多线样式 4

图 6.7　多线样式

7)设置对象捕捉模式

输入快捷命令“DS+空格”,弹出“草图设置”,选择“对象捕捉”,勾选“端点”“交点”或者单击“全部选择”,如图 6.8 所示,根据用户绘图习惯选择捕捉模式。

“提示”:输入“Ctrl+S”进行保存,保存文件命名为“6.1 建筑平面图”,并在后面绘图过程中,不间断地进行保存。

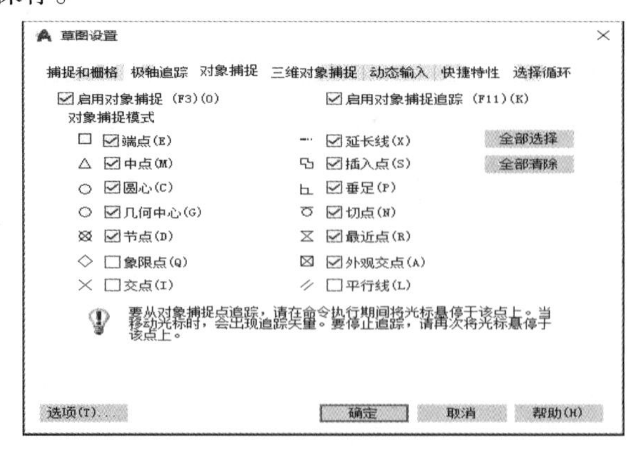

图 6.8　草图设置

6.1.3　绘制轴线

1)绘制横向轴线

把设置好的“轴线”图层作为当前层,颜色、线型、线宽都随图层“ByLayer”。先绘制横向的轴线,如图 6.16 所示。

命令:L↵

LINE

指定第一个点: (指定第一点)

指定下一点或[放弃(U)]:30000↵

指定下一点或[放弃(U)]:↵

2)对轴线进行偏移,形成横向轴网

命令:O↵

OFFSET

当前设置: 删除源=否　图层=源　OFFSETGAPTYPE=0

指定偏移距离或[通过(T)/删除(E)/图层(L)] <3600.0>:2100↵

选择要偏移的对象,或[退出(E)/放弃(U)] <退出>:

指定要偏移的那一侧进行点击,完成复制偏移。

依次进行 1700/2300/2300 偏移,如图 6.9 所示。

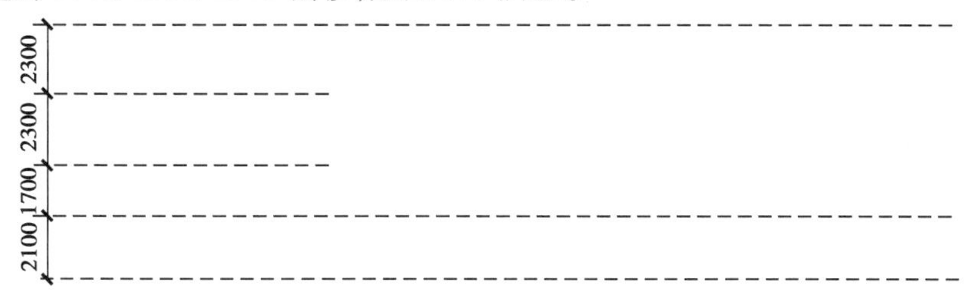

图 6.9　横向轴线网

3)绘制竖向轴线

命令:L↵

LINE

指定第一个点: (指定第一点)

指定下一点或[放弃(U)]: 9000↵

指定下一点或[放弃(U)]:↵

4)对轴线进行偏移,形成竖向轴网

命令:O↵

OFFSET

当前设置: 删除源=否　图层=源　OFFSETGAPTYPE=0

指定偏移距离或[通过(T)/删除(E)/图层(L)] <3600.0>:1800↵

选择要偏移的对象,或[退出(E)/放弃(U)] <退出>:

指定要偏移的那一侧进行点击,完成复制偏移。

依次进行 2200/1400/1600/8200/8200/3000 偏移,如图 6.10 所示。

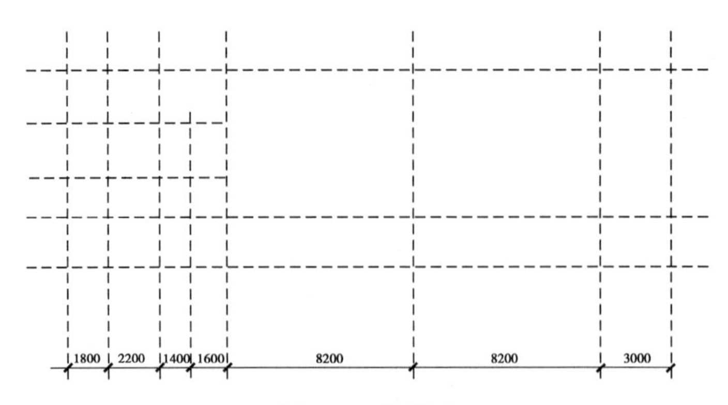

图 6.10　轴线网

6.1.4　绘制墙体

1) 多线绘制墙体

把“墙体”图层作为当前层,利用多线命令绘制墙线。

命令:ML↵

MLINE

当前设置: 对正 = 无,比例 = 240.00,样式 = Q

指定起点或[对正(J)/比例(S)/样式(ST)]: j↵

输入对正类型[上(T)/无(Z)/下(B)]<无>: z↵

指定起点或[对正(J)/比例(S)/样式(ST)]: s↵

输入多线比例<240.00>: 240↵

指定起点或[对正(J)/比例(S)/样式(ST)]:ST↵

输入 q （将刚才设置的墙线选择出来)

指定下一点:

指定下一点或[放弃(U)]:

直到绘制完240厚的墙体。

2) 对墙线进行编辑

双击墙线,弹出多线编辑器,选择对应的操作,如“T形打开”“十字合并”“角点结合”,对墙体编辑,可选操作如图6.11所示。

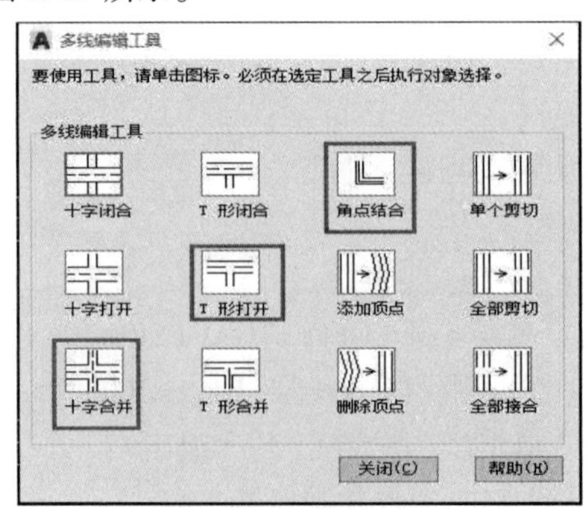

图 6.11　多线编辑工具

把“门窗”设置为当前层，利用“直线”“偏移”命令绘制各个门窗。使用“偏移”“剪切”对墙线进行门窗洞口处理。

3）绘制柱子

把“柱子”设置为当前层，利用“矩形”“填充”命令绘制柱子。

命令：REC↵　　（绘制柱子轮廓）

RECTANG

指定第一个角点或［倒角（C）/标高（E）/圆角（F）/厚度（T）/宽度（W）］：　（单击墙体左上角）

指定另一个角点或［面积（A）/尺寸（D）/旋转（R）］：300，450↵

命令：H↵　　（对柱子进行填充）

HATCH

选择选择图案 SOLID，如图 6.12 所示。

使用选择，选择绘制的矩形对象，完成填充。

图 6.12　图案填充

将柱子复制到其他位置后，如图 6.13 所示。

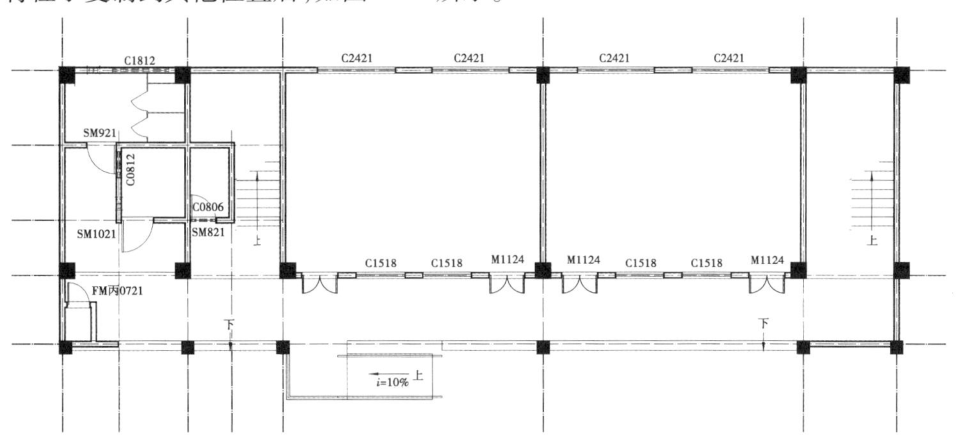

图 6.13　建筑平面-墙柱

4）绘制台阶

将台阶作为当前层，利用“多段线”“偏移”命令绘制台阶。

命令：PL↵

PLINE

指定起点：（捕捉左边墙体），指定终点：（捕捉右边墙体）

命令：　O

输入命令 O 空格，输入偏移距离 300 空格，先单击绘制的楼梯，再单击需要偏移的方向，按照此步骤完成全部楼梯线的绘制，如图 6.14 所示。

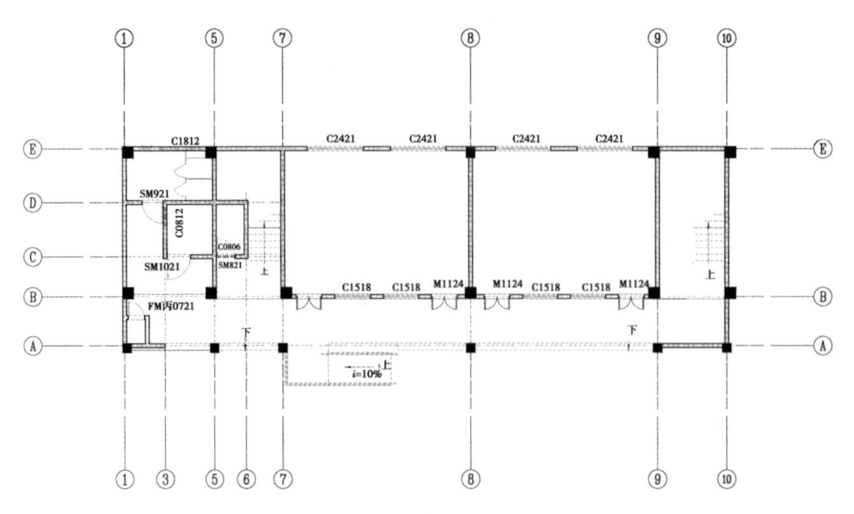

图 6.14　建筑平面-楼梯

6.1.5　绘制门窗

1)绘制窗

把设置好的“门窗”图层作为当前层。利用“多线”“矩形”“圆”绘制门窗。

命令:ML ↵

MLINE

指定起点或[对正(J)/比例(S)/样式(ST)]: st ↵

输入多线样式名或[?]: c ↵　　(选择前面设置好的窗线)

指定起点或[对正(J)/比例(S)/样式(ST)]: j ↵

输入对正类型[上(T)/无(Z)/下(B)] <无>: z ↵

指定起点或[对正(J)/比例(S)/样式(ST)]: s ↵

输入多线比例 <240.00>: 240 ↵

当前设置:对正 = 无,比例 = 240.00,样式 = C

首先指定窗洞一点,再单击窗洞另外一点,完成一个窗口的绘制。

按照相同的办法,绘制其他窗口。

2)绘制门

利用“矩形”“圆弧’命令绘制门,也可以将门做成“块”,插入即可。

命令:REC ↵

RECTANG

指定第一个角点或[倒角(C)/标高(E)/圆角(F)/厚度(T)/宽度(W)]:(单击门洞左边中点)

指定另一个角点或[面积(A)/尺寸(D)/旋转(R)]:40,1000 ↵

命令:a ↵

ARC

圆弧创建方向:逆时针(按住“Ctrl”键可切换方向)。

指定圆弧的起点或[圆心(C)]: (单击第一点)

指定圆弧的第二个点或［圆心(C)/端点(E)］：　(单击第二点)

指定圆弧的端点：　(单击第三点)

绘制的门如图6.15所示。

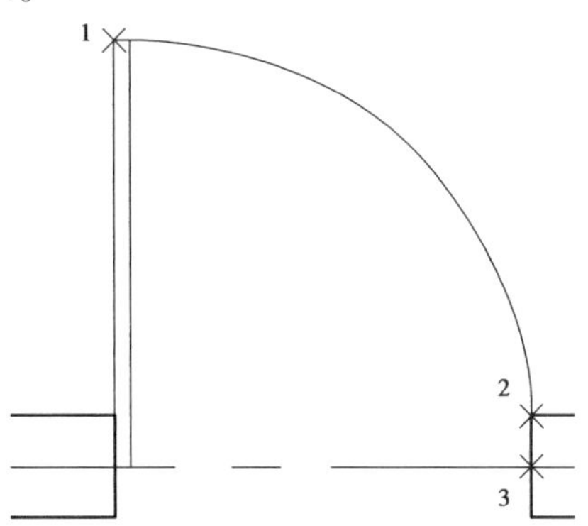

图6.15　门样式

门窗绘制完成后如图6.16所示。

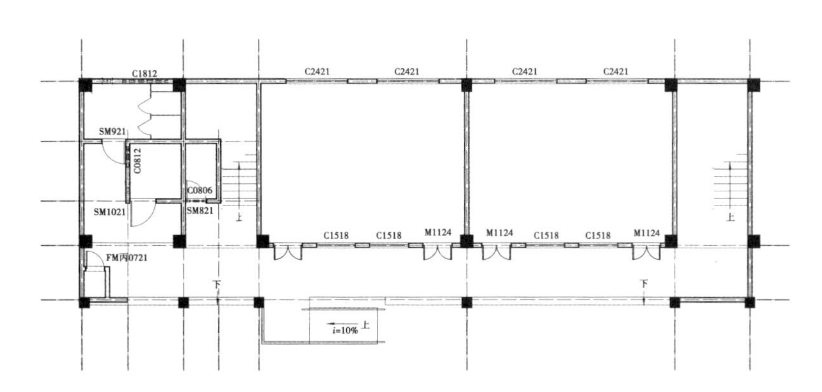

图6.16　建筑平面-门窗

6.1.6　标注

1)尺寸标注

输入"DLI+空格",选择需要标注的第一个起点,再单击需要标注距离的第二个点,指定尺寸线位置或输入数值"500",完成单个尺寸标注,如需在此基础上连续性标注,绘制完第一个尺寸标注后,输入"DCO+空格",连续性单击需要标注的其他点,完成连续性标注。

按照以上方式完成全部标注。

2)文字标注

输入"MT+空格"或"T+空格",在界面上任意单击两个位置创建文本,输入"普通教室(30人)",单击界面完成文字编辑,将文字放置相应位置。

注意:输入文字时,可进行字体、大小编辑。

标注完成后如图6.17所示。

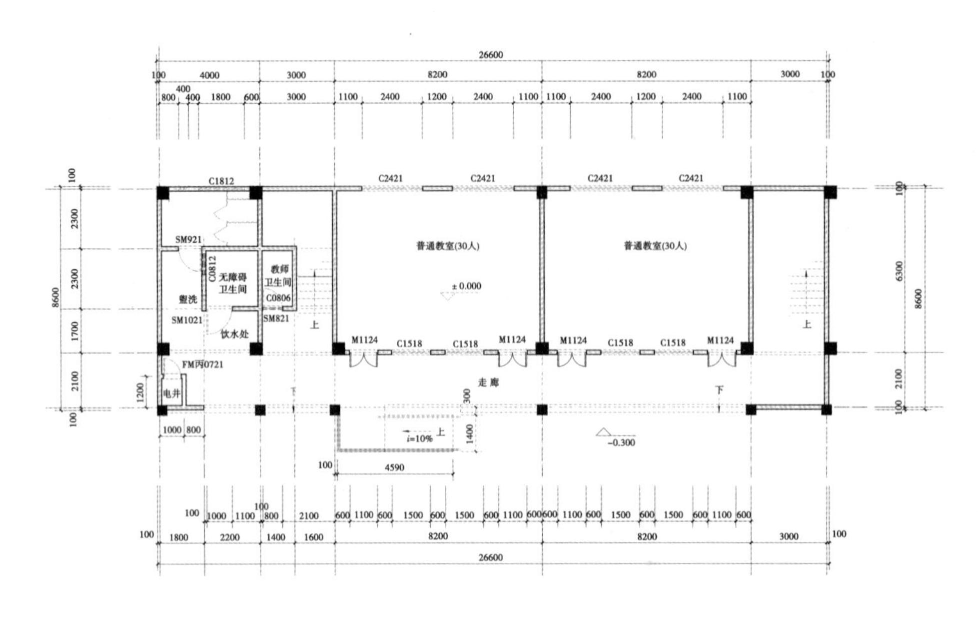

图 6.17　建筑平面-标注

6.1.7　绘制轴号

利用“圆”“文字”“直线”“复制”“移动”工具绘制轴号,也可做成属性块的方式插入。

命令:L↵

LINE

指定第一个点:

指定下一点或[放弃(U)]:1200↵

指定下一点或[放弃(U)]:↵

命令:C↵

CIRCLE

指定圆的圆心或[三点(3P)/两点(2P)/切点、切点、半径(T)]:

指定圆的半径或[直径(D)]:400↵

命令:M↵

MOVE

选择对象:指定对角点:找到 1 个　(选择圆)

选择对象:

指定基点或[位移(D)]<位移>:　(单击圆下象限点)

指定第二个点或<使用第一个点作为位移>:(单击直线上端部)

命令:T↵

MTEXT

当前文字样式:"样式 1"　文字高度:350　注释性:否

指定第一角点:

指定对角点或[高度(H)/对正(J)/行距(L)/旋转(R)/样式(S)/宽度(W)/栏(C)]:

命令:指定对角点或[栏选(F)/圈围(WP)/圈交(CP)]:(在圆的正中写上轴号)

用同样的办法绘制其他轴号，如图 6.18 所示。

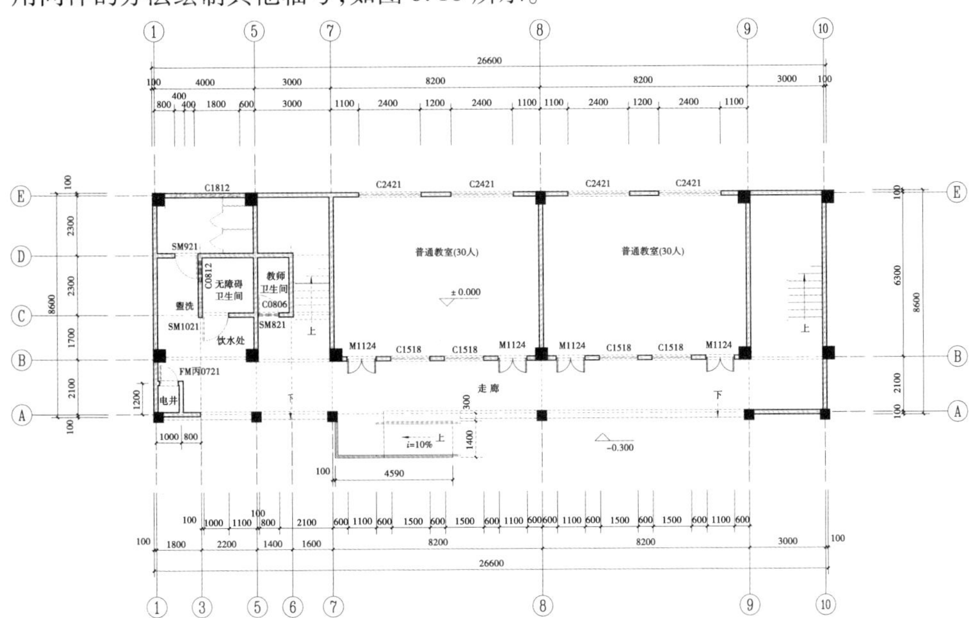

图 6.18　建筑平面-轴号

习题

完成平面图的绘制，如图 6.19 所示。

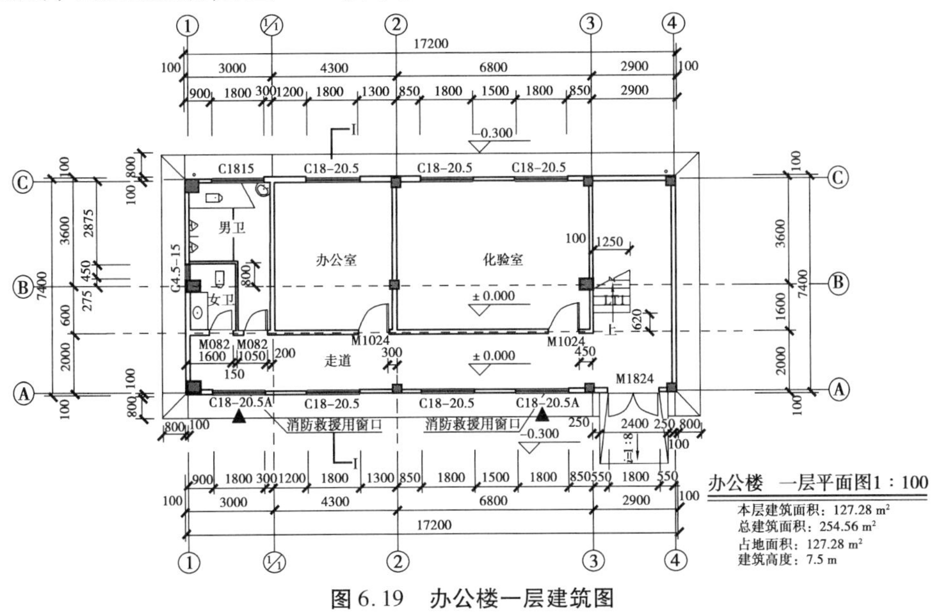

图 6.19　办公楼一层建筑图

6.2　建筑立面图绘制

6.2.1　任务

绘制建筑立面图，如图 6.20 所示。

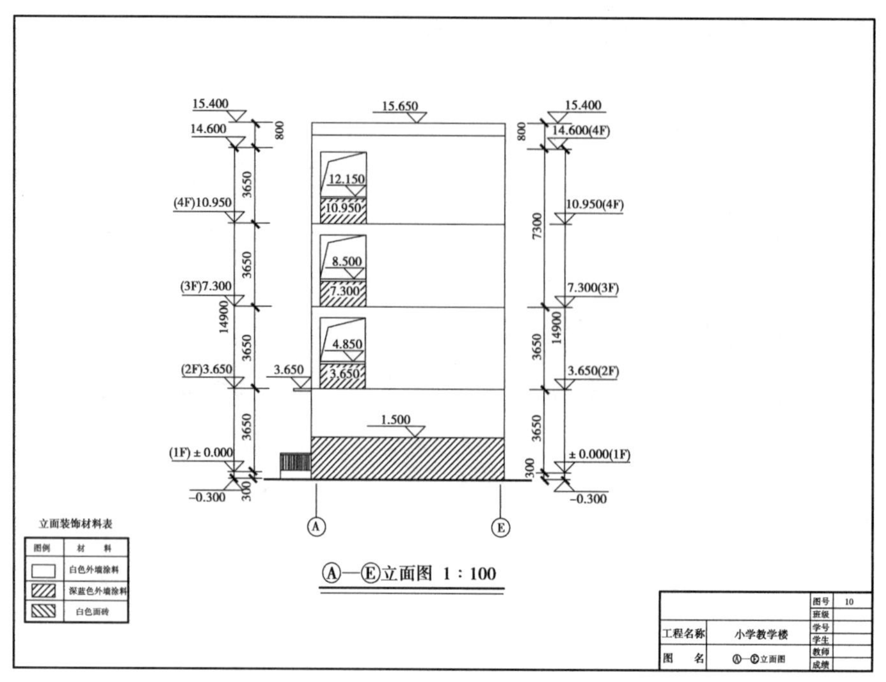

图 6.20 Ⓐ—Ⓔ立面图

6.2.2 设置立面图文件

打开前面保存的“6.1 建筑平面图. dwg”，检查图层设置并进行“修改/新增操作”，如图 6.21 所示。将文件另存（Ctrl+Shift+S）为“6.2 建筑立面图. dwg”，“6.2 建筑立面图”就保存了“6.1 建筑平面图”的所有设置，即可直接开始绘制立面。

状	名称	开.	冻结	锁...	颜色	线型	线宽	透明度	打印...	打.	新.	说明
✔	0				白	Continu...	—— 默认	0	Color_7			
	标高				青	Continu...	—— 0.18 毫米	0	Color_4			
	标注				绿	Continu...	—— 0.18 毫米	0	Color_3			
	轮廓线				白	Continu...	—— 0.18 毫米	0	Color_7			
	门窗				蓝	Continu...	—— 0.18 毫米	0	Color_5			
	室外地坪				白	Continu...	—— 0.70 毫米	0	Color_7			
	图框				白	Continu...	—— 0.18 毫米	0	Color_7			
	文字				洋...	Continu...	—— 0.18 毫米	0	Color_6			
	引线				红	Continu...	—— 0.18 毫米	0	Color_1			

图 6.21 图层设置

6.2.3 绘制立面图

绘制的步骤：根据地平线及轮廓线→楼地面线→门窗→标高→标注→文字→细节检查，也可以根据个人习惯改变绘制顺序。

本例步骤如下所述。

1）绘制地平线及轮廓线

将“轮廓线”图层设置为当前图层，利用“直线”命令，绘制地平线及轮廓线，尺寸如图 6.22 所示。

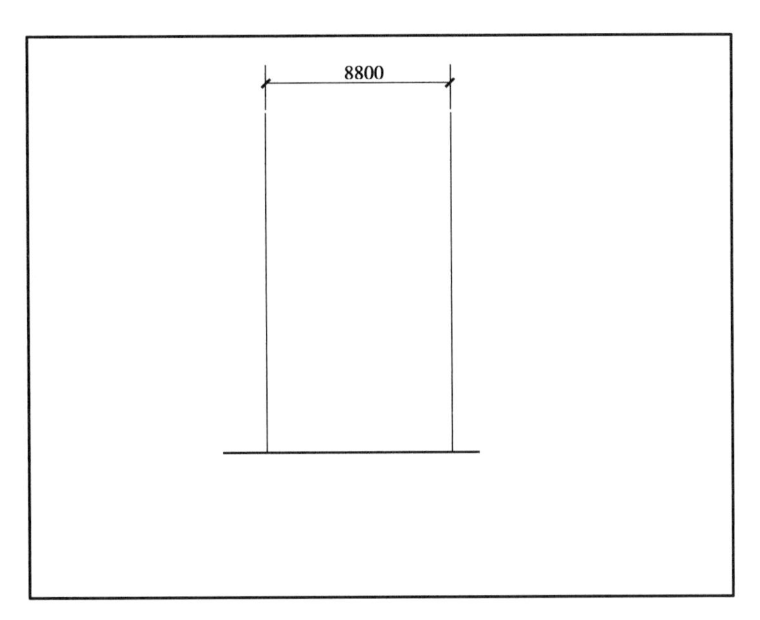

图6.22　立面图-轮廓

2)绘制楼地面线

将“楼地面”图层设置为当前图层,利用“直线”命令,根据各楼层地面标高绘制,如图6.23所示。

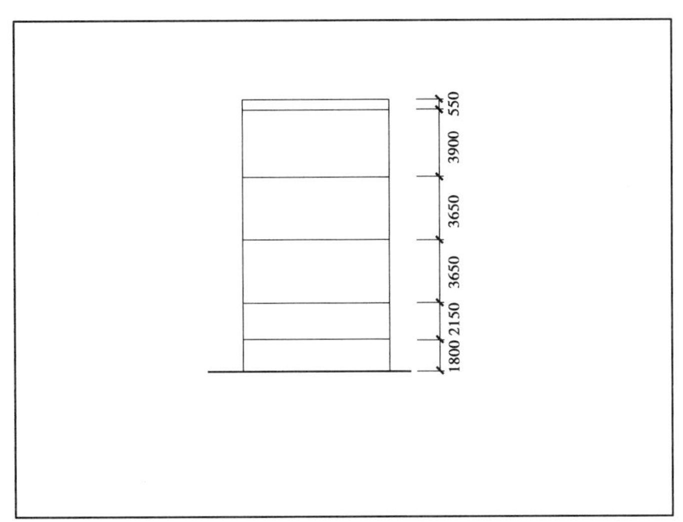

图6.23　立面图-楼层

3)绘制门窗洞

将“门窗”图层设置为“当前图层”,利用“相对坐标”“偏移”“剪切”“复制”命令绘制门窗。

①利用“偏移”命令,输入快捷键“O+空格”,偏移距离“200+空格”,选择左侧墙线,在线的右侧单击完成偏移,同样的步骤,将楼层线往上偏移“3015”。将多余的线进行“剪切”,“复制”洞口,完成如图6.24所示。

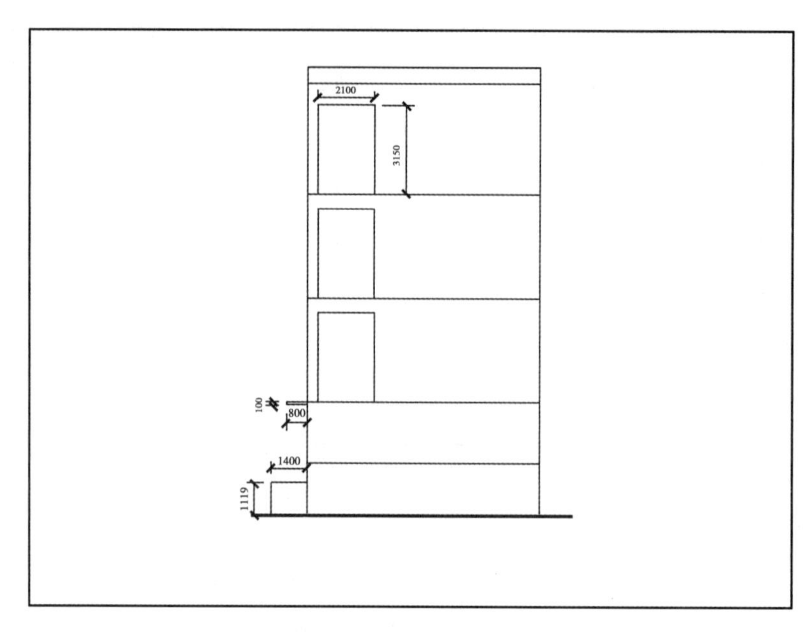

图 6.24　立面图-门窗洞

②使用“多段线”“复制”命令绘制栏杆，如图 6.25 所示。

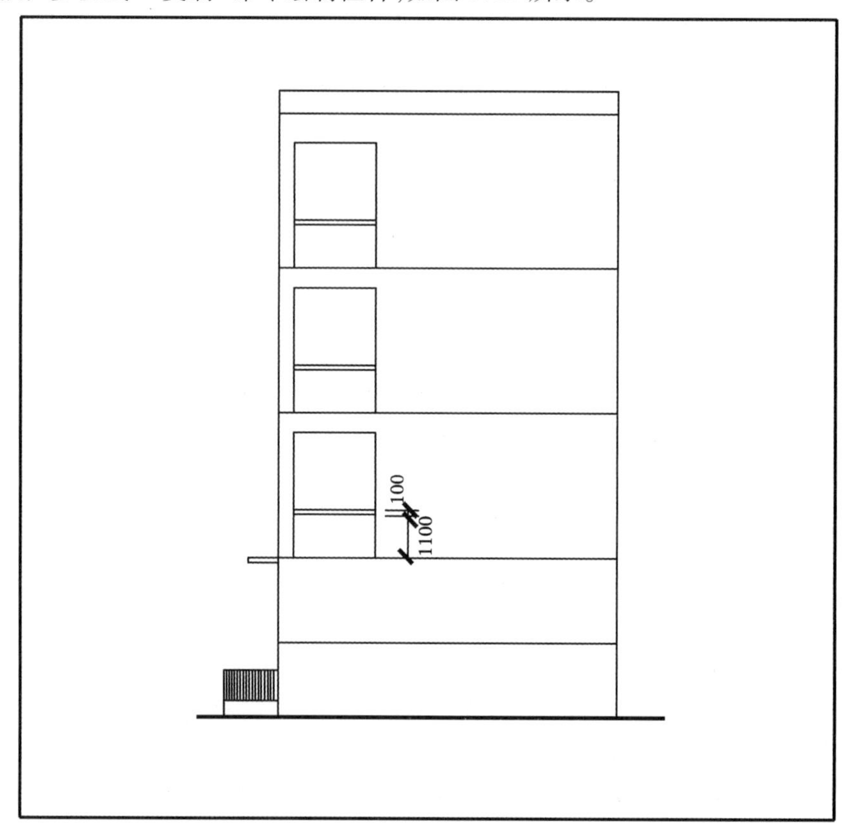

图 6.25　立面图-栏杆

③使用“填充”命令补充立面材质，如图 6.26 所示。

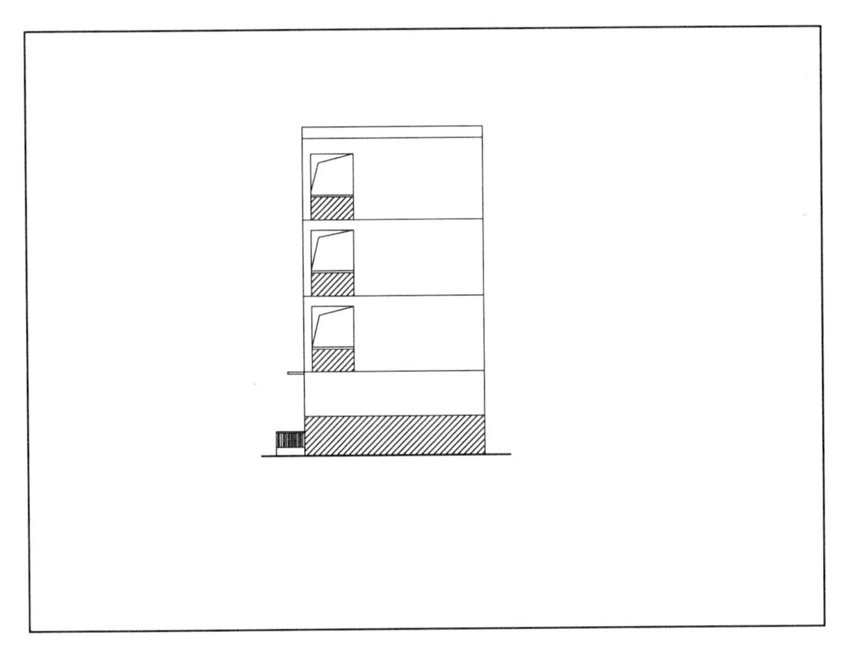

图 6.26　立面图-图例

4）添加尺寸标注和轴号

将“标注”图层设置为当前图层。

①利用“标注 DLI”和“连续标注 DCO”完成尺寸标注。

②利用“直线”“圆”“文字”“移动”“复制”绘制轴号及图名，如图 6.27 所示。

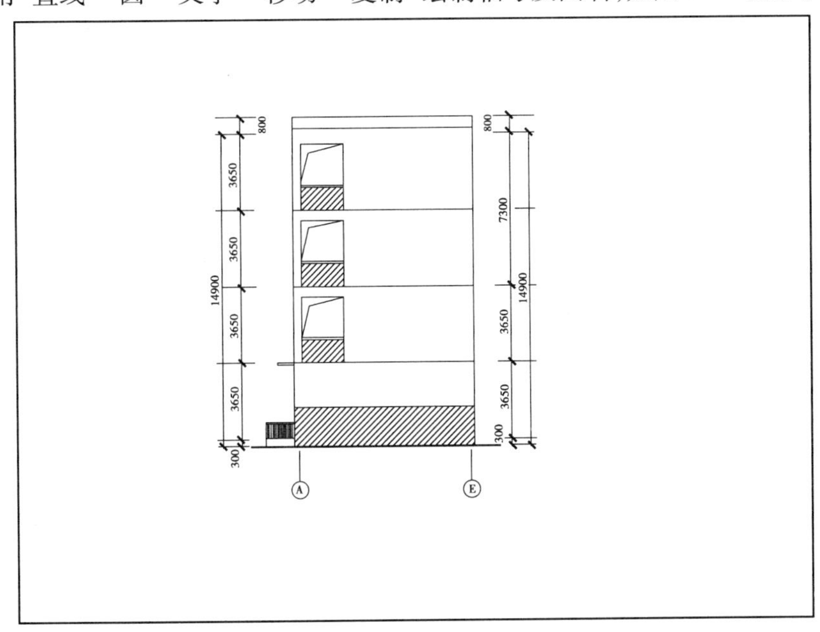

图 6.27　立面图-标注

5）添加文字、引线

利用“多段线”“文本”制作标高，使用“复制”放到对应位置，修改标高数量，完成立面图标高，如图 6.28 所示。

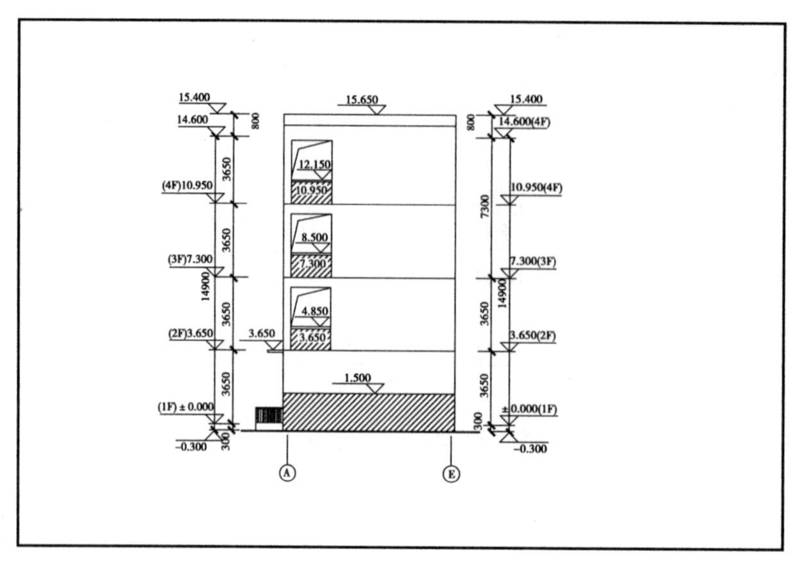

图 6.28　立面图-标高

6）添加图名、图例

①将“标注”图层设置为当前图层，利用“直线”“圆”“文字”“移动”“复制”绘制轴号及图名、比例。

②利用“直线”“文字”“填充”绘制图例，如图 6.29 所示。

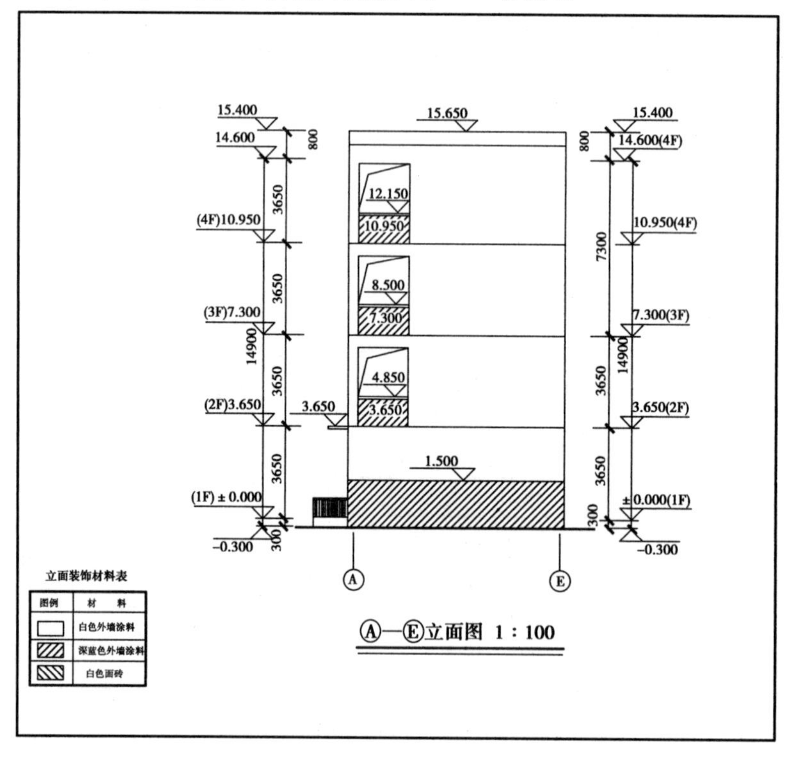

图 6.29　立面图-图例图名

7)装框

(1)绘制图幅、图框

根据绘制几何图的方法,绘制图框。

绘制图框为长方形 10 000 mm×3 600 mm。

绘制内框,添加文本,完成如图 6.30 所示。

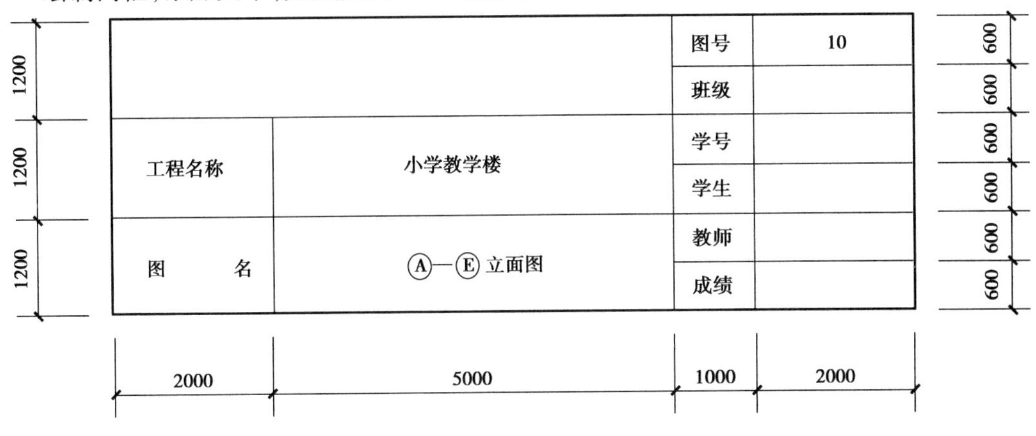

图 6.30　图框

(2)整理

把图框及标题栏整理完毕,利用"缩放"命令放大 100 倍,把平面图装入图框内并书写相关信息,如图 6.31 所示。

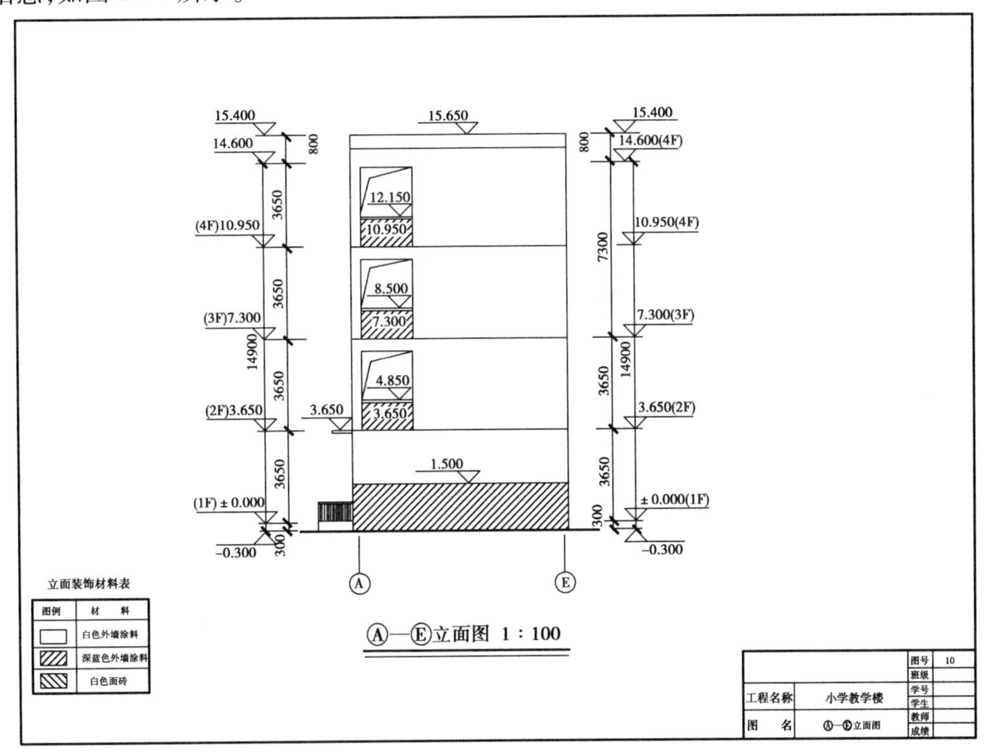

图 6.31　Ⓐ—Ⓔ立面图

习题

完成立面图的绘制,如图 6.32 所示。

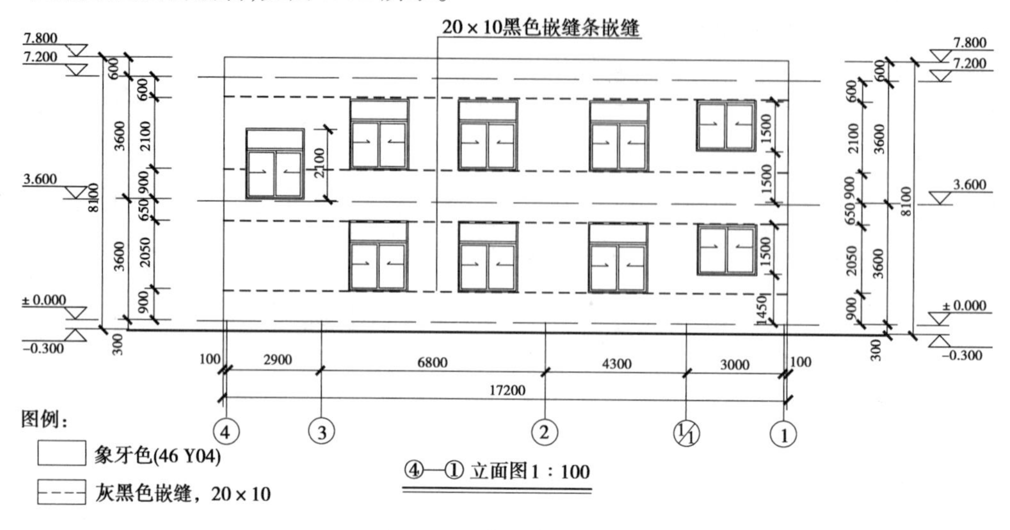

图 6.32　④—①立面图

6.3　建筑剖面图绘制

6.3.1　绘图环境设置及任务分析

建筑剖面图绘制内容应包括被剖切到的建筑构件断面和未剖切到按投视方向可见的建筑构件轮廓以及必要的尺寸和标高等。

在正式绘图之前,需要设置图层。

首先,打开前面保存的平面图文件,检查图层设置并按需要进行修改,如图 6.33 所示,将新文件另存为“实例 6.3 建筑剖面图. dwg”。

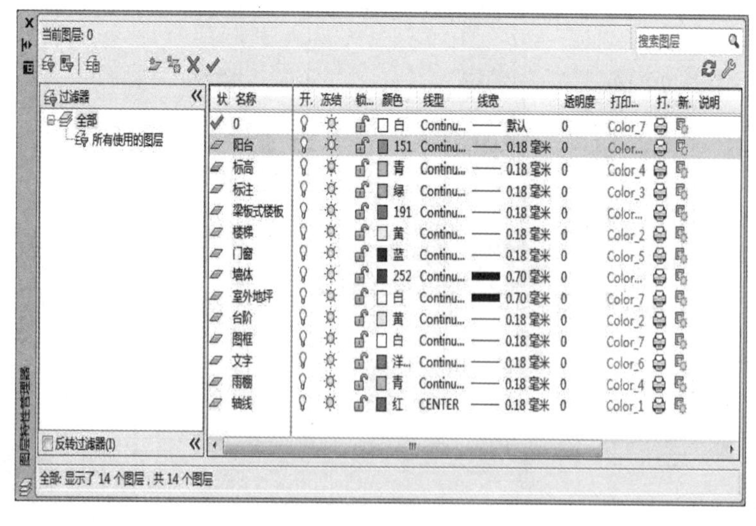

图 6.33　剖面图图层设置

其他绘图环境设置,包括单位、线形、文字样式、标注样式、墙线、窗线、对象捕捉等,可全部按照之前平面图的设置,如需要修改则做相应修改。

接下来就可以绘制本章案例,图6.34所示为小学教学楼剖面图。一般情况下剖面图绘制的步骤为:轴网→剖切到的建筑构配件断面(包括墙体、门窗、有梁楼板、部分楼梯、台阶、屋面、女儿墙等)→未被切到但可见的建筑构配件(包括部分楼梯、楼梯栏杆及扶手、阳台栏杆及扶手、部分墙体等)→标高→标注→文字→细节检查。

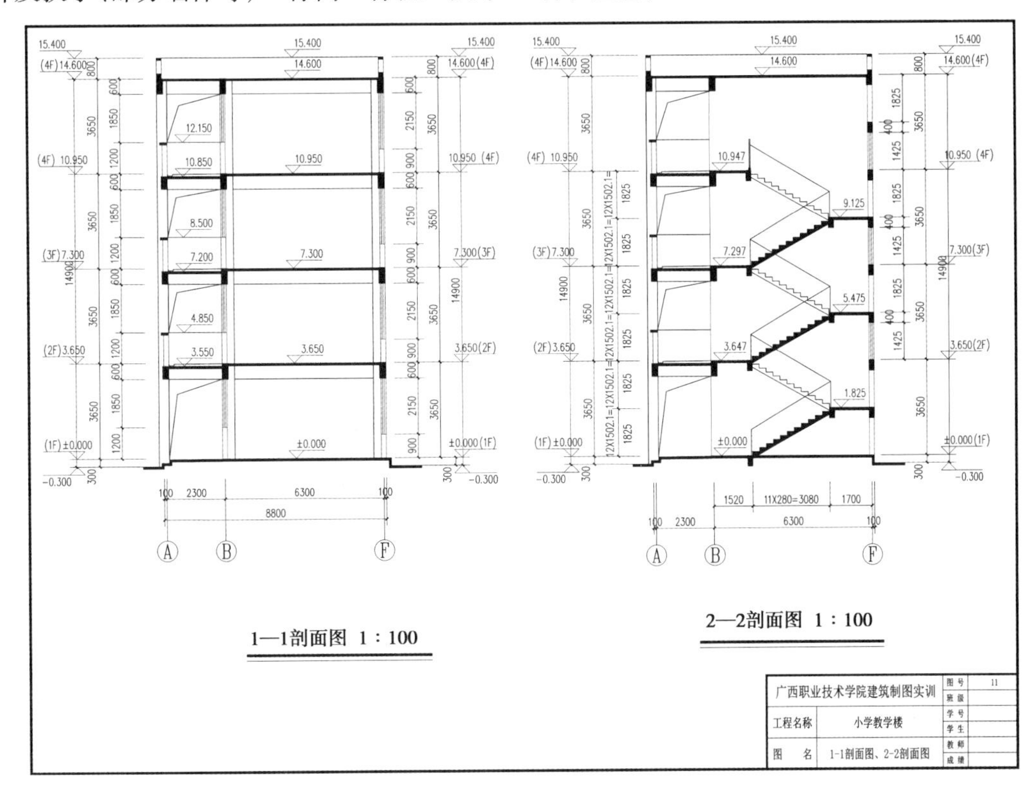

图6.34　小学教学楼剖面图

选择2—2剖面图进行绘制,比例尺为1:100。查阅底层平面图可知,该剖面位于东侧楼梯间,⑨轴与⑩轴之间。剖切面穿过了楼梯间北侧窗C1815,楼梯的上行部分以及走廊。

观察剖面图可发现,此教学楼各层结构基本相同。所以先画出教学楼的外部框架,包括一楼楼板、外墙和屋顶等,然后绘制较为完整的一个标准层,再按层高依次复制,最后添加各层的细节部分。本例的具体步骤如下所述。

6.3.2　绘制轴网

将“轴线”图层设置为当前图层,利用“直线”命令绘制轴网,如图6.35所示。

轴线的线形和粗细,可通过快捷键“Ctrl+1”,“特性”编辑来修改,如图6.36所示。其他的线形编辑也可照此做。

注意:图6.35中的尺寸标注和轴线标记仅为示意,通常不需要在此步骤画出。

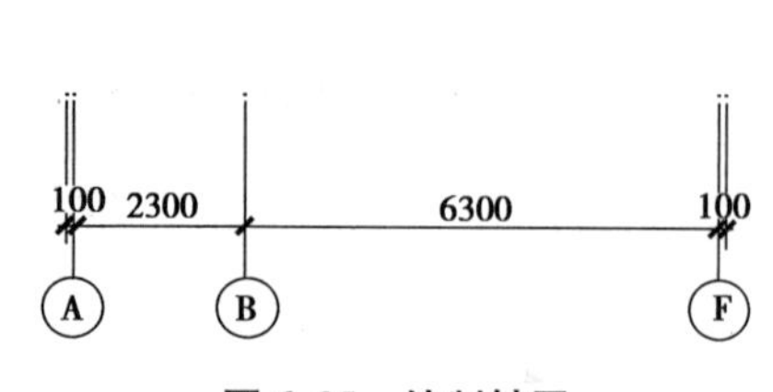

图 6.35 绘制轴网

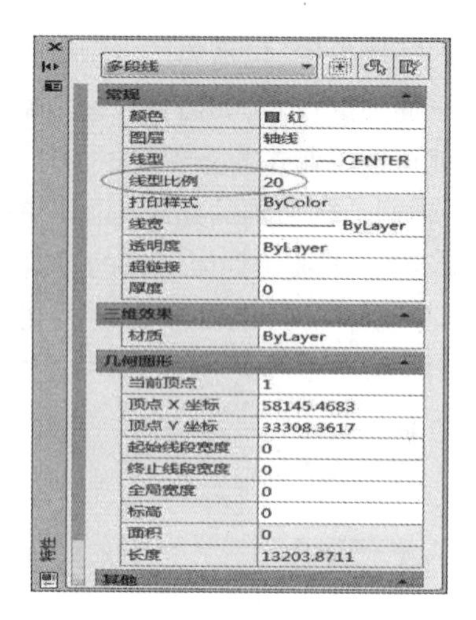

图 6.36 线形比例修改

6.3.3 绘制建筑外框架

建筑外框架包括一层楼板、屋顶、北侧外墙及墙上的窗,依次绘制如下。

1)绘制一楼楼板和台阶

看平面图可知,一楼楼板厚度为 100 mm,标高为 0。室外地坪标高为-0.3 m,室外台阶为 300 mm×150 mm,共两级。

将“梁板式楼板”图层设置为当前图层,使用“直线”“偏移”“图案填充”命令绘制一层楼板、室外地坪及台阶。

2)绘制外墙及窗

查平面图可知,外墙厚 200 mm,墙中心线位于 F 轴。二、三、四楼有 3 个 C1815 的窗,标高见北立面图。

将“墙体”图层设置为当前图层,利用“多线”命令绘制墙。墙中心线位于 F 轴,墙体高度为 0 ~ 15.4 m,绘制时可空出窗和梁的位置。

将“窗”图层设置为当前图层,利用“多线”命令绘制二楼的窗 C1815,窗底标高 3.65 m,窗高 1 425 mm。利用“复制”命令,将窗复制到三楼和四楼。

3)绘制屋顶板

将“梁板式楼板”图层设置为当前图层,使用“直线”“偏移”“图案填充”命令绘制屋顶,板厚 100 mm,标高 14.6 m。用“多线”命令绘制南侧(A 轴)女儿墙。

以上绘制结果如图 6.37 所示。

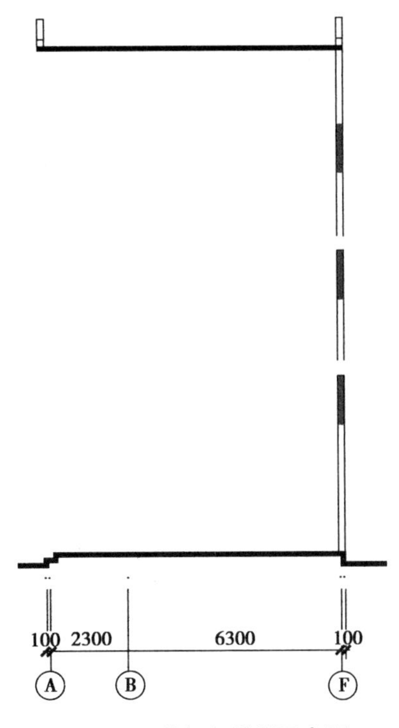

图 6.37　外框架绘制示意图

6.3.4　绘制标准层

标准层内部构件包括梁、楼板、楼梯及栏杆、楼梯板，以及走廊部分的墙体和轮廓线等。现选择二楼，依次绘制如下所述。

1) 绘制楼板及梁

将“梁板式楼板”图层设置为当前图层，使用“直线”“偏移”“图案填充”命令绘制二楼楼板，楼板厚 100 mm。

使用“矩形”“图案填充”命令，绘制框架梁。有两端。梁的截面尺寸为“500 mm×250 mm”。

2) 绘制楼梯板和楼梯梁

将“梁板式楼板”图层设置为当前图层，使用“直线”“偏移”“图案填充”命令绘制一、二楼间楼梯平台板，板厚 100 mm。

使用“矩形”“图案填充”命令，绘制楼梯梁。梁的截面尺寸为 400 mm×200 mm。

使用“矩形”“图案填充”命令，绘制窗上过梁与窗下圈梁，截面尺寸均为 400 mm×200 mm。

绘制时注意楼板及楼梯板标高，以及各个梁的水平位置及标高。

以上绘制结果如图 6.38 所示。

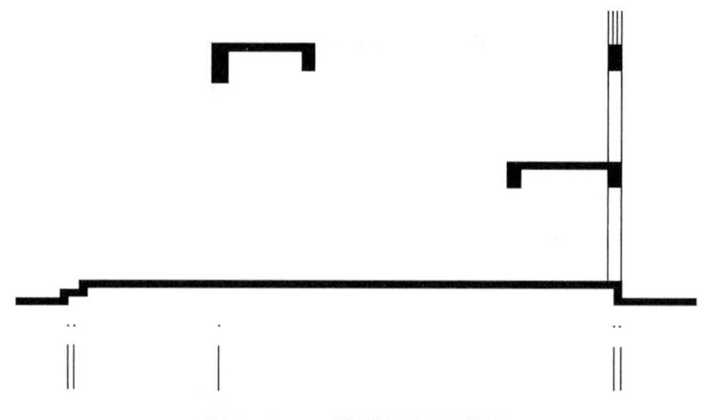

图 6.38　二楼楼板和楼梯板

3）绘制走廊

首先绘制出走廊外轮廓线。

检查图纸，发现走廊包括墙、扶手、地面，以及阳台梁等。从 1—1 剖面图可看出与一楼不同，二、三、四楼均有护墙、阳台板和阳台梁等。现选择二楼作为标准楼层来绘制。

将“阳台”图层设为当前图层，使用“直线”命令绘制二层走廊轮廓线及护墙。护墙厚 200 mm，高 1 200 mm。

将“梁板式楼板”图层设置为当前图层，使用“直线”“偏移”“图案填充”命令绘制走廊楼板，厚度为“100 mm”。注意标高。绘制阳台梁，阳台梁尺寸为 500 mm×250 mm。绘制阳台扶手，尺寸为 300 mm×100 mm。

以上绘制结果如图 6.39 所示。

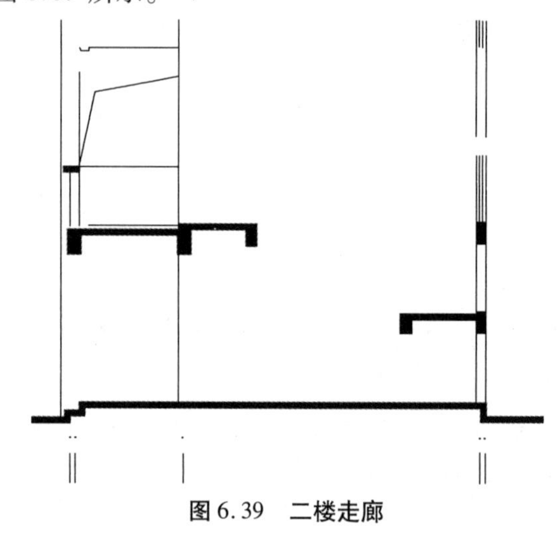

图 6.39　二楼走廊

4）绘制楼梯

检查图纸，剖切面剖到的上行跑为粗黑实线，未剖到的下行跑为细实线。楼梯每跑共 12 级，高度为 1 825 mm，每级台阶约高 152 mm（1 825÷12）。楼梯位置及栏杆扶手高度见图纸。现选择一层楼梯进行绘制。

将“楼梯”图层设置为当前图层，使用“直线”“阵列”“图案填充”命令绘制楼梯被剖切的部分。图中图案填充部分表示楼梯斜板材料图例。

使用“直线”“阵列”命令，绘制楼梯未被剖切到的部分。因为楼梯上下两跑尺寸相同，也可使用“镜像”“移动”命令，镜像未填充的下跑楼梯，再移动到对应位置。

将“栏杆”图层设置为当前图层，使用“直线”“偏移”“阵列”命令，绘制楼梯栏杆及扶手。同样，也可在绘制完下跑楼梯的栏杆扶手之后，使用“镜像”“移动”命令，将镜像后的图形移动到对应位置。

以上绘制结果如图6.40所示。

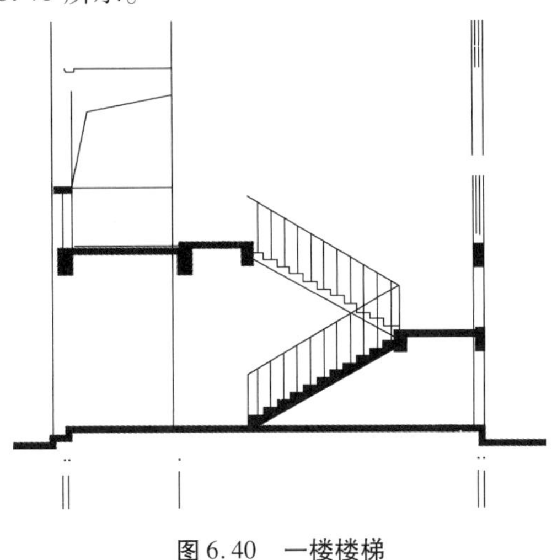

图6.40　一楼楼梯

6.3.5　绘制其他楼层

①将绘制的标准层向上复制到二楼、三楼和四楼，复制时注意标高。

②检查图纸，补上缺少的一楼阳台、女儿墙压顶等部分，最终结果如图6.41所示。

6.3.6　尺寸标注及文字

将“标注”图层设置为当前图层，绘制必要的尺寸标注。标注的顺序一般为“轴线—标高—外部尺寸—内部尺寸”。

标注中文字的格式可使用命令“Ctrl+1”，特性编辑中文字标签中的文字替代来完成，如图6.42所示。

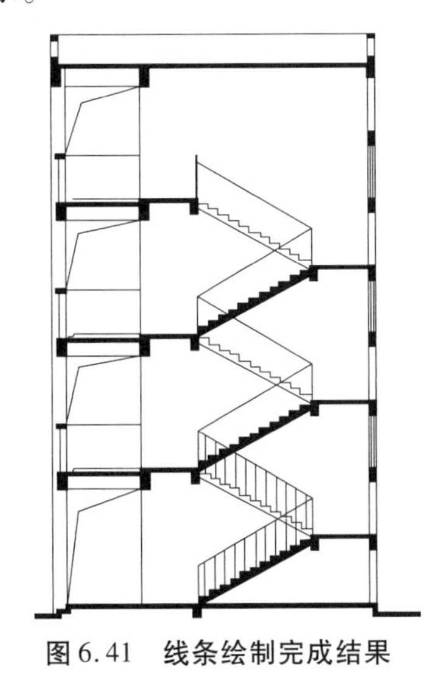

图6.41　线条绘制完成结果

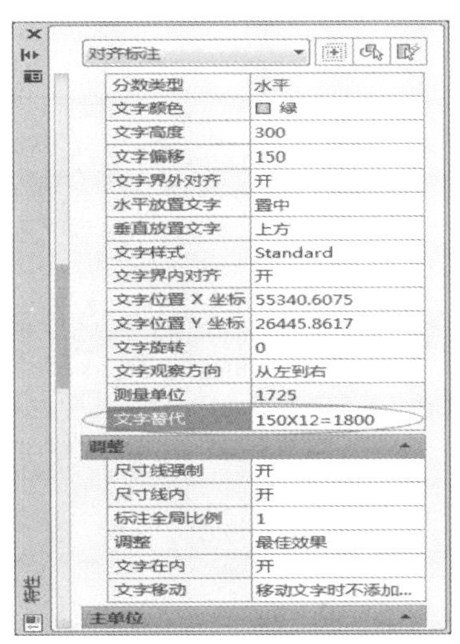

图6.42　文字特性修改

尺寸标注在“标注”图层绘制，文字在“文字”图层编辑。

标上图名、比例尺及其他必要文字，最终结果如图 6.43 所示。

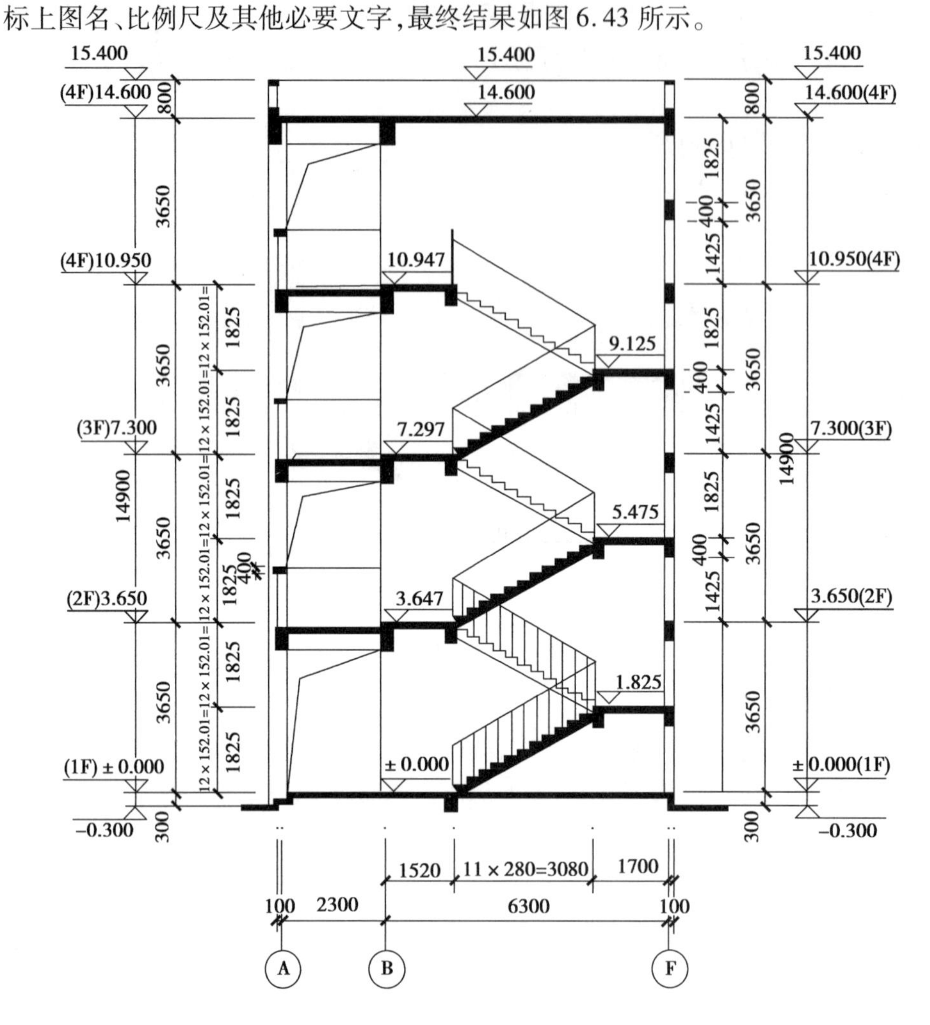

2—2 剖面图 1：100

图 6.43　2—2 剖面图

习题

与以上步骤类似，绘制图 6.44 中教学楼的 1—1 剖面图。

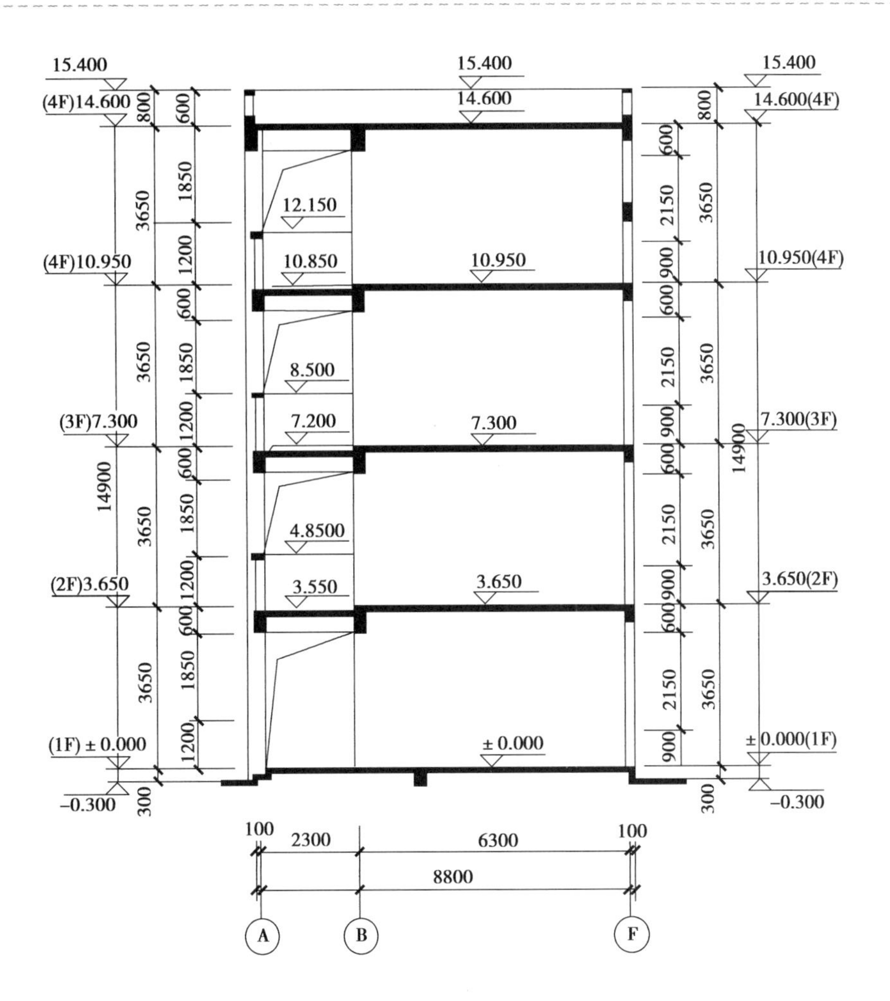

1—1 剖面图 1 : 100

图 6.44　习题图

模块 4

室内施工图识读与绘制

任务7　室内设计施工图识读

任务目标

知识目标:

(1)了解室内设计施工图的内容及绘图步骤。

(2)了解室内平面图、立面图、剖面图的用途、形成、图示内容、制图规范、画图步骤及图例。

(3)了解室内设计详图的用途及绘图要求。

能力目标:

掌握室内设计施工图的内容及绘图步骤。

任务情境:

室内设计施工图是室内装饰工程的指导图样,是研究设计方案、指导和组织施工、预决算及验收不可缺少的依据。在工程正式施工前,设计师先将装饰造型、装饰材料、施工工艺及构配件的种类、型号,必要的尺寸,文字说明全部整理完毕。本任务主要在室内设计制图与绘图中,结合实际情况,参考建筑设计制图规范,详细学习室内平面图、立面图、剖面图、详图等识读及绘图过程。

7.1　室内平面图识读

7.1.1　室内平面图的用途及形成

室内平面图是室内设计工程图的主要图样,一般用来综合表达室内设计的功能布局,图纸内容包括建筑结构、隔断、隔墙、家具陈设、固定设施、地面装饰材料等。室内设计师在进行室内设计前,需要对建筑结构的各个部分构件及尺寸进行详细的了解,再根据建筑空间及客户的需求进行室内空间功能布置及设计构思。

室内平面图的形成,是用一个假想的水平剖切面,从窗台上方把房间剖开,移去上面的部分,由上往下看,详细表达出该部分剖切线以下的平面空间布置内容。

平面图比例一般采用1:100或者1:50的比例绘制。

建筑平面图与室内平面图的平面形成方法相同,表达的内容有所不同,体现在建筑平面图主要表达建筑面积、位置、朝向、地域特点等,重点表现建筑实体及墙、柱、门、窗等构配件;室内平面图主要表达隔断、隔墙、家具、陈设、灯具、绿化等空间的位置关系。

7.1.2 室内平面图的图示内容

平面图是室内设计的图样,主要包括原始建筑图、平面布置图、地面铺装图、天花布置物、电路图、水路图等。

1)原始建筑图

原始建筑图一般需要清晰表达建筑结构的梁柱、承重墙、各种构配件以及固定的设施平面尺寸。原始建筑图的主要内容包括:

①墙、柱、门、窗、楼梯、电梯、管道井、阳台、楼台、栏杆、台阶等平面尺寸。

②楼地面标高、楼梯平台的标高。

③轴线、编号、轴线尺寸和总尺寸。

④图名、比例、索引符号以及相关的编号,如图 7.1 所示。

2)平面布置图

平面布置图是室内设计不可缺少的图样,能详细表示室内空间的功能分区、家具陈设、固定及非固定的隔断、隔墙及各种设施,如图 7.2 所示。平面布置图的主要内容包括:

①原有的墙、柱、门、窗、楼梯、电梯、管道井、阳台、楼台、栏杆、台阶、坡道的平面尺寸及必要的文字说明等。

②各类隔墙、固定家具、固定构件及设施,如屏风、栏杆、窗帘、厨房及卫生间配套设施,标注其定位尺寸和其他必要的尺寸及材料说明。

③各个空间的详细功能及文字注释。

④各类家具、陈设,如沙发、茶几、餐桌、办公桌、书柜、衣柜、床等,并标注其定位尺寸及其他必要的尺寸。

⑤楼地面标高、轴线尺寸、总尺寸。

⑥图名、比例以及相关的编号。

3)地面铺装图

地面铺装图是表示地面做法的图样。当地面做法比较复杂时,或者多种材料组合时,就要制作地面铺装图,如图 7.3 所示。地面铺装图的主要内容包括:

①原有的墙、柱、门、窗、楼梯、电梯、管道井、阳台、楼台、栏杆、台阶、坡道的平面尺寸及必要的文字说明等。

②地面材料的名称、规格及编号。如作分割,应标出分格大小;如作图案,要标注尺寸,必要时可另外作图,标注详图索引符号;如需强调地面相交材料施工构造,标注剖切符号。

③如地面有其他的埋设设备,必须表达清楚。

④如有标高上的落差,要注明标高。

⑤楼地面标高、轴线尺寸、总尺寸。

⑥图名、比例以及相关的编号。

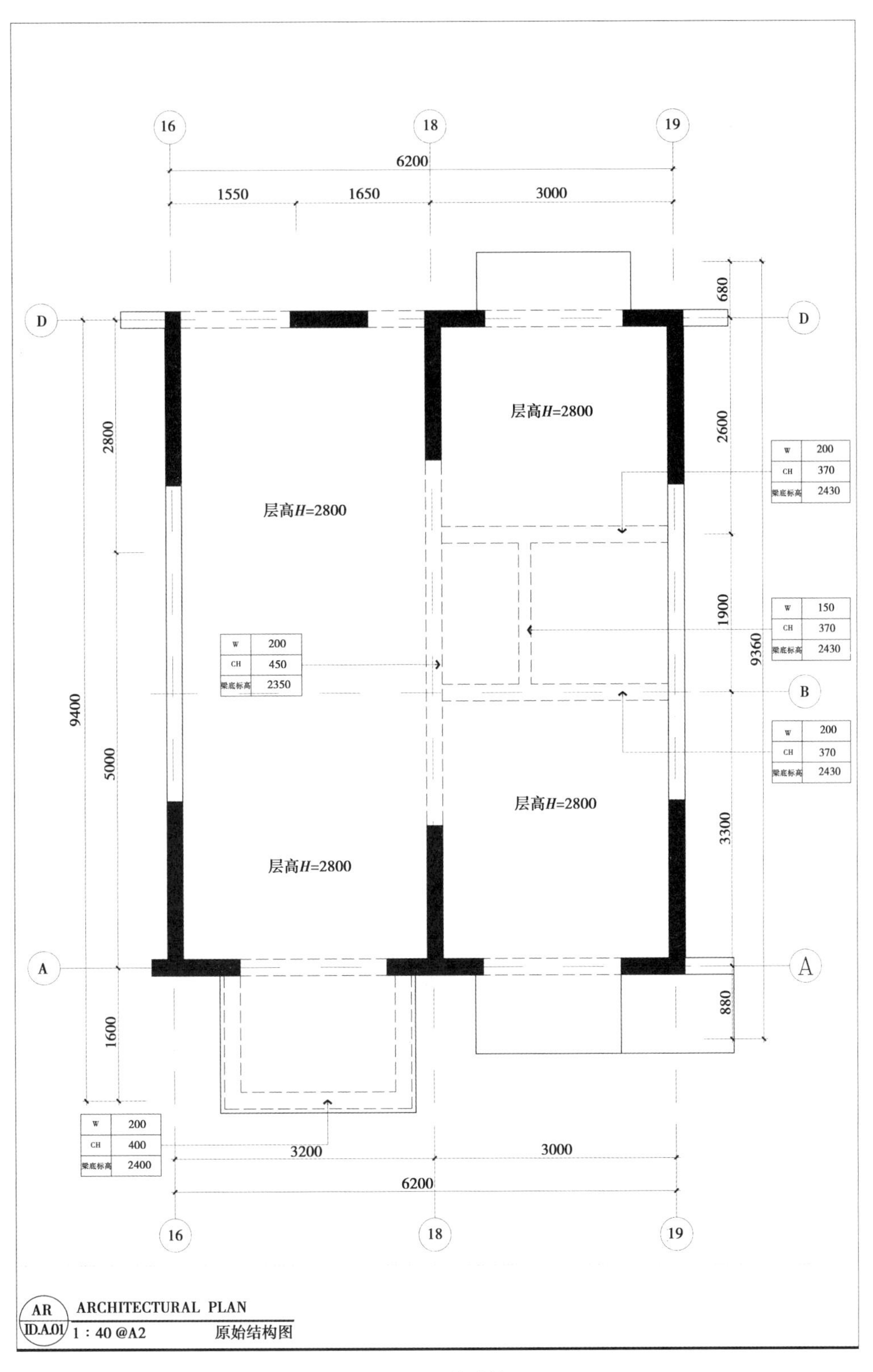
16
18
19
6200
1550
1650
3000
D
D
680
2800
层高H=2800
2600
W 200
CH 370
梁底标高 2430
层高H=2800
1900
W 150
CH 370
梁底标高 2430
9360
W 200
CH 450
梁底标高 2350
B
9400
5000
W 200
CH 370
梁底标高 2430
层高H=2800
3300
层高H=2800
A
A
880
1600
W 200
CH 400
梁底标高 2400
3200
3000
6200
16
18
19
AR
ID.A.01
ARCHITECTURAL PLAN
1 : 40 @A2
原始结构图

图7.1　原始结构图

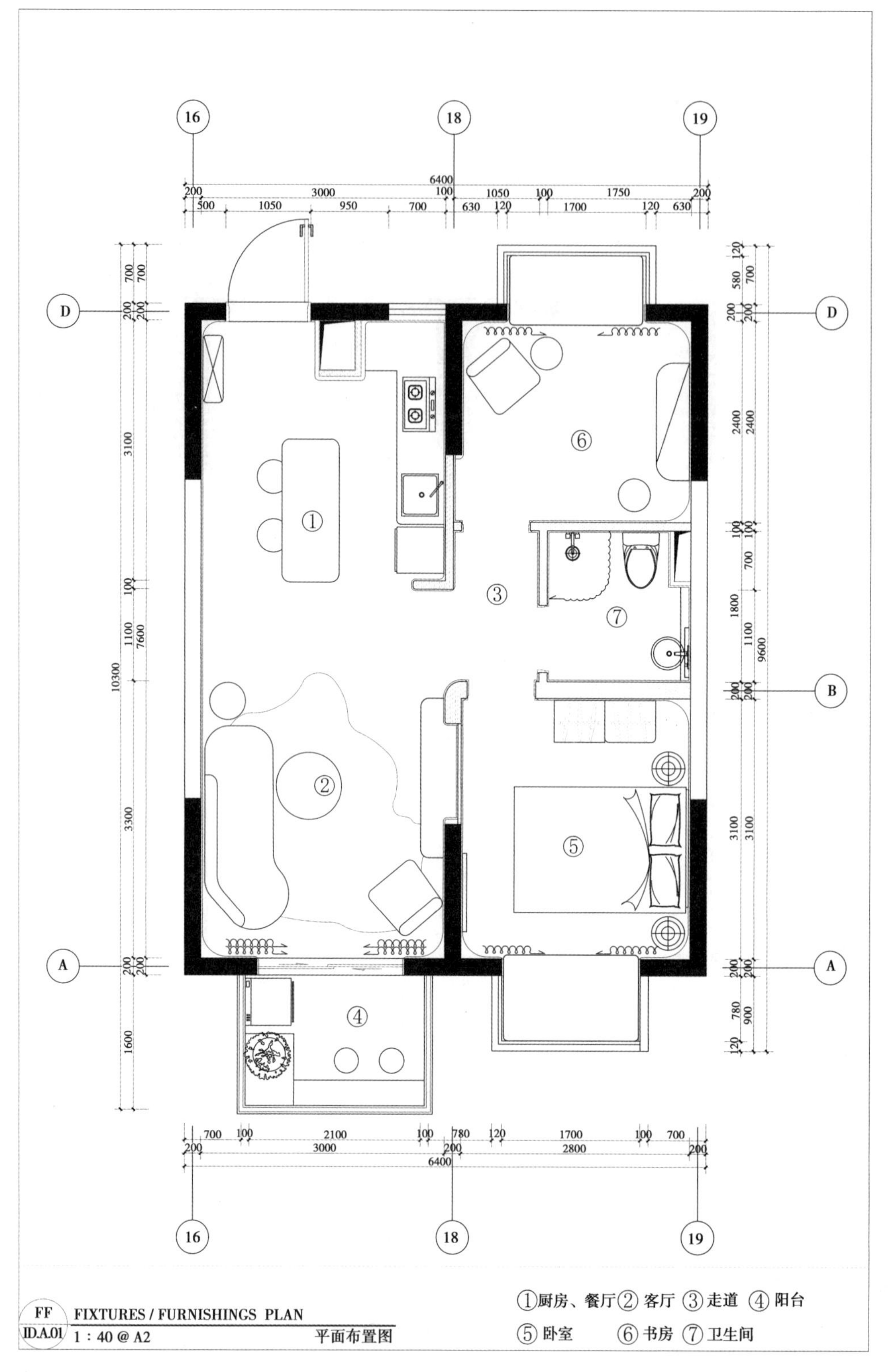
16
18
19
6400
200
3000
100
1050
100
1750
200
500
1050
950
700
630
120
1700
120
630
D
B
A
10300
7600
9600
3100
1100
3300
1600
2400
1800
3100
①
②
③
④
⑤
⑥
⑦
700
100
2100
100
780
120
1700
100
700
200
3000
200
2800
200
6400
FF
FIXTURES / FURNISHINGS PLAN
ID.A.01
1 : 40 @ A2
平面布置图
①厨房、餐厅 ②客厅 ③走道 ④阳台
⑤卧室 ⑥书房 ⑦卫生间

图 7.2　平面布置图

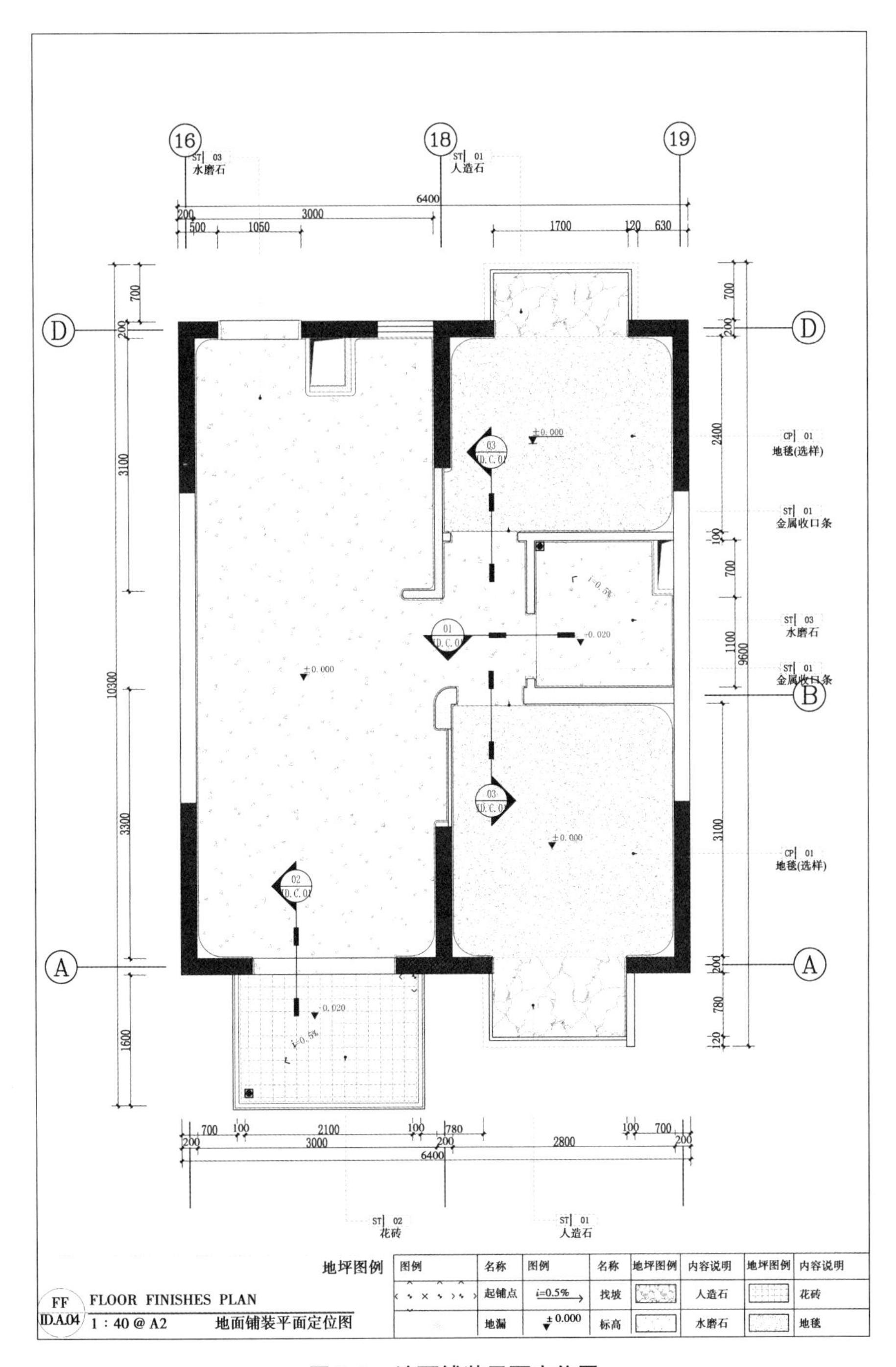

图7.3　地面铺装平面定位图

4)水路图

水路图表示冷热水管的安装位置。冷热水管安装一般为左热右冷,如图7.4、图7.5所示。水路图的主要内容包括:

①原有的墙、柱、门、窗、楼梯、电梯、管道井、阳台、楼台、栏杆、台阶、坡道的平面尺寸及必要的文字说明等。

②冷水管的位置,热水管的位置,冷热水管图示及文字说明。

③楼地面标高、轴线尺寸、总尺寸。

④图名、比例以及相关的编号。

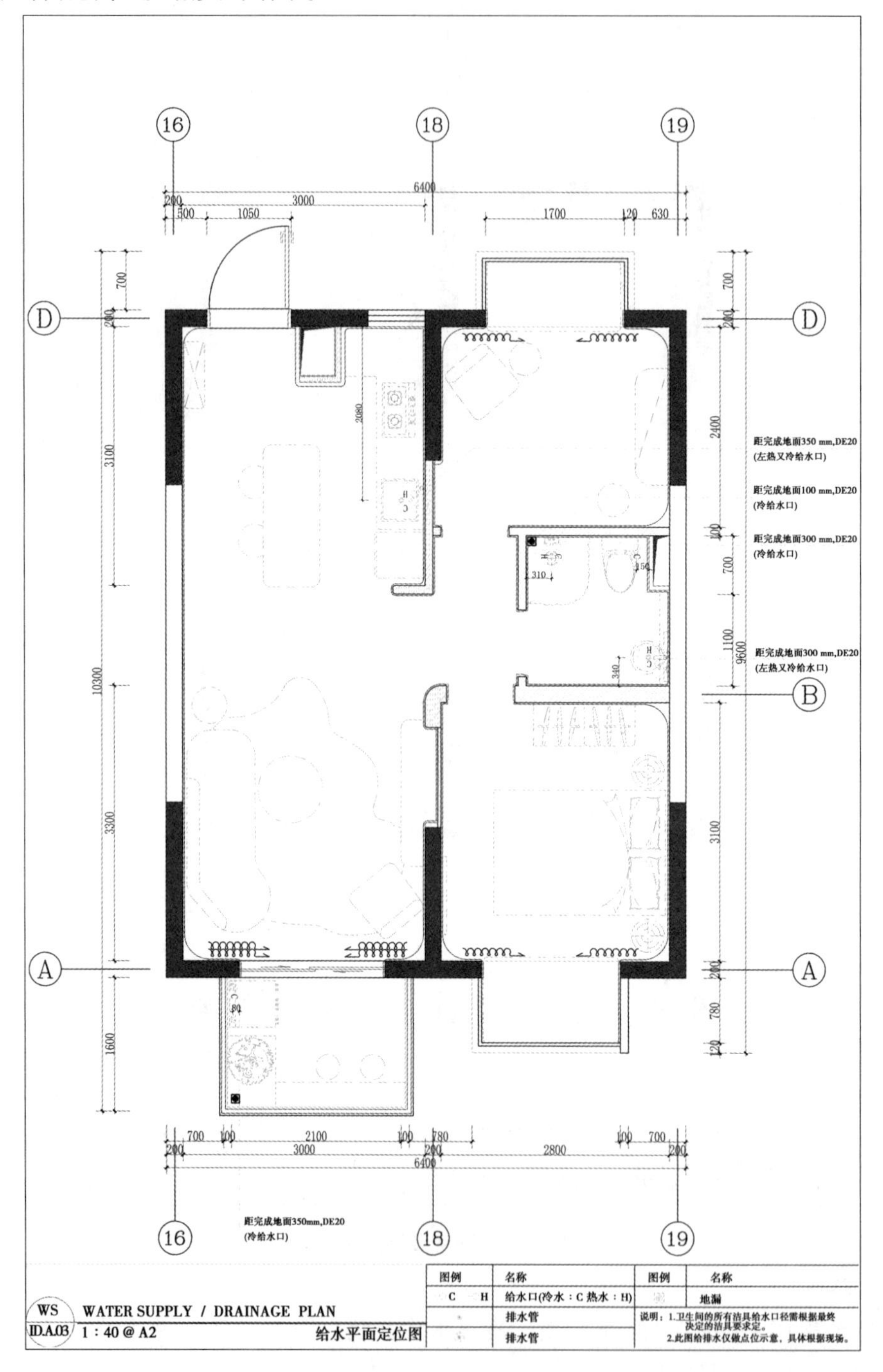

图 7.4　给水平面定位图

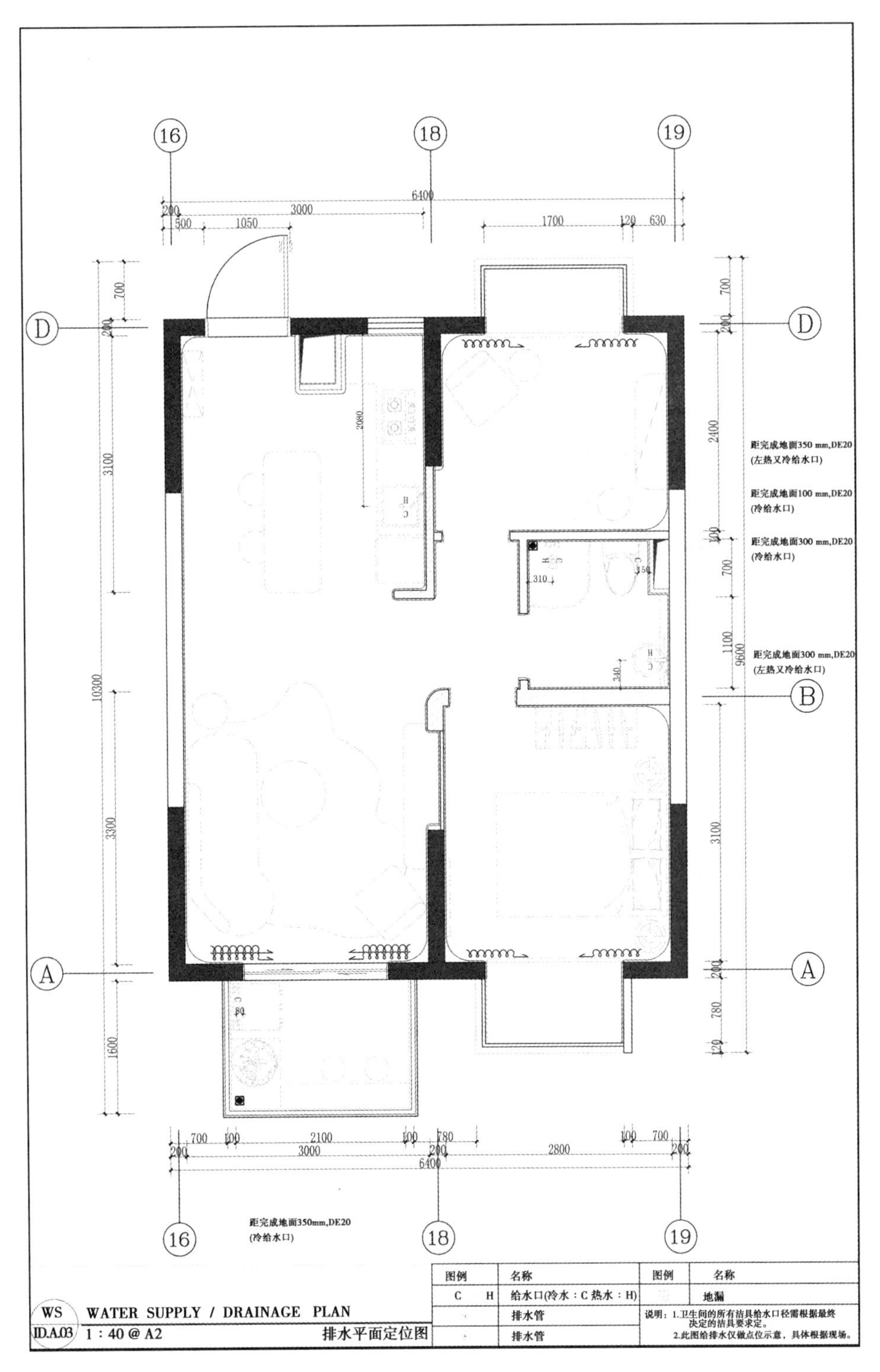

图 7.5　排水平面定位图

5) 顶棚平面图

顶棚平面图用以表达顶棚造型、材料及灯具、消防和空调系统等设备的位置，如图 7.6 所示。顶棚平面图的主要内容包括：

①平面图中每一款灯具及灯饰的位置及图形。

②暗藏于平面的灯带位置。

③顶棚材料文字说明。

④轴线尺寸、总尺寸。

⑤图名、比例以及相关编号。

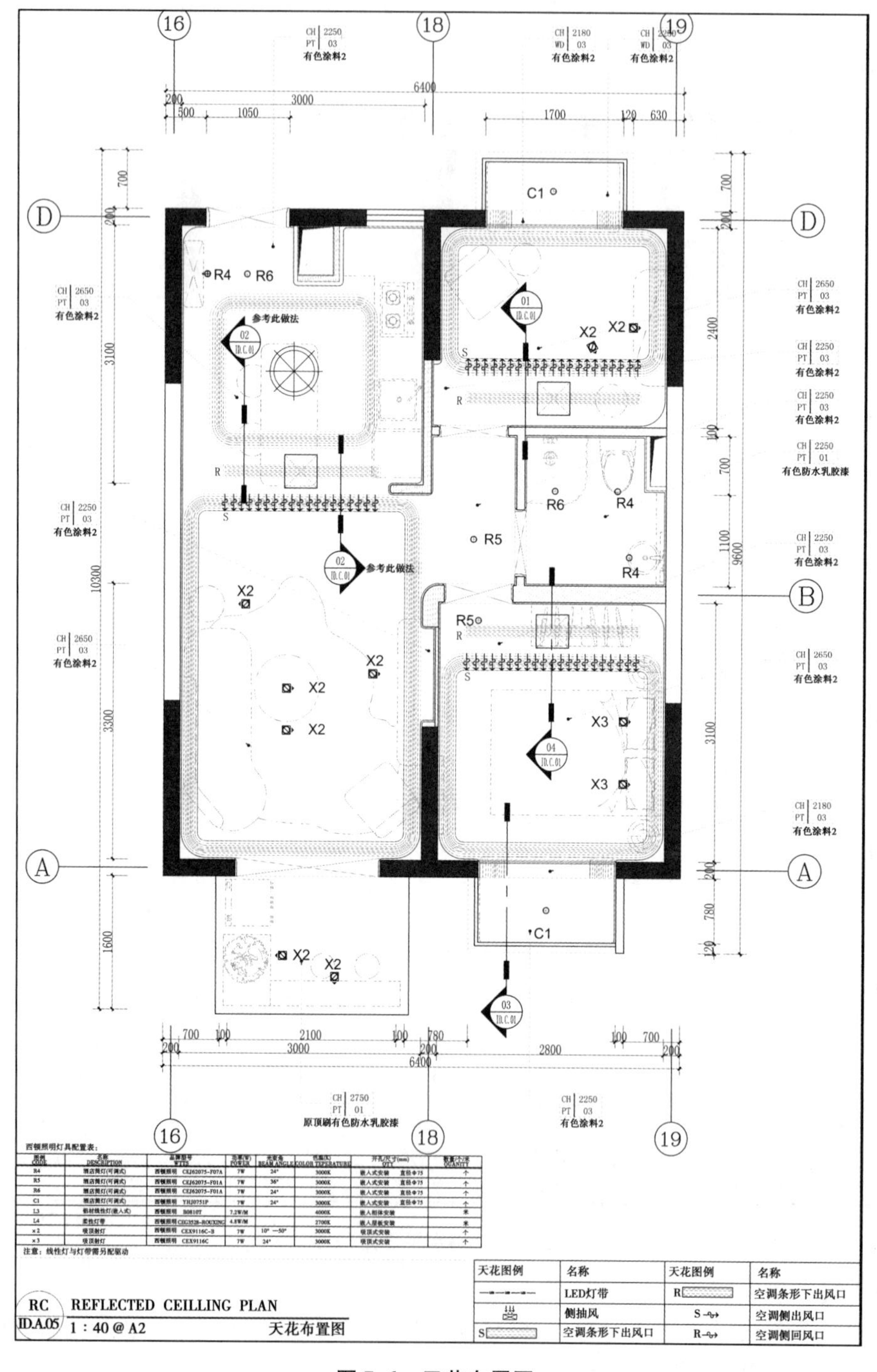

图 7.6　天花布置图

6)开关布置图

开关布置图用以表示天花灯具开关的图样,如图 7.7 所示。开关布置图的主要内容包括:

①开关的位置。

②所连灯具的单联或者多联开关。

③轴线尺寸、总尺寸。

④图名、比例以及相关的编号。

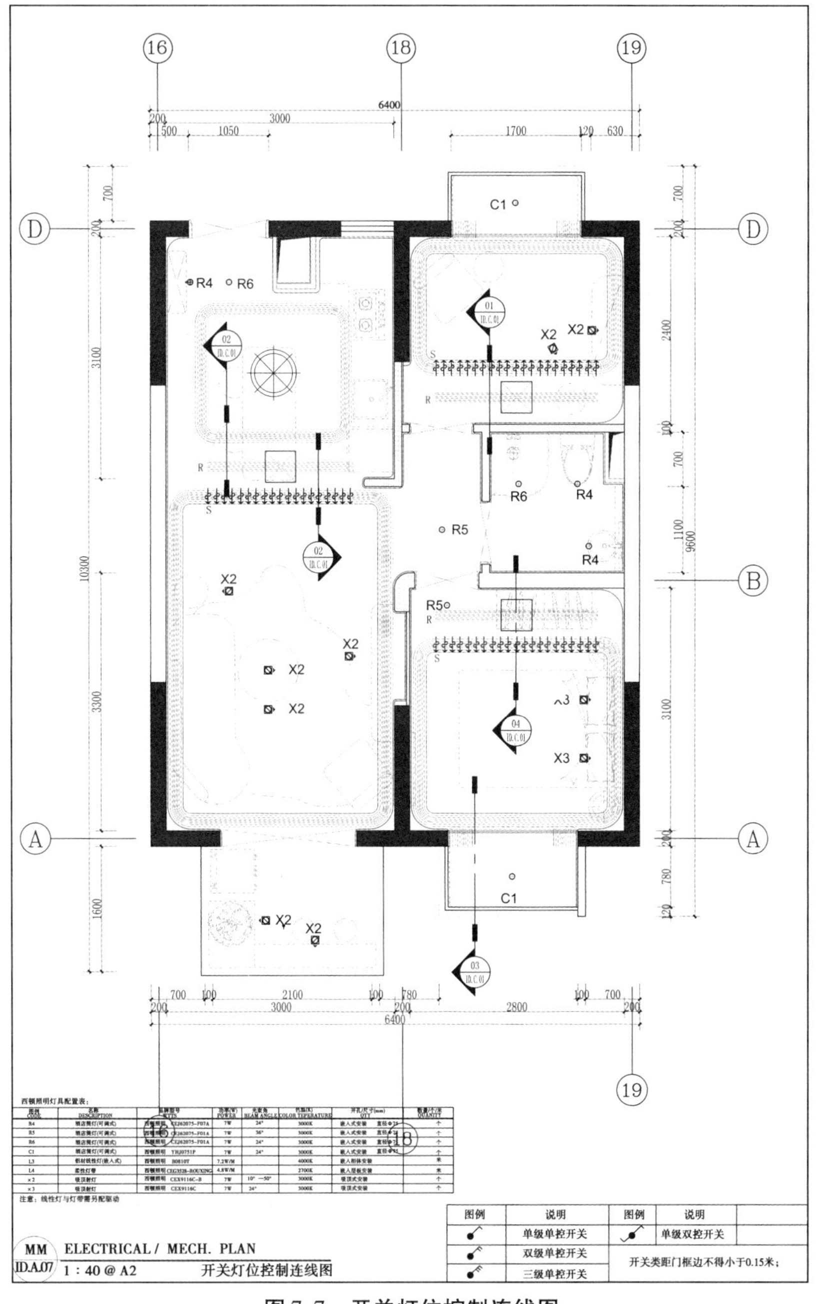

图 7.7　开关灯位控制连线图

7)强弱电布置图

强弱电布置图用以表达室内插座的图样,如图 7.8 所示。强弱电布置图的主要内容包括:

①各个功能空间需要的插座,如电视插座、电话插座、网络插座,备用插座等的位置关系及必要的文字说明。

②轴线尺寸、总尺寸。

③图名、比例以及相关的编号。

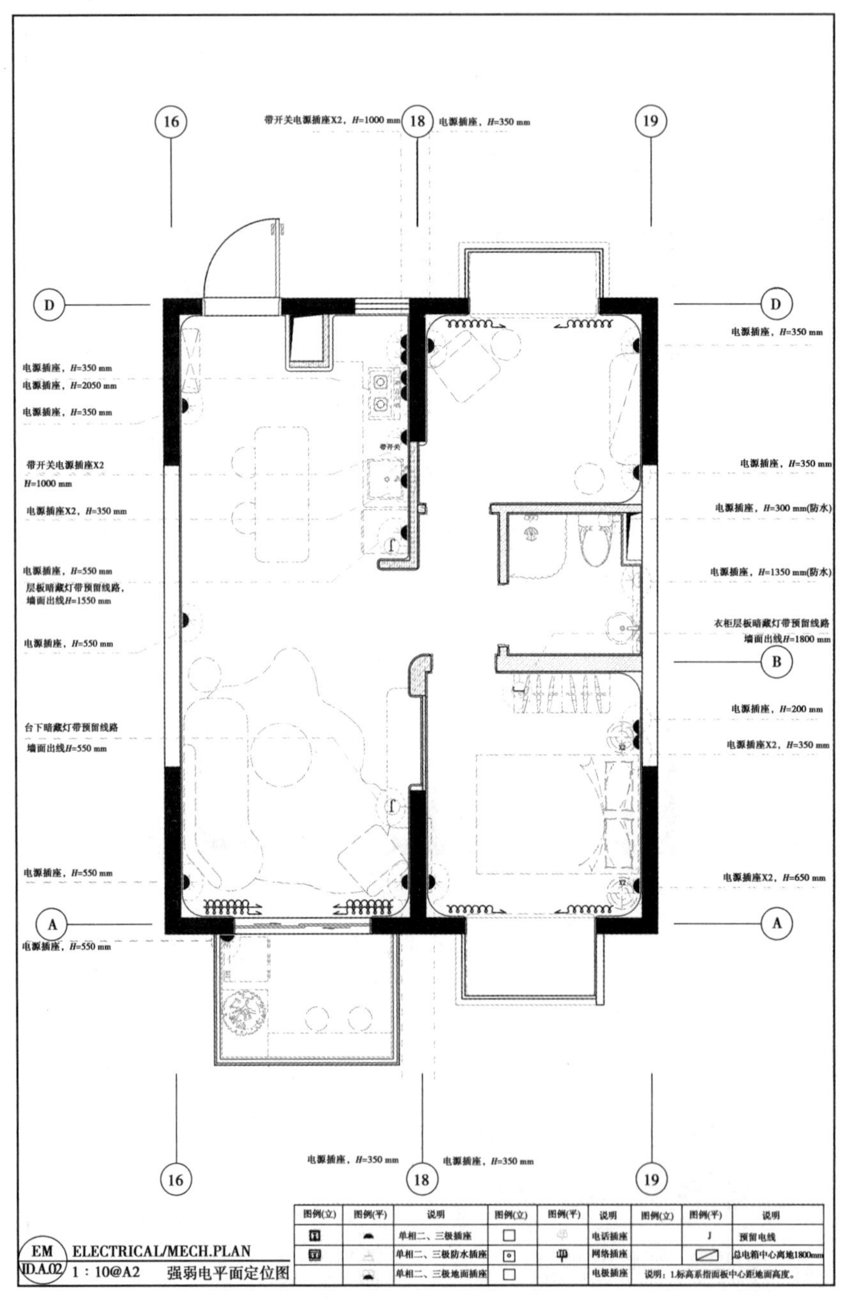

图例(立)	图例(平)	说明	图例(立)	图例(平)	说明	图例(立)	图例(平)	说明
		单相二、三极插座			电话插座		J	预留电线
		单相二、三极防水插座			网络插座			总电箱中心离地1800mm
		单相二、三极地面插座			电极插座	说明：1.标高系指面板中心距地面高度。		

图 7.8　强弱电平面定位图

8）立面索引图

立面索引图即在平面图中标示出立面索引符号和剖切符号的图纸，当立面图和剖切图较多时，就需要作立面索引图来标示空间的位置关系。为标示立面图在平面图上的位置，应在图上用内视符号注明视点位置、方向及立面标号，如图7.9所示。立面索引图的主要内容包括：

①原有的墙、柱、门、窗、楼梯、电梯、管道井、阳台、楼台、栏杆、台阶、坡道的平面尺寸及必要的文字说明等。

②详细的索引符号及剖切符号的位置。

③表达隔墙、固定家具、陈设装饰、构件等。

④轴线尺寸、总尺寸。

⑤图名、比例以及相关的编号。

7.1.3　平面图的制图规范

1）室内平面图的图名比例

室内平面图包括原始结构图、平面布置图、地面铺装图、天花布置图、电路图、水路图等，以及室内平面图的具体图名。

室内平面图常用的比例有1∶200,1∶100,1∶50，一般根据建筑物面积大小及图纸图幅大小确定制图比例。

2）室内平面图的线性

凡是被剖切的墙、柱轮廓线应用粗实线表示；家具陈设、固定设备的轮廓线用中粗线表示，其余投影线用细实线表示。

3）室内平面图的尺寸标注

室内平面图最基本的尺寸标注即原来建筑中保留下来和新增的柱墙轴线间的尺寸和总尺寸。在平面图中，根据图纸需要表达的重点内容的不同，图纸的尺寸标注的侧重点也不同。原始平面图要反映整个建筑结构和各个配件的平面图，包括已有的固定设施、设备；平面布置图除基本的建筑尺寸外，还要表示出固定设备、设施，重点的隔墙、隔断、家具、陈设的定位尺寸和必要的其他尺寸；地面铺装图重点标出地面材料的分格大小及图案定位尺寸和其他必要尺寸；顶棚布置图标注天花造型尺寸、灯具、风口具体位置及名称、规格及定位尺寸以及必要的其他尺寸。因此，室内设计方案表达完成可为施工提供细致、完成的尺寸依据。

7.2　室内立面图识读

7.2.1　室内立面图的图示内容及形成

室内设计中的立面图，是一种与垂直界面平行的正投影图，反映的是垂直界面的形状、装修造型、装饰材料、做法、室内家具陈设，能够详细、直观表达设计空间的立面效果。立面图要求表达出墙面、柱面、门窗、隔断、立面造型的做法、包括材料、工艺、造型、尺寸等。立面图是施工的主要指导图形，其施工图的数量根据设计的复杂程度考虑。

7.2.2　立面图示内容

立面图表达出室内的某界面形式、装修内容、家具陈设，如图7.10所示。其主要内容包括：

①墙柱面装修的做法，包括材料、造型、尺寸等。

②门窗及窗帘的形式和尺寸。

③剖视方向的可视装修内容和固定的家具、灯具及其他。

④表达出重点图示的内容、定位尺寸及标高。

⑤装修的材料标号即必要的文字说明。

⑥节点剖面索引号、大样索引号。

⑦该立面图的轴号、轴号尺寸等。

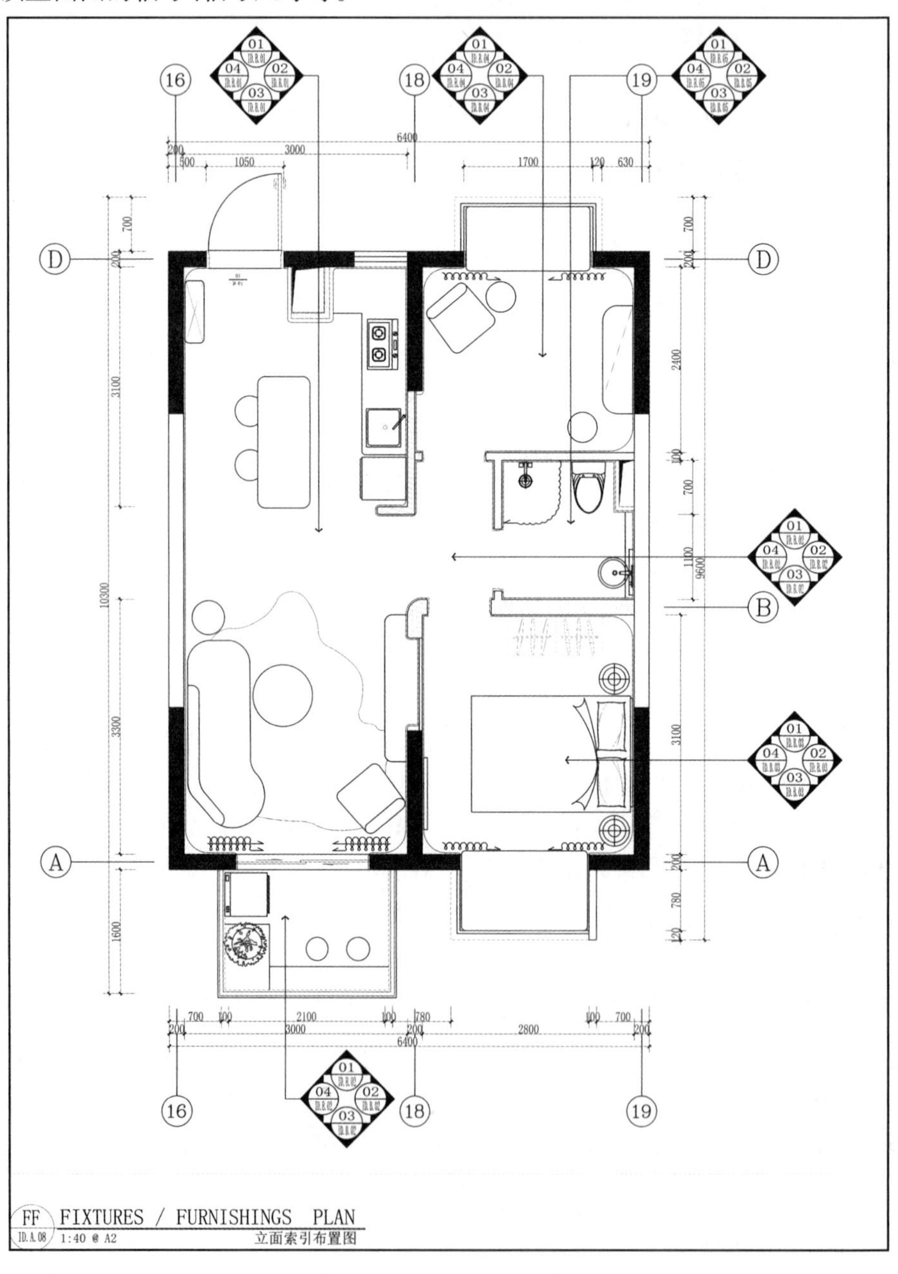

图 7.9　立面索引布置图

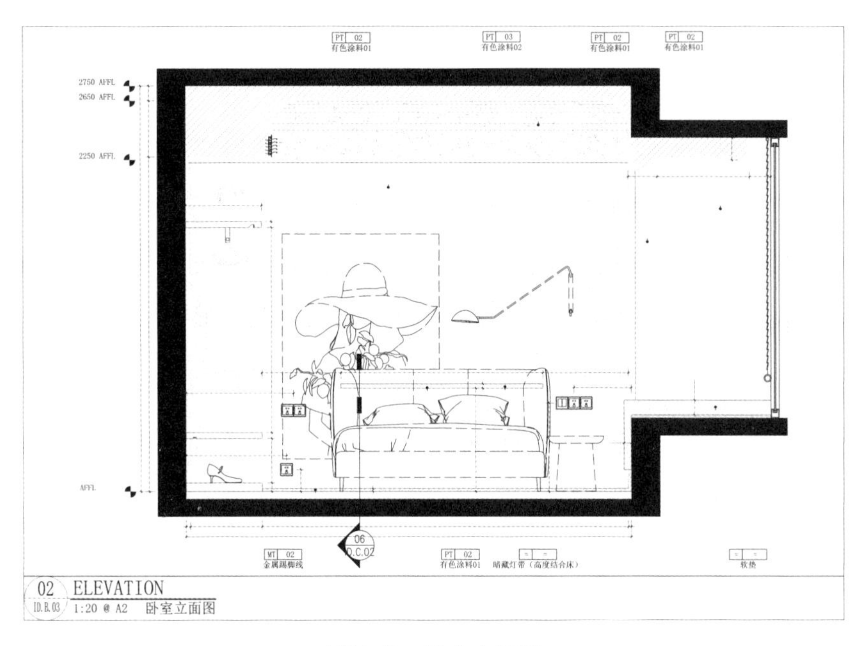

图 7.10　卧室立面图

7.2.3　室内平立面图制图规范

1) 室内立面图的常用比例

室内立面图的常用比例是 1∶50,1∶30,1∶20。室内立面图下方应标注图名称和比例尺,其常用的标注样,如图 7.11 所示。

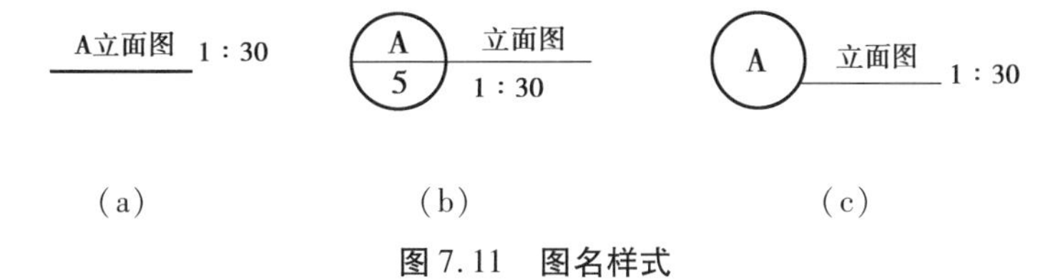

(a)　　(b)　　(c)

图 7.11　图名样式

2) 室内立面图的线型

立面图的最外轮廓线用粗实线绘制,地坪线可用加粗(粗度为标准线宽的 1.4 倍)绘制,装饰装修的轮廓线和陈设的外轮廓线,用中粗线表示,对材料和质地的表现宜用细实线绘制。

3) 室内立面图的尺寸标注

室内立面图需要标注纵向尺寸、横向尺寸和标高,注明材料名称、工艺做法以及必要的文字说明,需要绘制详图的绘制索引符号。

7.3　室内剖面图识读

7.3.1　室内剖面图的用途及形成

室内剖面图是主要用于反映室内空间的关系及构配件具体构造的局部剖面图。

平面图的形成,是假想用垂直剖面剖切房屋,移去靠近视点的部分,对剩下部分按正投影原理绘制正投影图。剖面图的数量及剖切位置的选取,主要根据室内设计的具体情况,原则是能够充分表达设计意图,特别是针对一些结构比较复杂的构件。

7.3.2 室内图剖面的图示内容

室内剖面图用来表示室内空间及装饰构造的内部结构展示,如图 7.12 所示,主要内容包括:

①反映各面构件的详细结构、所用的材料及构件间的连接关系。

②被剖切到的墙体、柱子、门窗洞口,顶面和地面界面内轮廓,标高及其他主要尺寸。

③按剖切位置和剖示方向的装饰装修部位、家具及图示重要装饰造型的材料、规格与工艺做法。

④室内配件设施的位置、安装及固定的方式等。

⑤图示编号及索引符号。

⑥图名与比例。

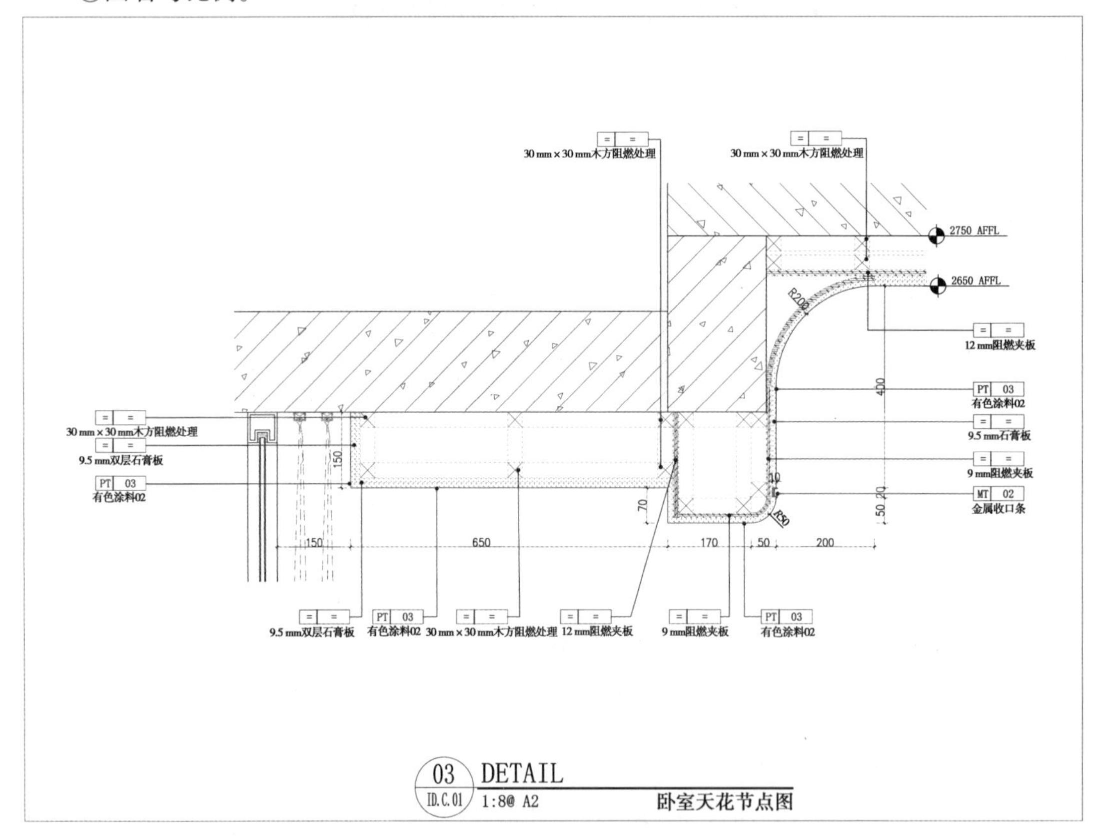

图 7.12 卧室天花节点图

7.3.3 剖视图的制图规范

剖视图制图规范应重点注意剖切符号的标注和剖切符号的选取。

①剖切符号由剖切位置线和剖视方向线组成,用粗实线绘制。

②室内详图按照合适的比例绘制。

③室内详图的线型、线宽选用与建筑详图相同,可以采用线宽比为 b:0.25b 的两种线宽组。

习题

简述题

1. 室内设计施工图的主要内容包括哪些?

2. 室内平面图的图示内容有哪些?

3. 室内立面图和剖面图的区别是什么?

4. 什么是室内详图?其绘制的内容包括哪些?

任务8　室内设计平、立、剖面图绘制

任务目标

知识目标：

(1)掌握室内平面图的绘图方法。

(2)掌握室内立面图的绘图方法。

(3)掌握家具在平立面图添加的方法。

能力目标：

能够利用CAD绘制室内平立面施工图。

任务情境：

室内设计是指人们生活空间的内部设计。室内设计是根据建筑物的使用性质、所处环境和相应标准，运用物质技术手段和建筑设计原理，创造功能合理、舒适优美、满足人们物质和精神生活需要的室内环境。利用CAD能够快速绘制室内平面图、立面图、剖面图等，从而快速完成设计阶段所需要的设计方案。

8.1　室内设计平面图绘制

设计应以满足使用功能为根本，造型以完善视觉追求为目的。以下是一组室内效果图，如图8.1所示。

(a)客厅

(b)餐厅

(c)卧室

(d)书房

(e)卫生间

图8.1　户型整体设计方案图

8.1.1　绘制室内方案图

任务:完成室内方案图的绘制,如图8.2所示。

8.1.2　设置绘图环境

1)保存新图形文件

打开AutoCAD2018程序,将新的图形文件夹按"文件"→"另存为"路径保存为"室内方案设计平面图.dwg"名称。

2)设置绘图环境

设置单位、图形界限、文字样式、标注样式、线型、多线样式等,参考建筑平面图的绘图环境。

3)新建图层

单击"图层"工具栏,在弹出的"图层特性管理器"对话框中单击"新建"按钮,创建"轴线、墙线、门窗、标注、文字、家具"等图层,然后给各图层设置相应的"颜色、线型"。最终建立的图层参数,如图8.3所示。

8.1.3　绘制定位轴线

绘制建筑平面图,首先要绘制定位轴线,轴线间距尺寸,如图8.4所示。

1) 设置"轴线"图层为当前图层

默认情况下,"对象特性"工具栏的"图层属性列表"中的当前图层为"0"图层,如图8.5所示。在该列表下选择"轴线",当前图层即变为"轴线"图层,如图8.6所示。

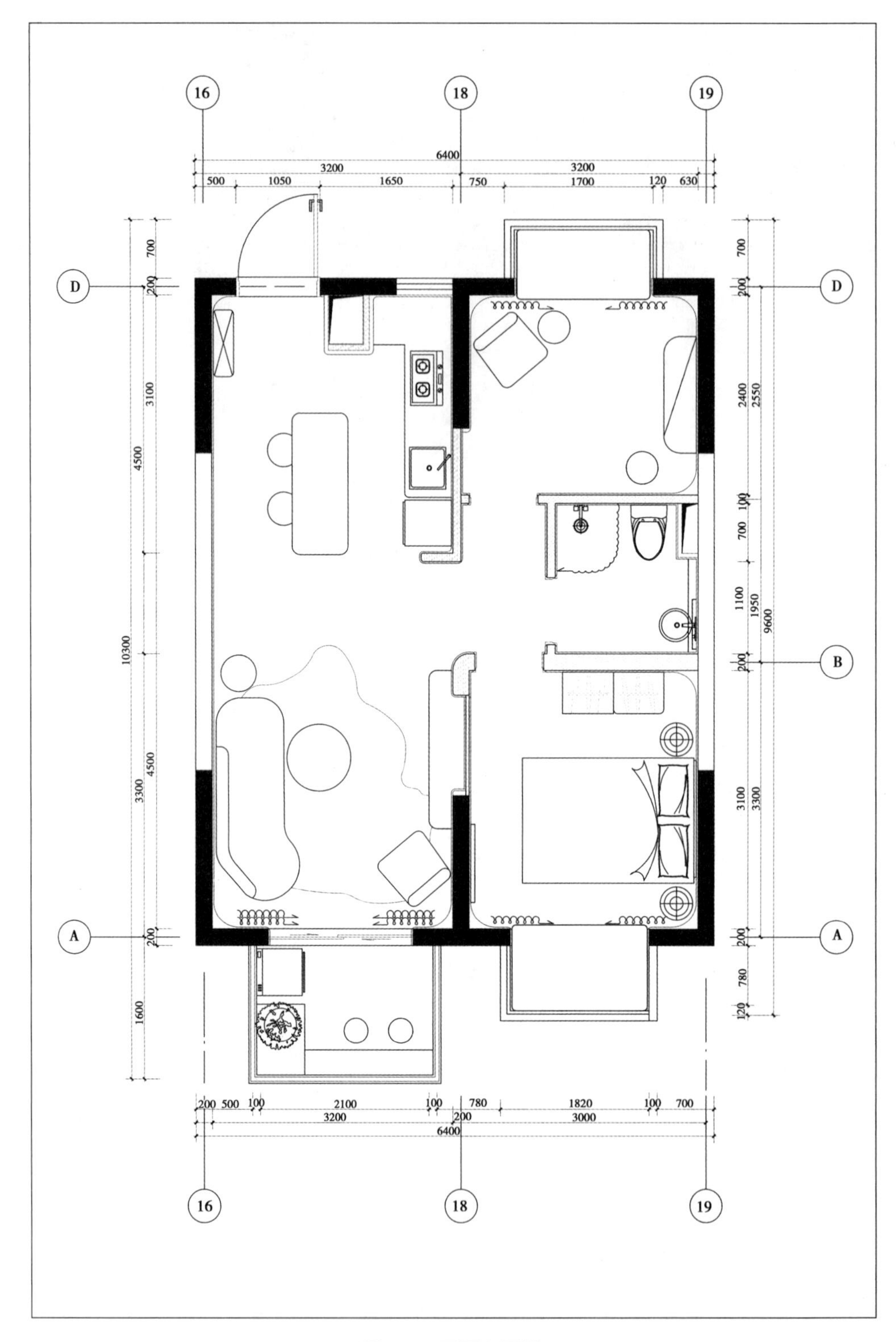
16
18
19
6400
3200
3200
500
1050
1650
750
1700
120
630
D
B
A
700
200
3100
4500
10300
4500
3300
200
1600
2400
2550
100
700
1100
1950
9600
3100
3300
780
120
200
500
100
2100
100
780
1820
100
700
3200
200
3000
6400

图 8.2　平面布置图

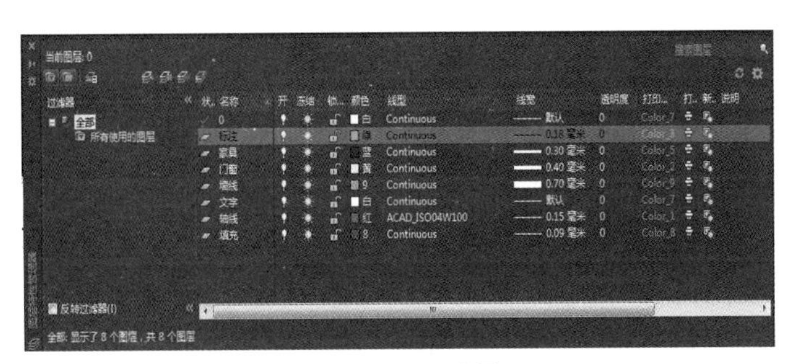

图 8.3　图层设置

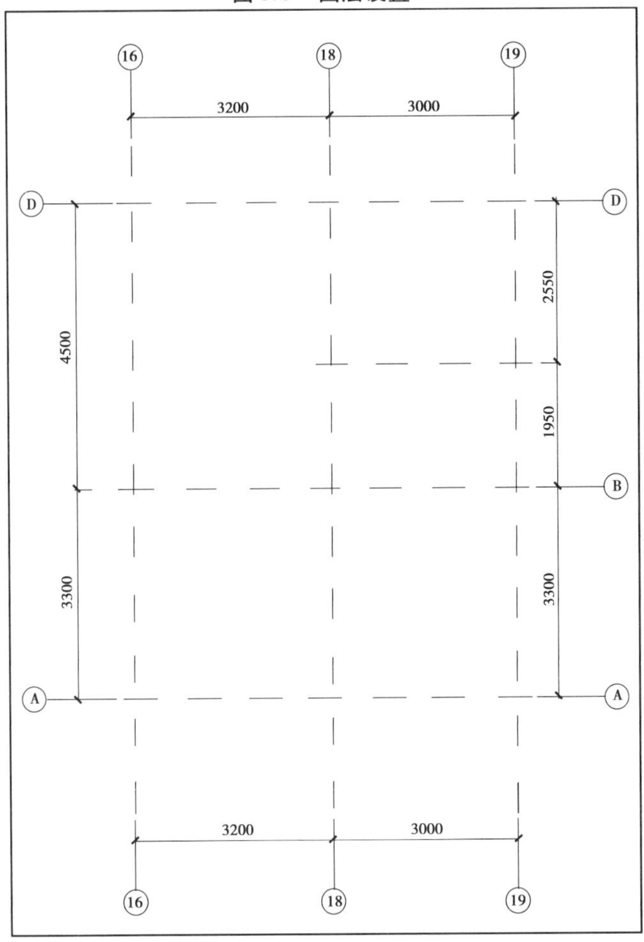

图 8.4　轴线布置图

图 8.5　图层属性列表

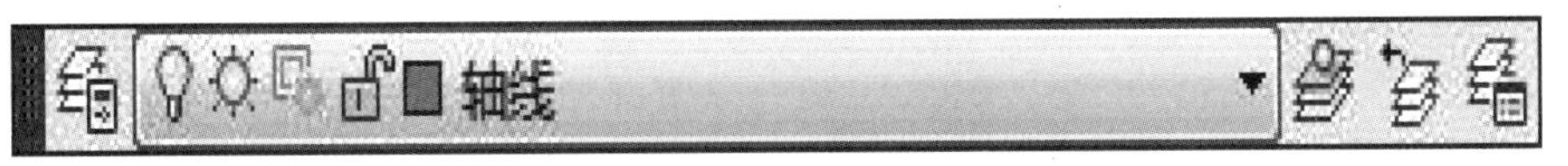

图 8.6　切换图层

2)绘制第一条竖向轴线

在命令行输入“L”,按回车键,执行“直线”命令。打开“正交”功能,绘制一条长约 9 000 的直线,如图 8.7 所示。

3)偏移生成竖向轴线

在命令行输入“O”,按回车键,执行“偏移”命令,设置“偏移”距离为“3200”,向右偏移生成第二条竖向轴线。

重复执行“偏移”命令,可得出所有竖向轴线,如图 8.8 所示。

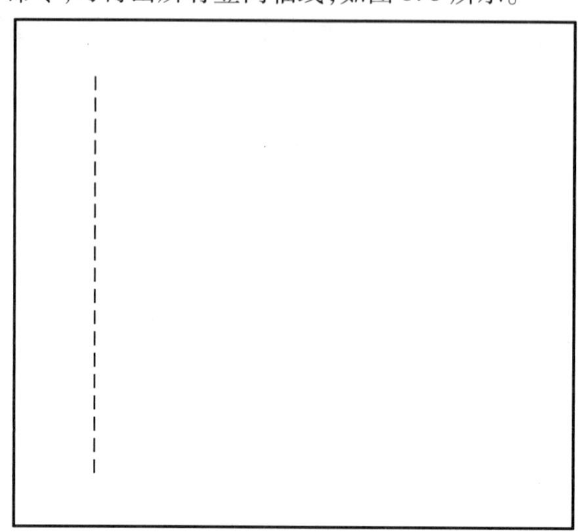

图 8.7 轴线设置步骤一

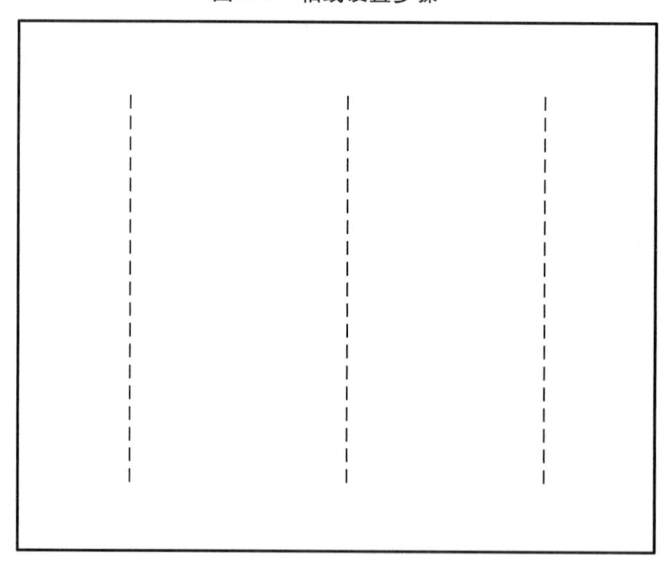

图 8.8 轴线设置步骤二

4)绘制水平轴线

使用“直线”命令配合“正交”功能,绘制一条贯穿所有竖向轴线的水平轴线,如图 8.9 所示。再使用“偏移”命令绘制其他水平轴线,如图 8.10 所示。

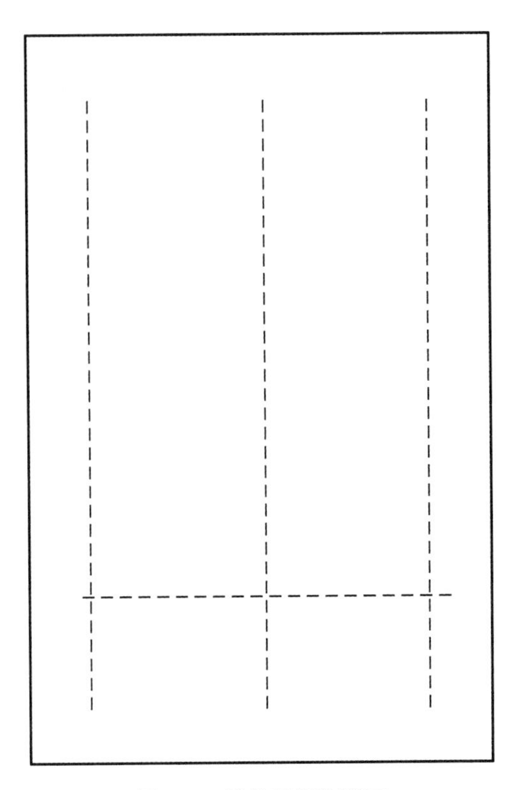

图 8.9　轴线设置步骤三

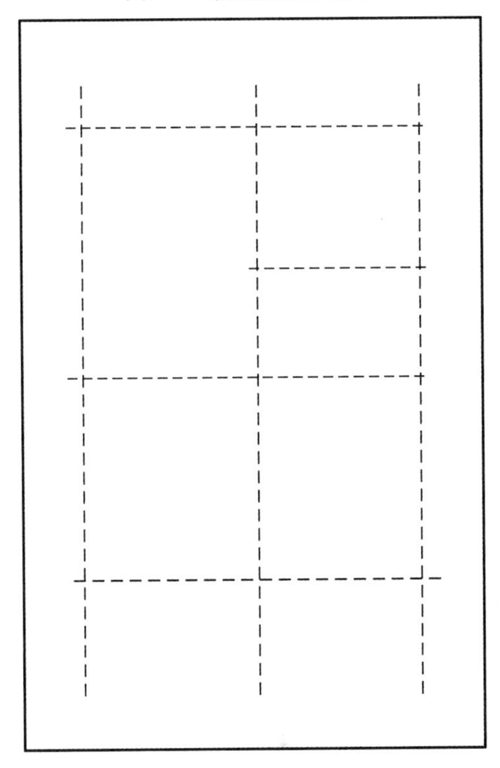

图 8.10　轴线设置步骤四

5)裁剪和标注生成的轴网图

为使图面简洁、便于观察和减少绘制墙线出错,可将过长的轴线进行裁剪,裁剪方法有"打断"命令、"修剪"命令或"夹点编辑法"等,可根据习惯或图形情况选用。然后进行尺寸标注,执行线性标注,标注完所有的轴线,如图 8.11 所示。

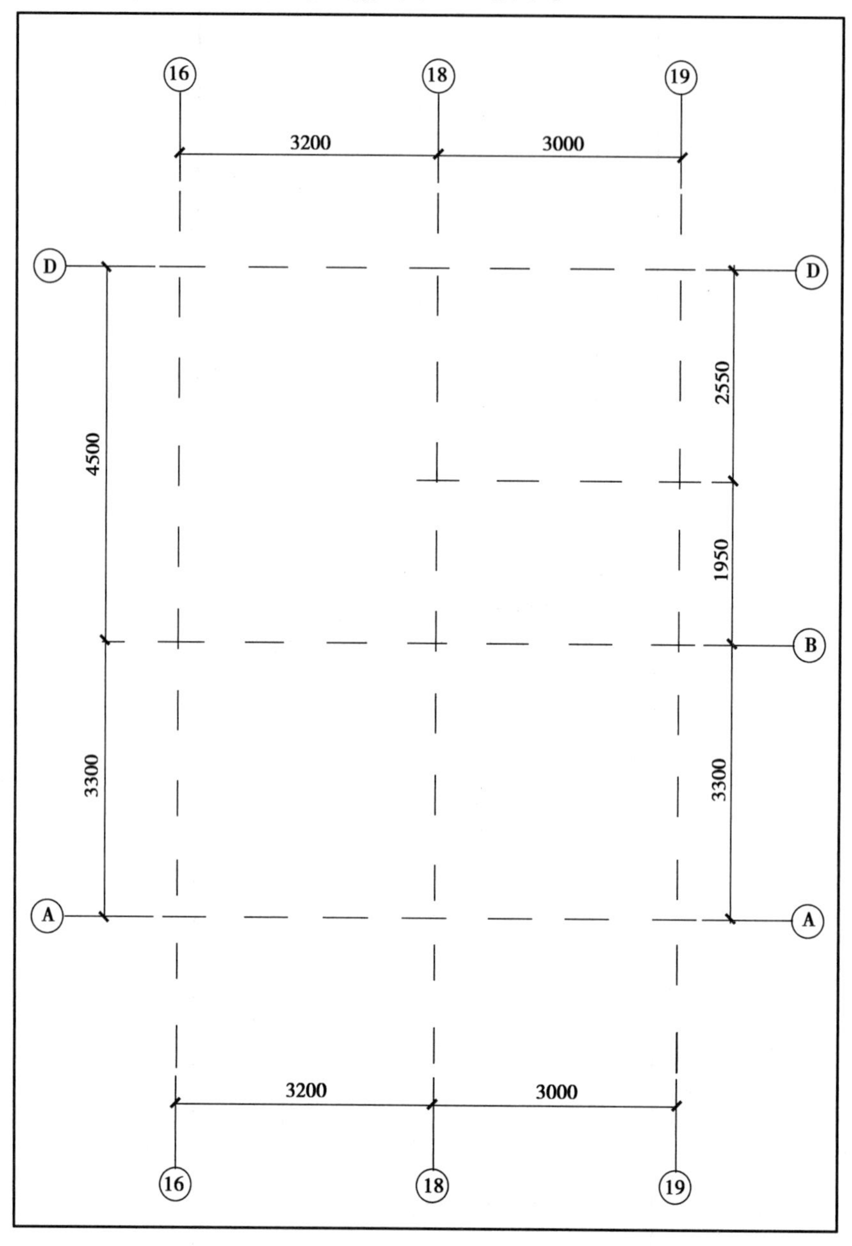

图 8.11　轴线标注设置图

8.1.4　绘制墙线

首先设置“墙线”图层为当前图层，然后设置多线样式参数

绘制墙线将使用“多线”命令，在绘制之前需要设置“比例、对正”两个参数，操作步骤如下：

绘制外墙：

命令：ML↵

MLINE

当前设置：对正 = 上，比例 = 20.00，样式 = STANDARD

指定起点或［对正(J)/比例(S)/样式(ST)］：　j↵

输入对正类型［上(T)/无(Z)/下(B)］<上>：　z↵

当前设置：对正 = 无，比例 = 20.00，样式 = STANDARD

指定起点或［对正(J)/比例(S)/样式(ST)］：　s↵

输入多线比例 <20.00>：　240↵

绘制内墙：

命令：ML↵

MLINE

当前设置：对正 = 上，比例 = 20.00，样式 = STANDARD

指定起点或［对正(J)/比例(S)/样式(ST)］：　j↵

输入对正类型［上(T)/无(Z)/下(B)］<上>：　z↵

当前设置：对正 = 无，比例 = 20.00，样式 = STANDARD

指定起点或［对正(J)/比例(S)/样式(ST)］：　s↵

输入多线比例 <20.00>：　80↵

绘制的墙线，对墙线进行编辑，如图 8.12 所示。

8.1.5　绘制门窗

①首先对轴线进行偏移，修剪成门窗洞口，如图 8.13 所示。

②使用“填充”命令，填充承重墙，如图 8.14 所示。

③使用“多线”命令绘制门，绘制平开门，可以利用“矩形”“圆弧”命令绘制，如图 8.15 所示。

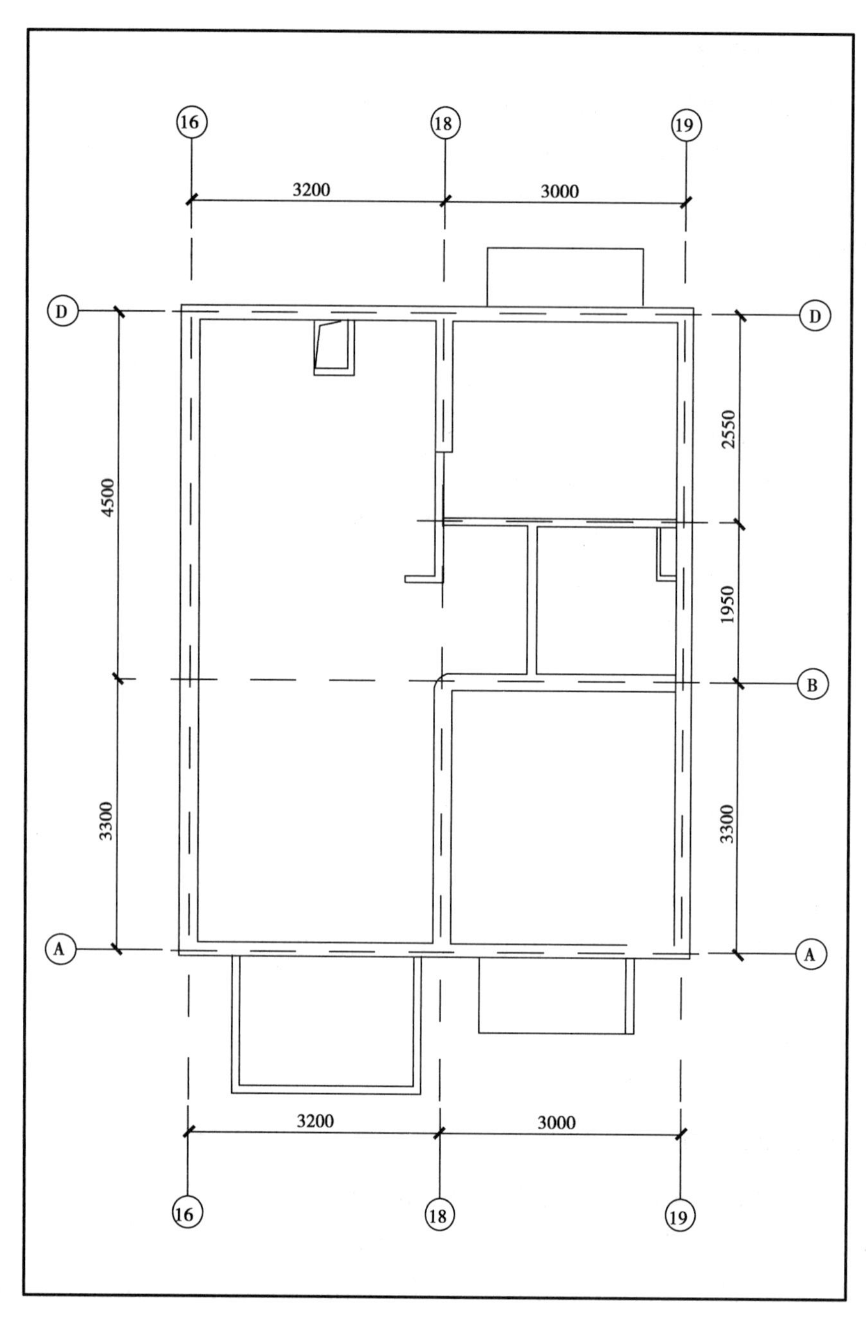
16
18
19
3200
3000
D
D
4500
2550
1950
B
3300
3300
A
A
3200
3000
16
18
19

图 8.12　墙体绘制图

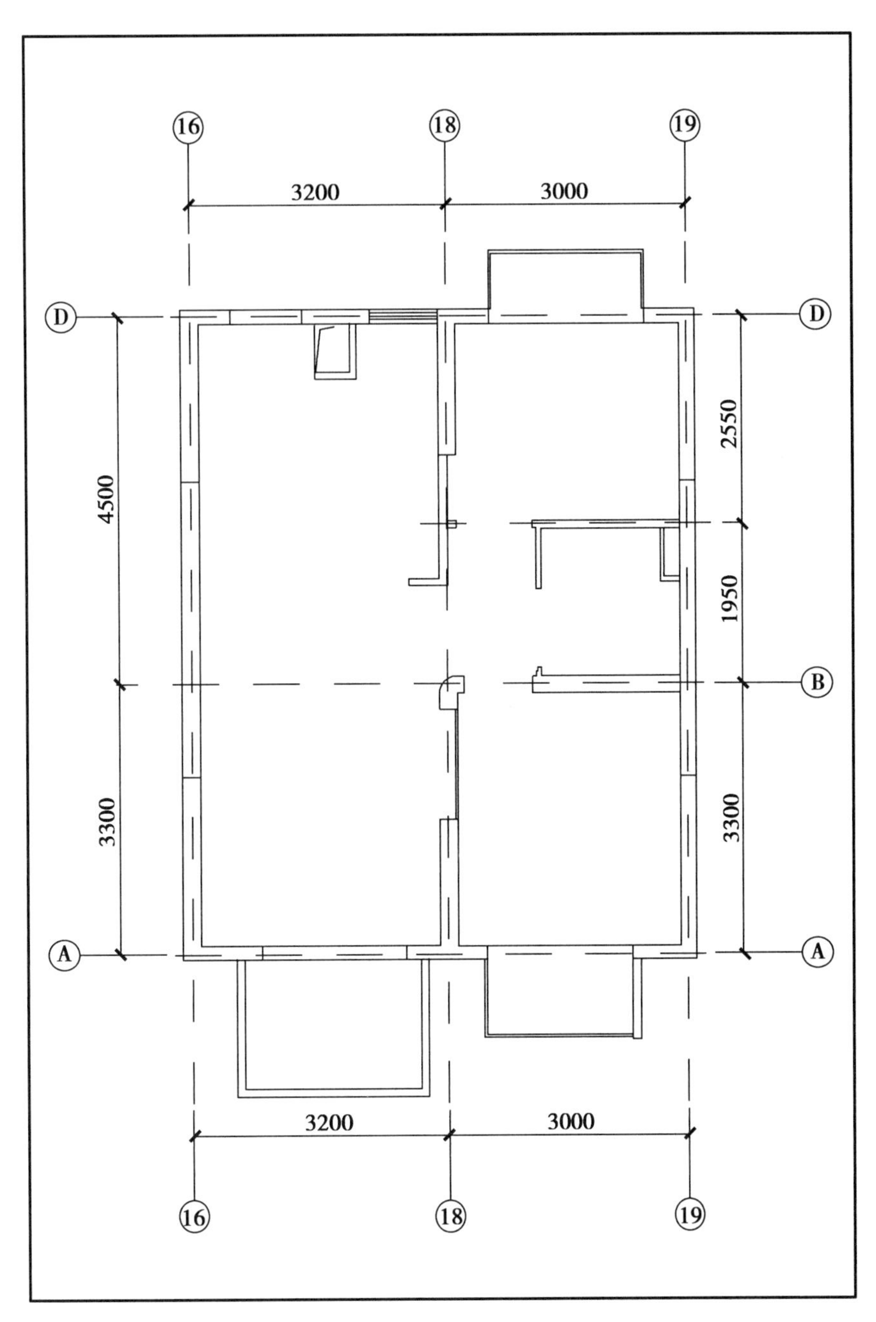

16
18
19
3200
3000
D
D
4500
2550
1950
B
3300
3300
A
A
3200
3000
16
18
19

图 8.13　墙体修改图

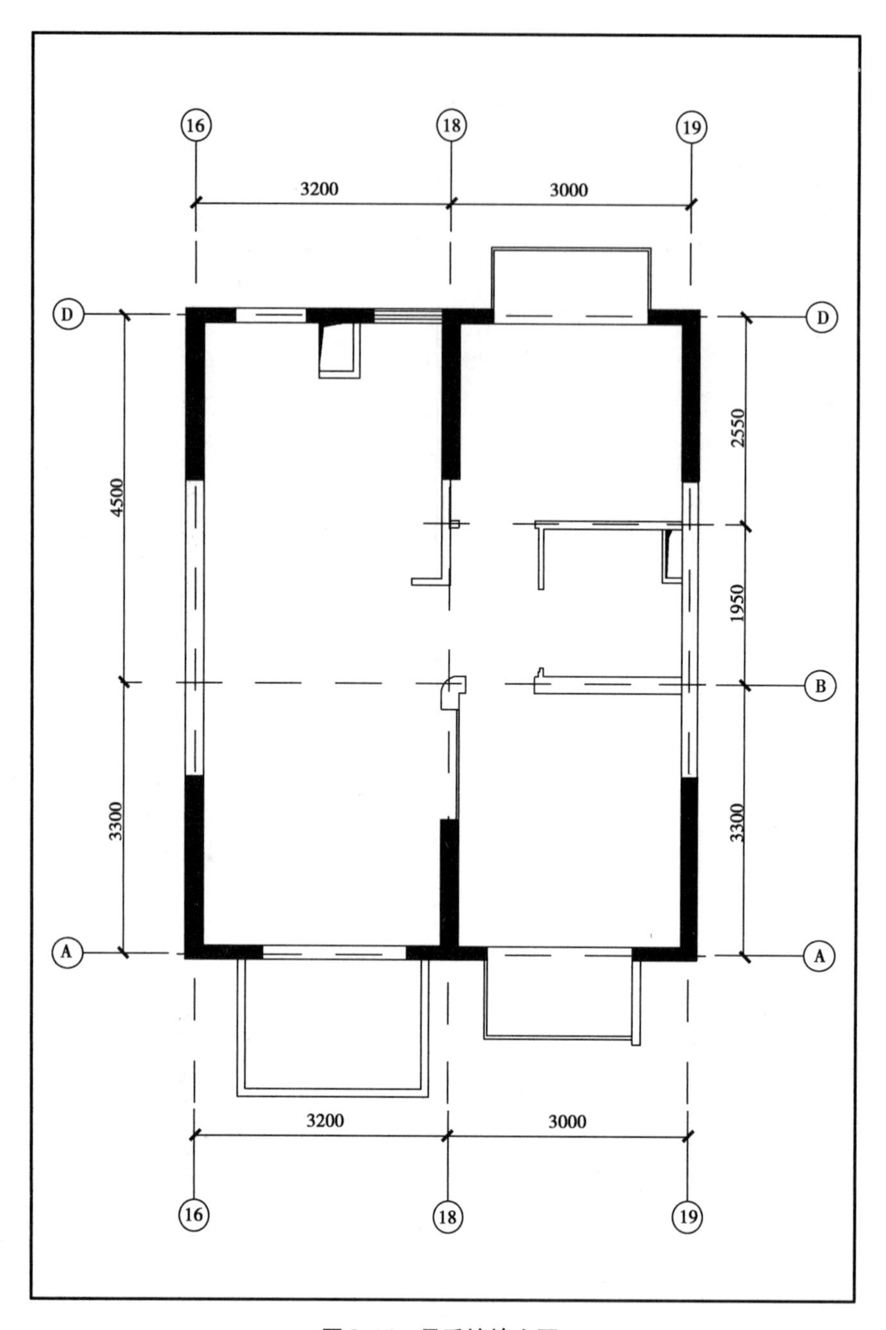
16
18
19
3200
3000
D
D
4500
2550
1950
B
3300
3300
A
A
3200
3000
16
18
19

图 8.14　承重墙填充图

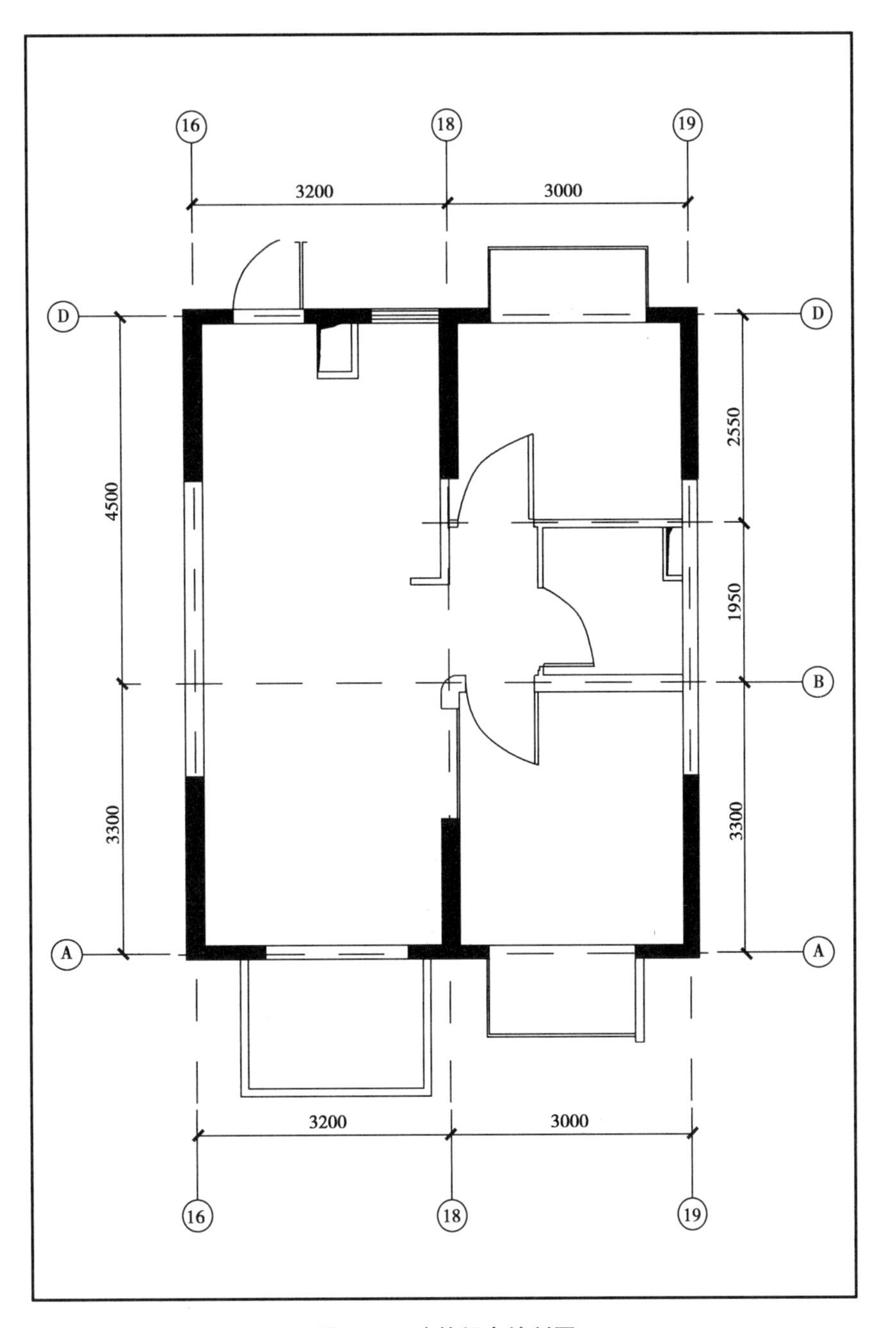

图 8.15　建筑门窗绘制图

8.1.6　绘制完成面

使用“直线”“偏移”命令绘制装饰装修完成面，将后层面厚度及外饰面造型线绘制出来，如图 8.16 所示。

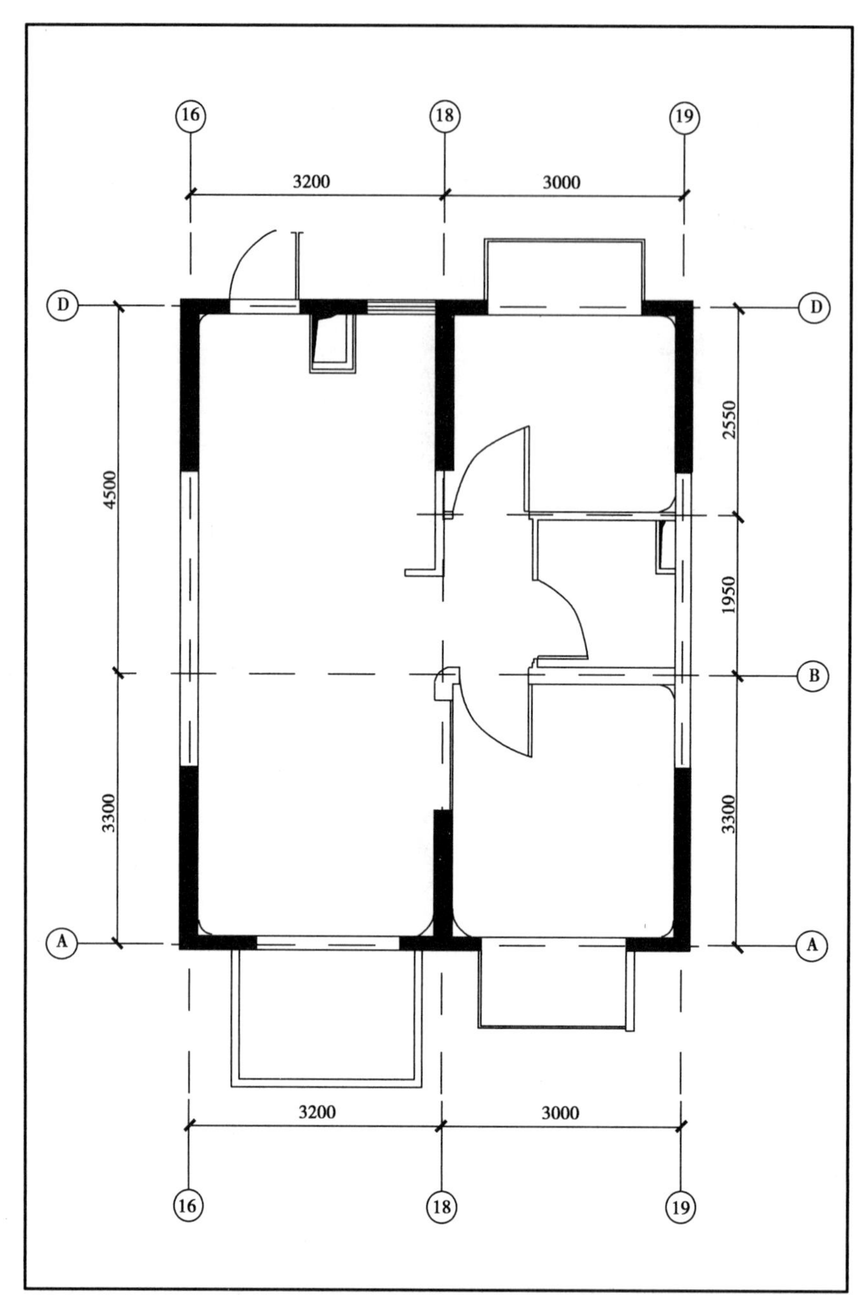

图 8.16　建筑室内完成面绘制

8.1.7　绘制柜体家具

使用“直线”“偏移”命令绘制柜体家具。

“提示”衣柜、橱柜进深:600(mm),书柜、鞋柜、酒柜进深:300(mm),电视柜一般在 500 ~ 600(mm),如图 8.17 所示。

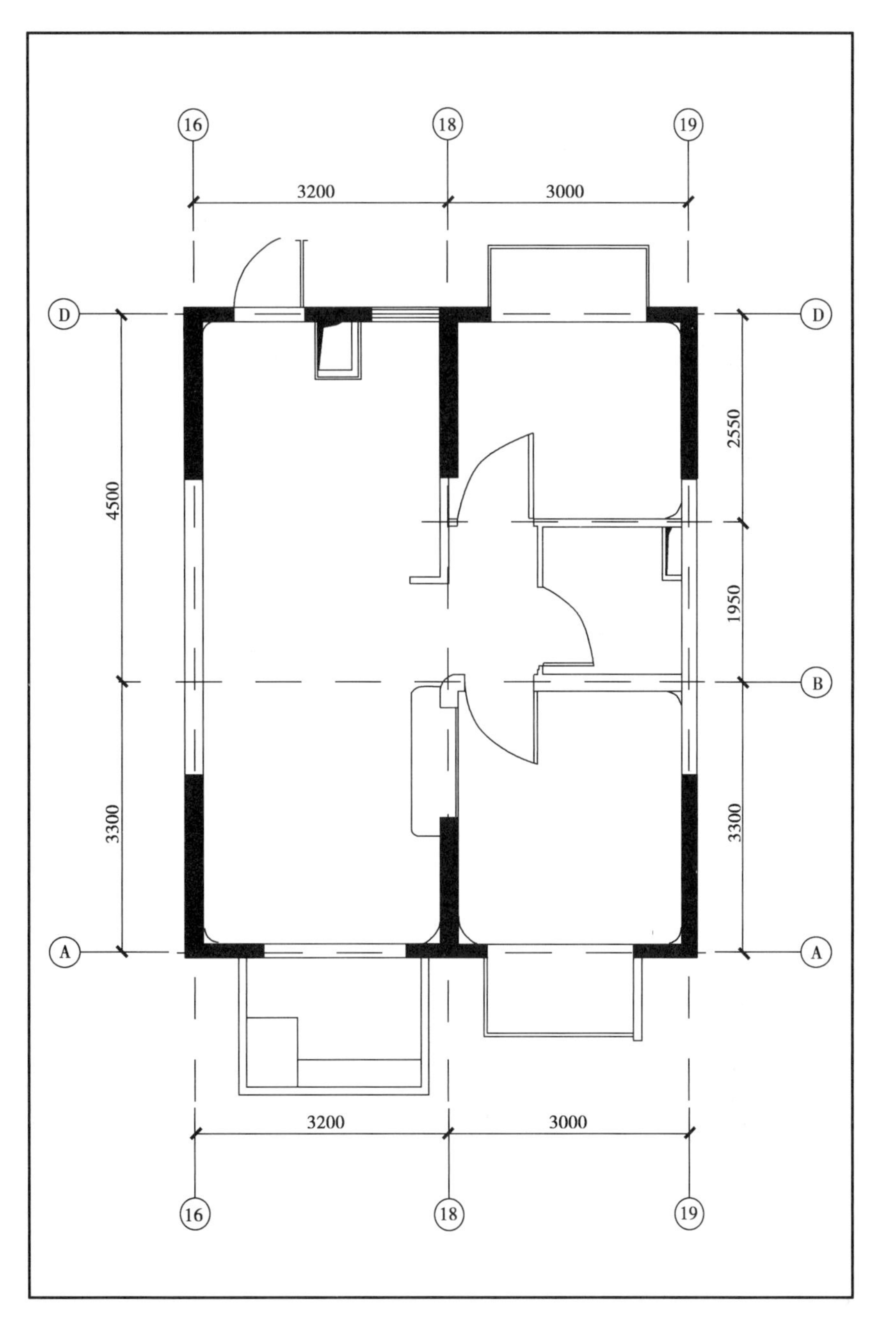

图 8.17　平面布局家具柜子绘制

8.1.8　添加其他家具和修正细节

打开 CAD 家具图库,然后使用“复制”“切换”“粘贴”“旋转”“移动”命令添加家具。修正图形细节,绘制标注,如图 8.18 所示。

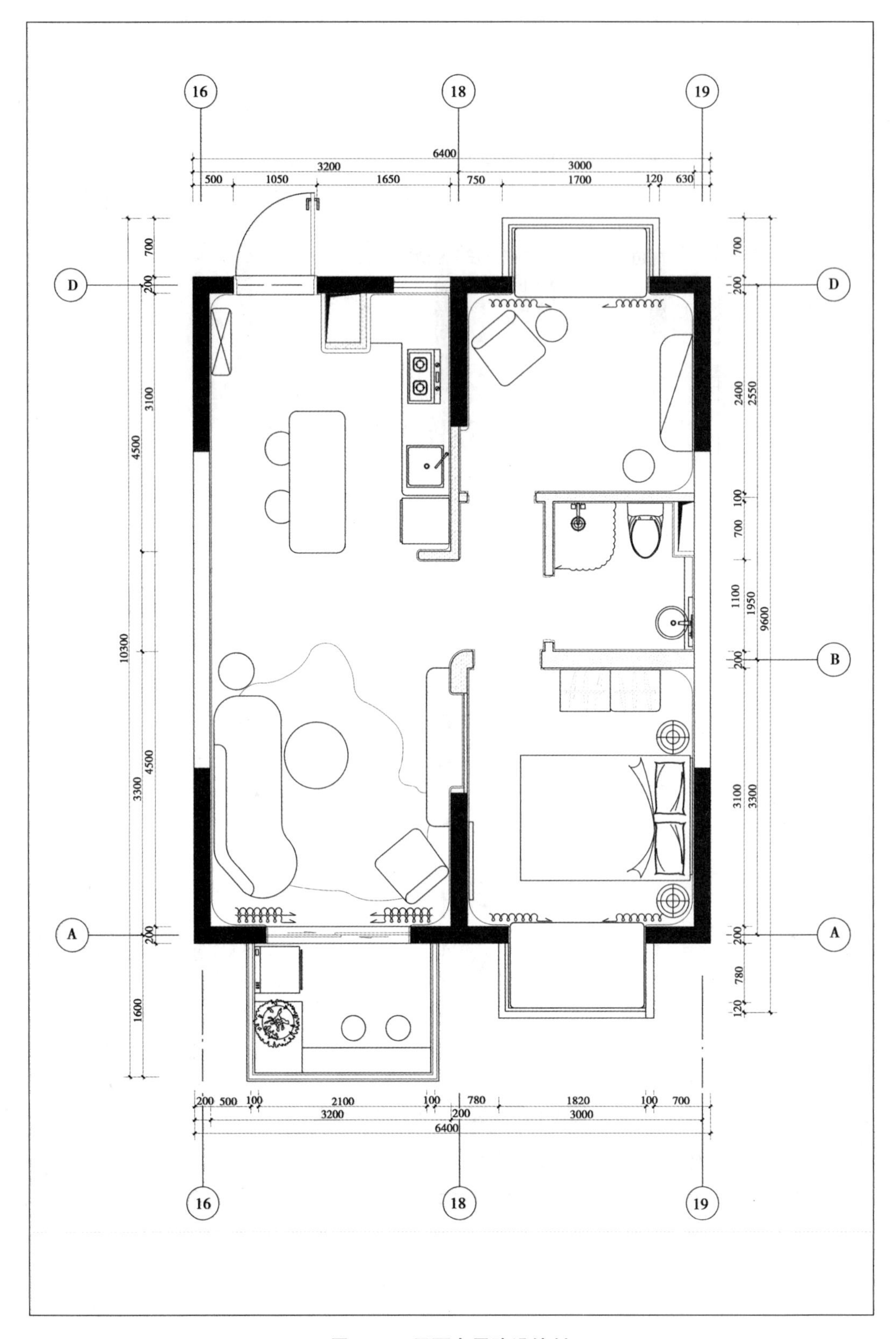

图 8.18　平面布局陈设绘制

习题

绘制如图 8.19 所示平面图。

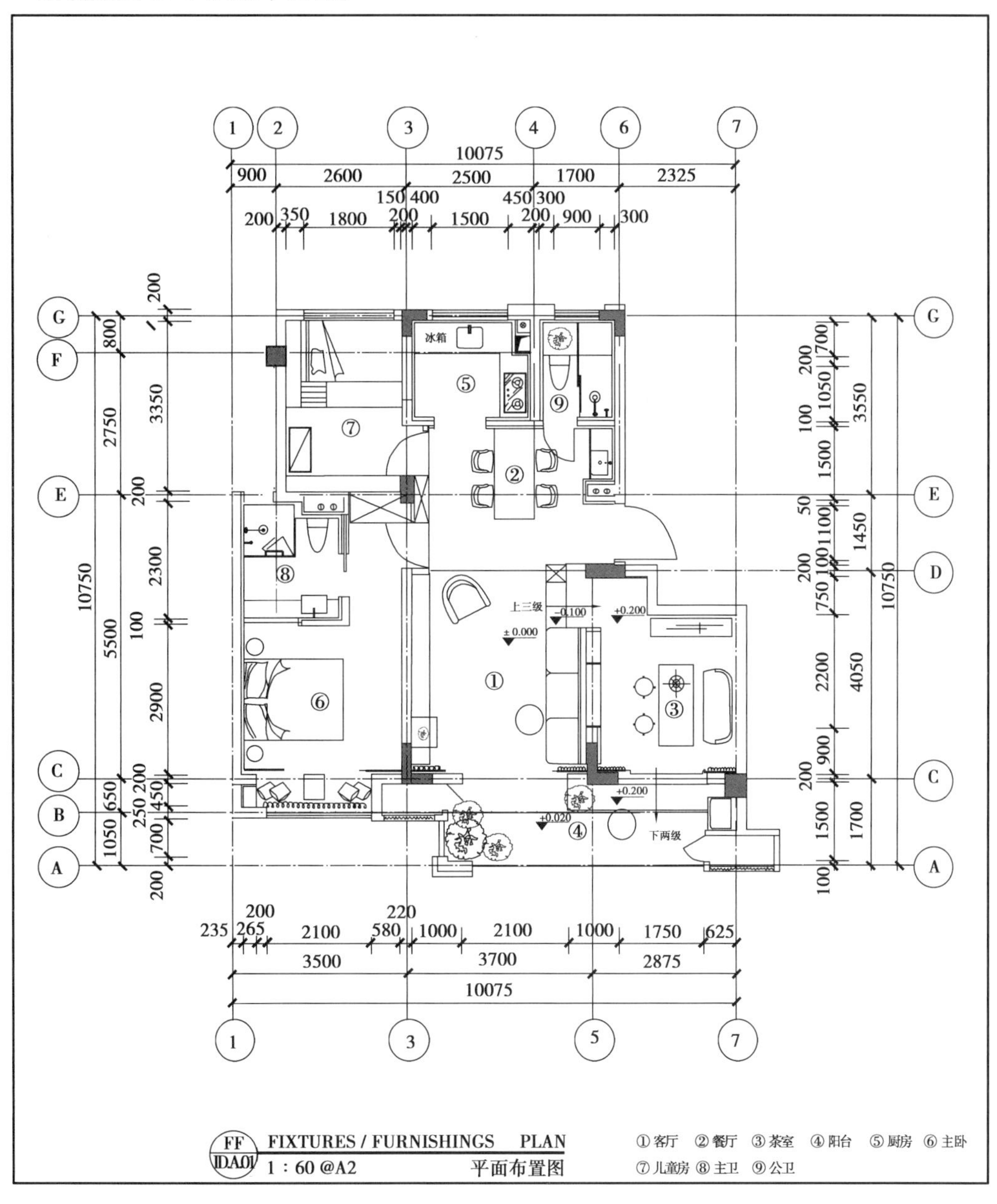

图 8.19　平面布置图

8.2　室内立面图绘制

室内设计立面图主要表明建筑内部某一装修空间立面形式、尺寸及室内配套布置的内容,包括各种装饰品,如壁画、壁挂;门窗、花格、装修隔断的尺寸等,必要时还需要配合文字说明。室内效果图如图 8.20、图 8.21 所示。

图 8.20　卫生间入口效果图

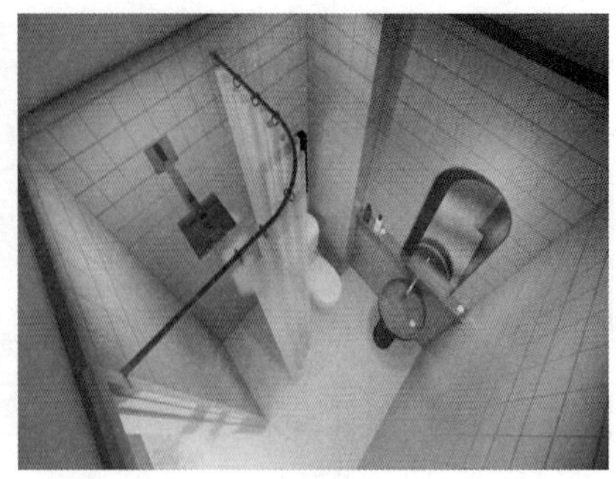

图 8.21　卫生间效果图

8.2.1　任务

任务:绘制室内立面图,如图 8.22 所示。

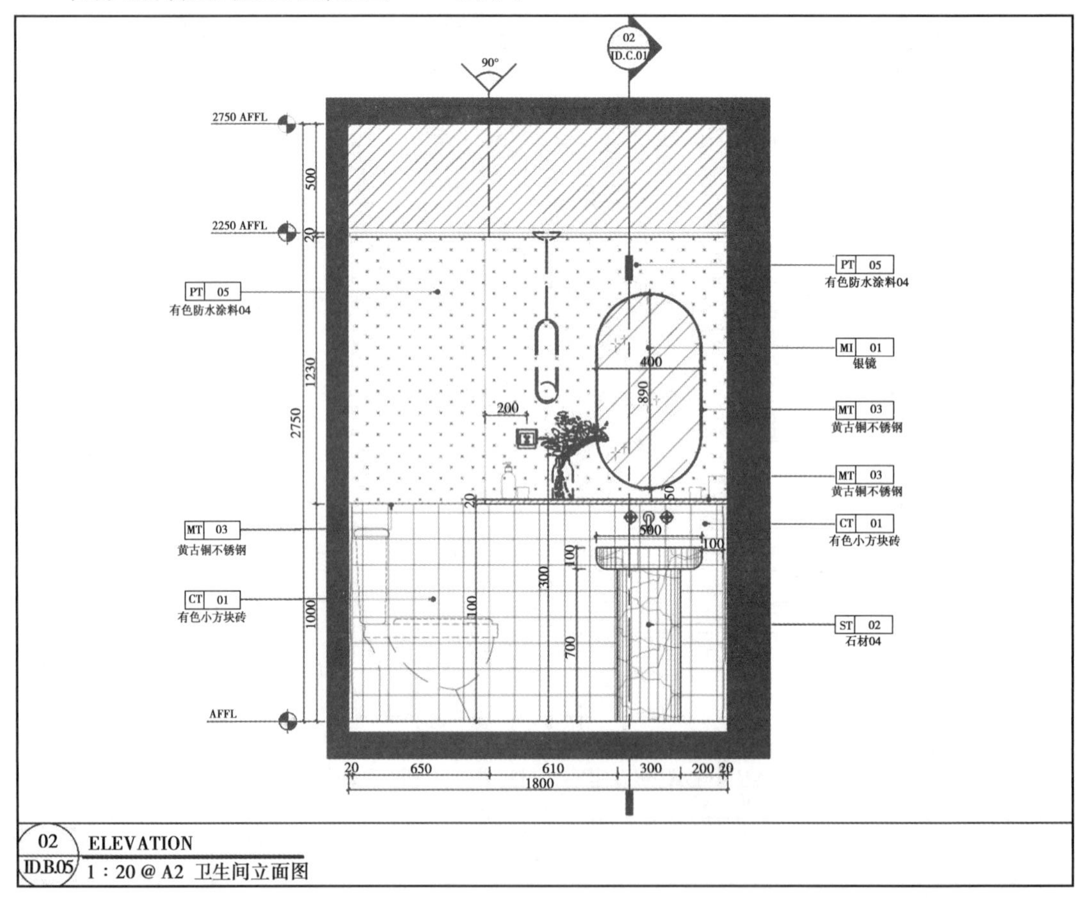

图 8.22　卫生间立面图

8.2.2　绘制立面轮廓

使用“构造线”命令确定立面轮廓边界,使用“矩形”命令绘制立面图的轮廓,使用“删除”命令,只留下矩形,如图 8.23 所示。

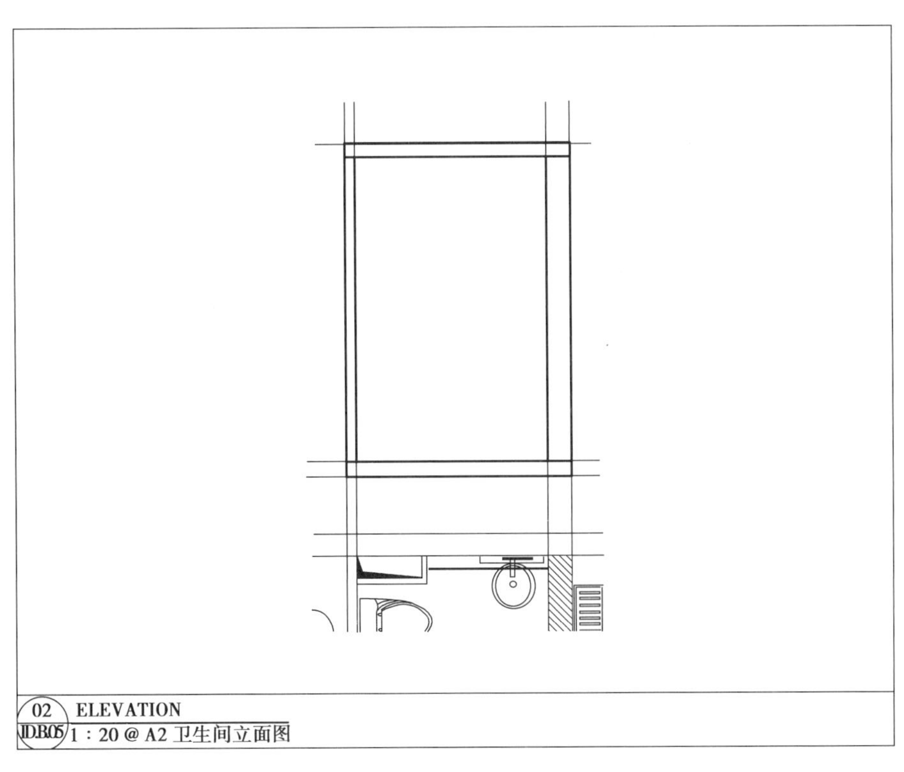

图 8.23　卫生间立面框架绘制

填充结构墙体，如图 8.24 所示。

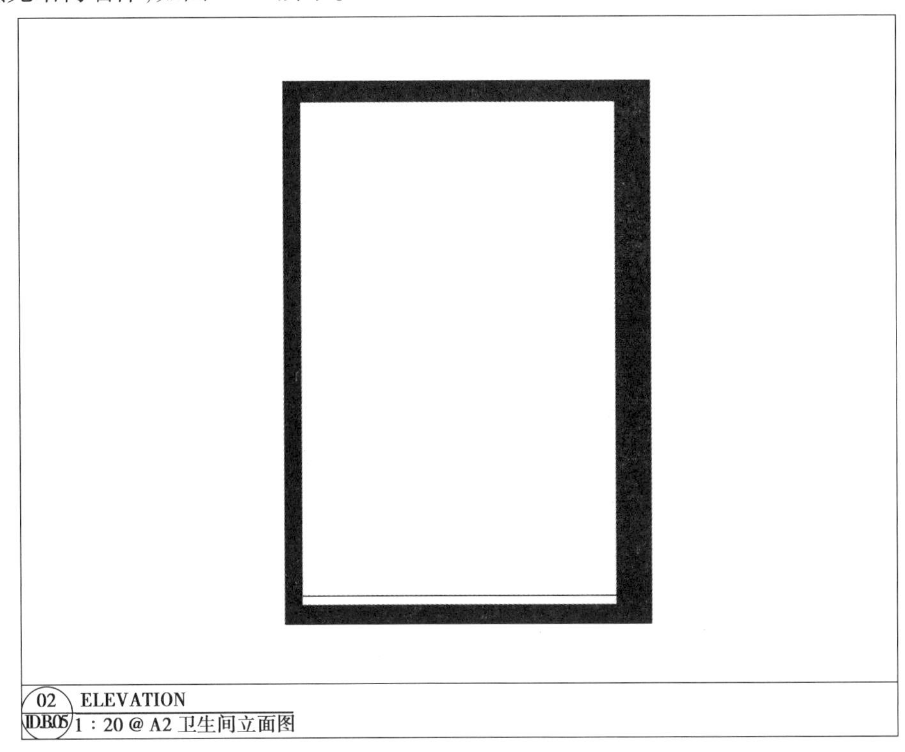

图 8.24　承重墙填充绘制

8.2.3 绘制吊顶与结构线

使用“多段线”命令绘制吊顶和结构线，如图 8.25 所示。

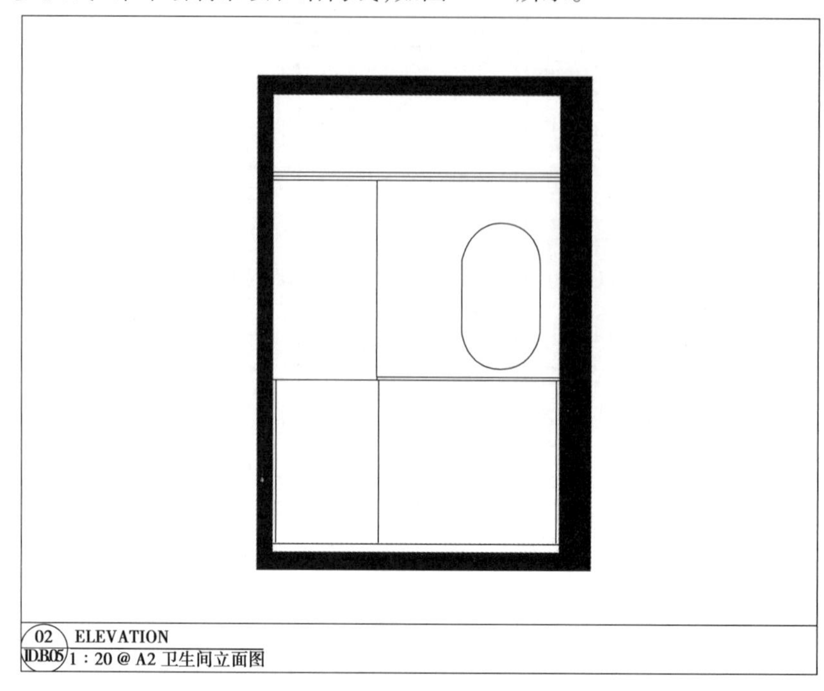

图 8.25 卫生间立面造型绘制

8.2.4 材料填充

①使用“图案填充”给对应的立面区域填充对应材料图例，如图 8.26 所示。

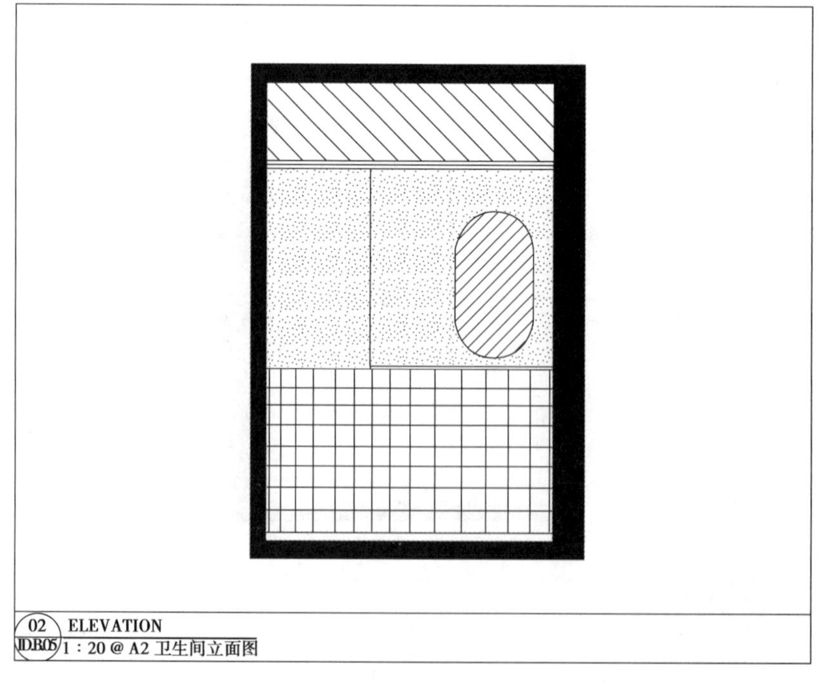

图 8.26 卫生间立面材料填充绘制

②也可以填充任意图例，然后用“选择源对象”命令进行材料图例跟随，材料图例如图8.27所示。

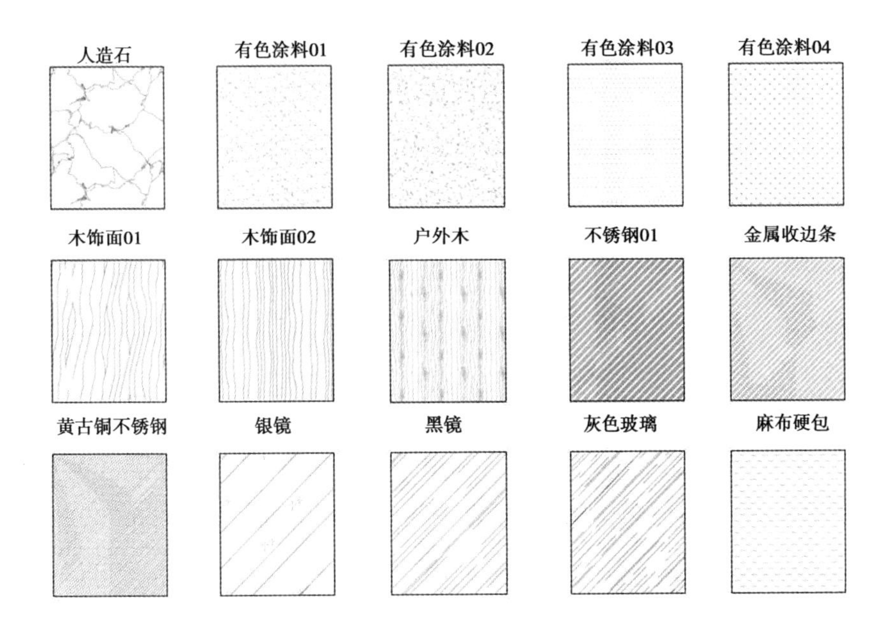

图8.27 材料图例

8.2.5 绘制立面家具

①使用“多段线”绘制立面家具造型。也可以使用图库，打开“CAD立面图库”，如图8.28所示，找到对应造型进行使用。

②在“CAD立面图库”找到合适的“马桶”，通过“Ctrl+C”“Ctrl+V”“旋转”“移动”命令，放置在立面图内，如图8.29所示。

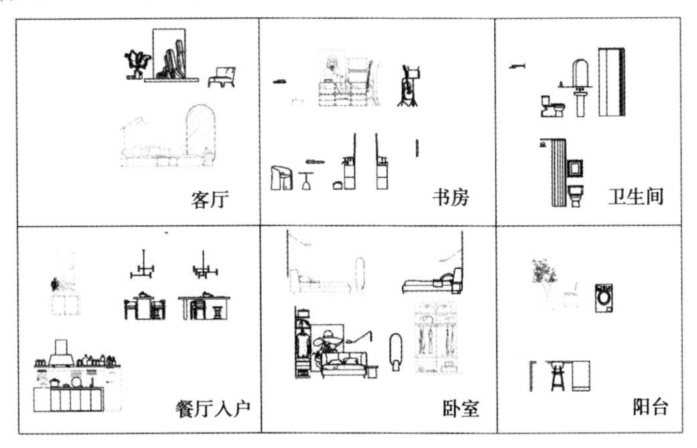

图8.28 立面图库

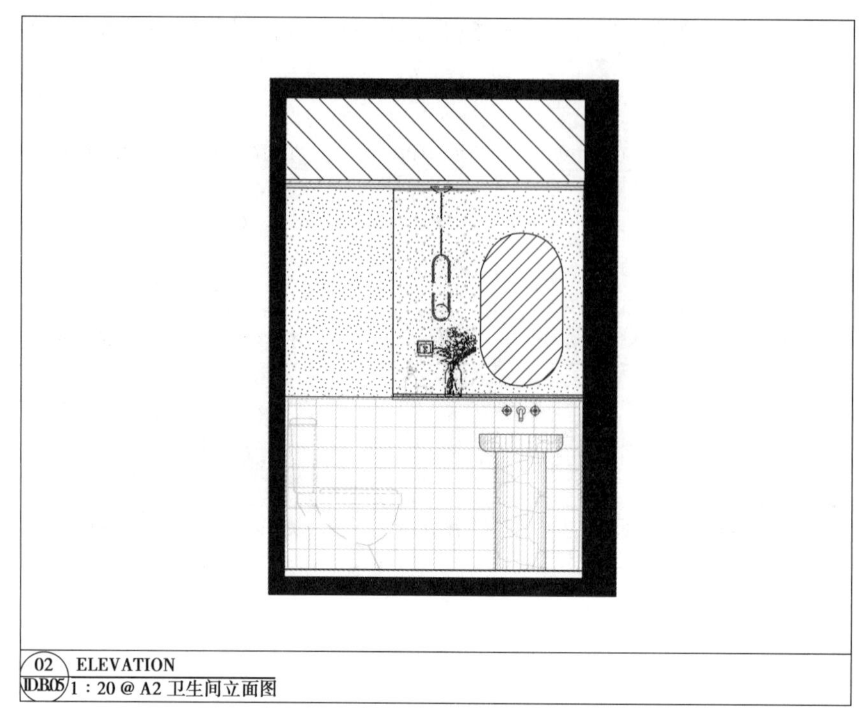

图 8.29　卫生间立面装饰绘制

8.2.6　标注

使用“标注”“连续标注”命令，对立面图进行标注，并标写立面图图名及比例，如图 8.30 所示。

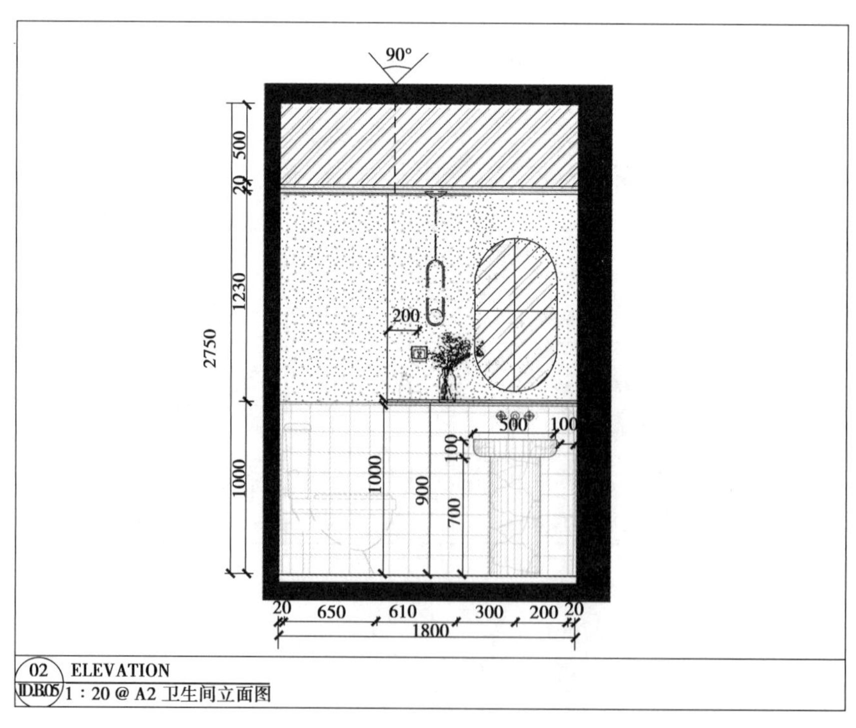

图 8.30　卫生间立面尺寸标注绘制

8.2.7　添加文字注释

使用“多重引线”命令，将材料绘制在立面图内，如图 8.31 所示。

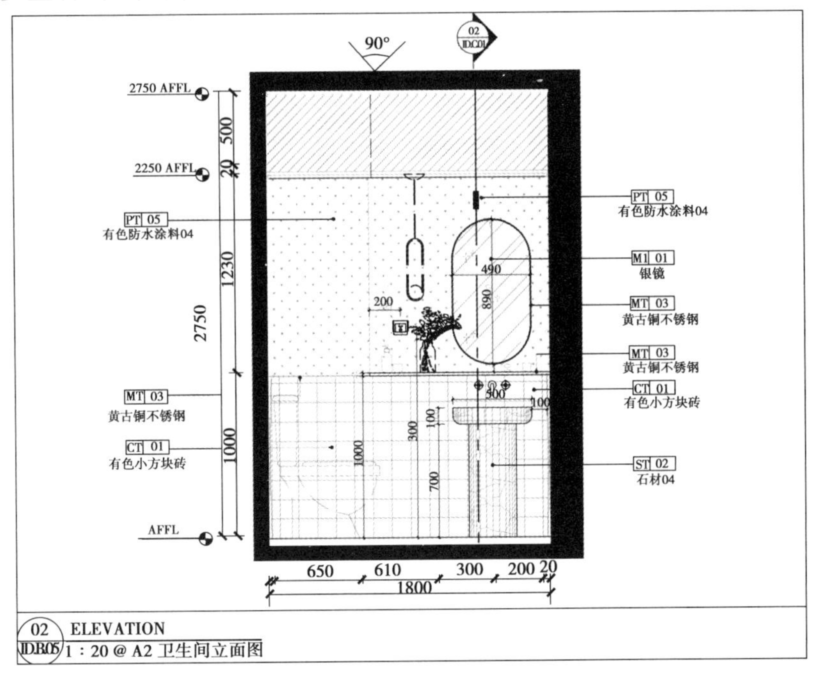

图 8.31　卫生间立面材料标注绘制

习题

完成如图 8.32 所示立面图的绘制。

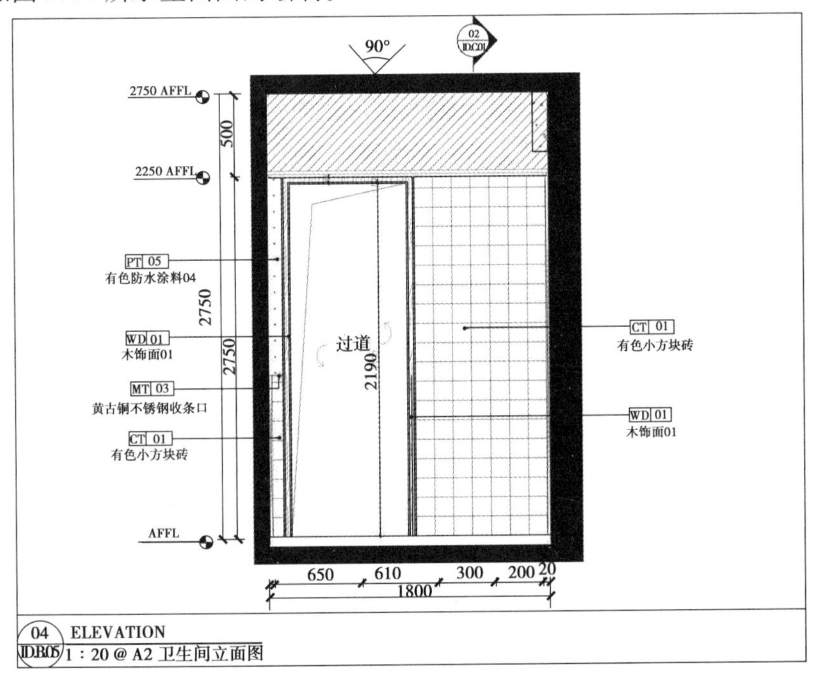

图 8.32　卫生间立面图

8.3 室内剖面图绘制

室内剖面图主要表明建筑装饰装修内部某一构造节点，说明材料使用、构造工艺、详细尺寸的内容，通过详细的尺寸、材料文字说明该处构造。室内效果图如图 8.33 所示。

图 8.33 剖面图节点效果图

8.3.1 任务

任务：绘制地毯石材收口剖面图，如图 8.34 所示。

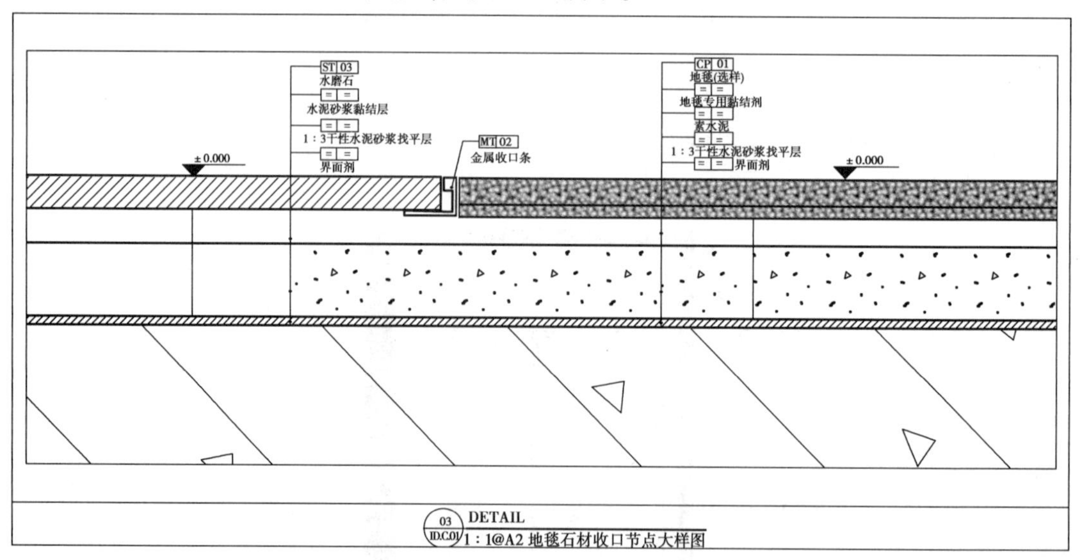

图 8.34 地毯石材收口节点大样图

8.3.2 绘制剖切面结构线

使用“多段线”命令确定毛毯石材收口处工艺层次、轮廓边界，使用“修剪”绘制两种材料的工艺缝的轮廓，如图 8.35 所示。

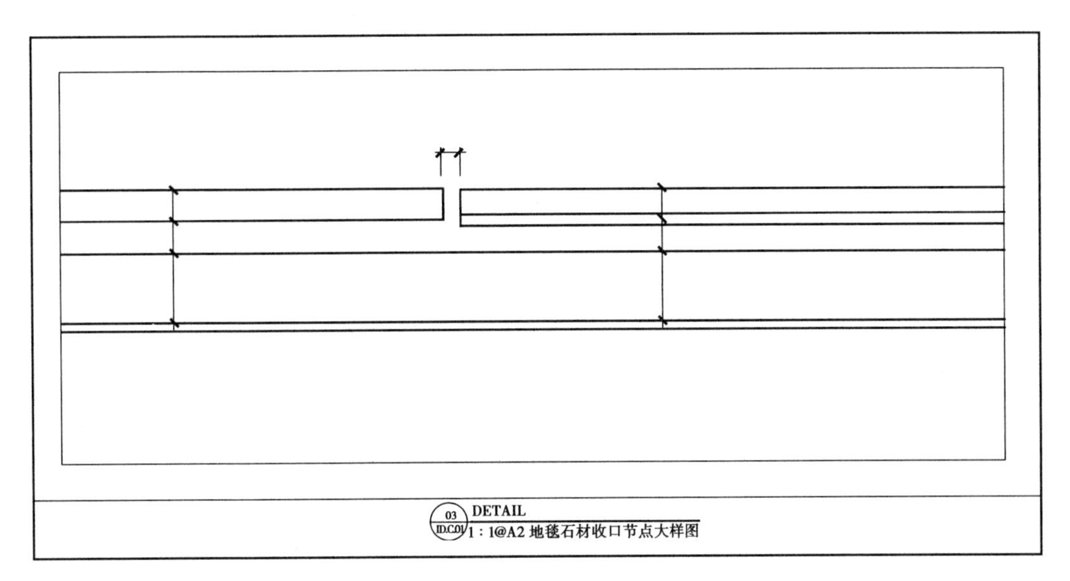

图 8.35　地毯石材收口结构线绘制

8.3.3　绘制收口细节

使用“多段线”命令绘制收口处金属条横截面,如图 8.36 所示。

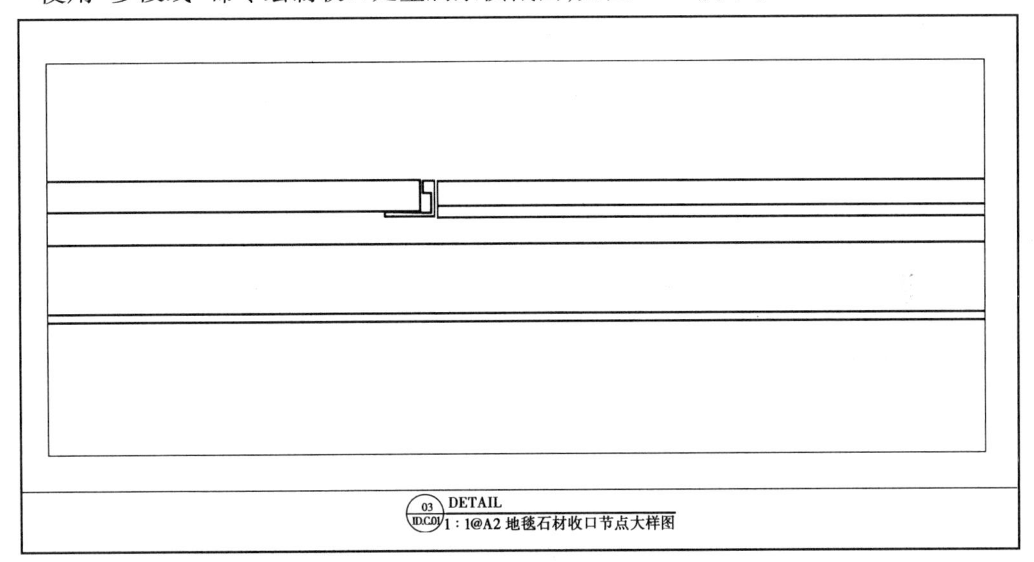

图 8.36　地毯石材收口细部造型绘制

8.3.4　材料填充

使用“图案填充”命令对应的剖面层次进行填充,填充对应材料图例,具体如图 8.37 所示。

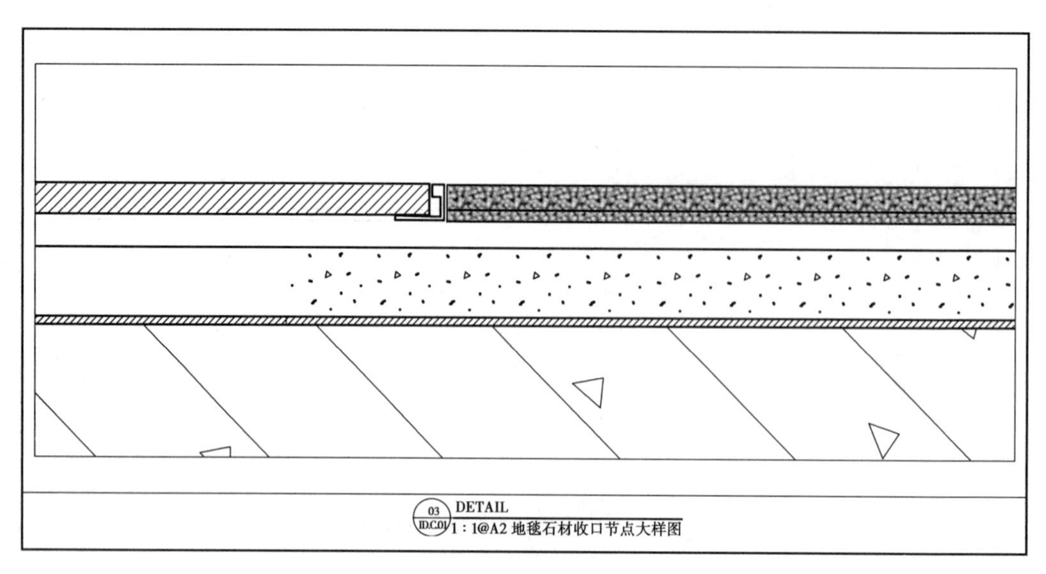

图 8.37　地毯石材收口材料图例填充绘制

8.3.5　标注与添加文字注释

使用“标注”“连续标注”命令，对剖面图进行标注，详细标注每个构造的厚度，并标写剖面图图名及比例。使用“多重引线”命令，将材料绘制在剖面图内，如图 8.38 所示。

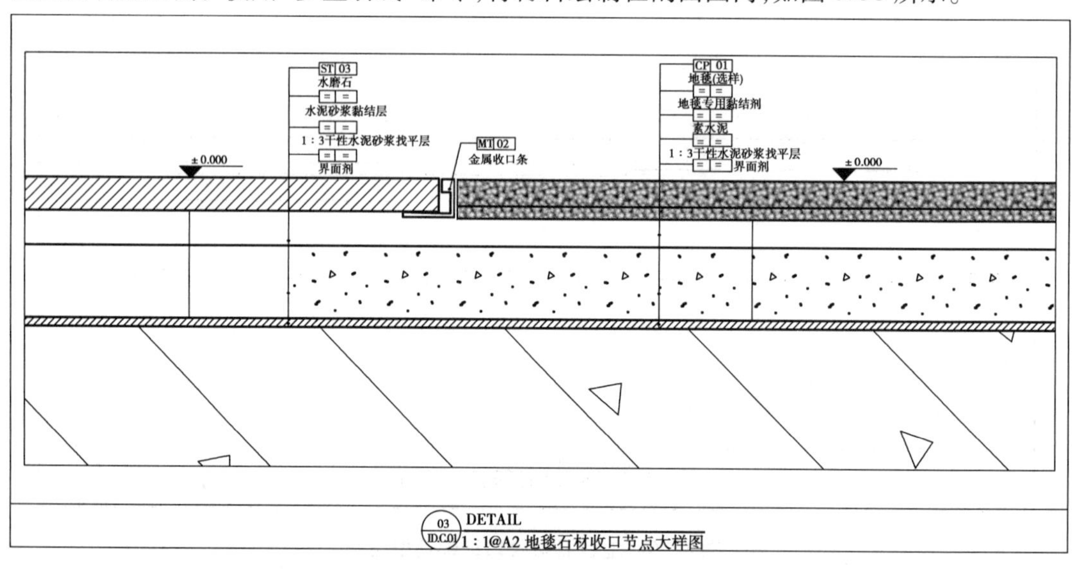

图 8.38　地毯石材收口尺寸与材料标注绘制

习题

完成如图 8.39 所示剖面图的绘制。

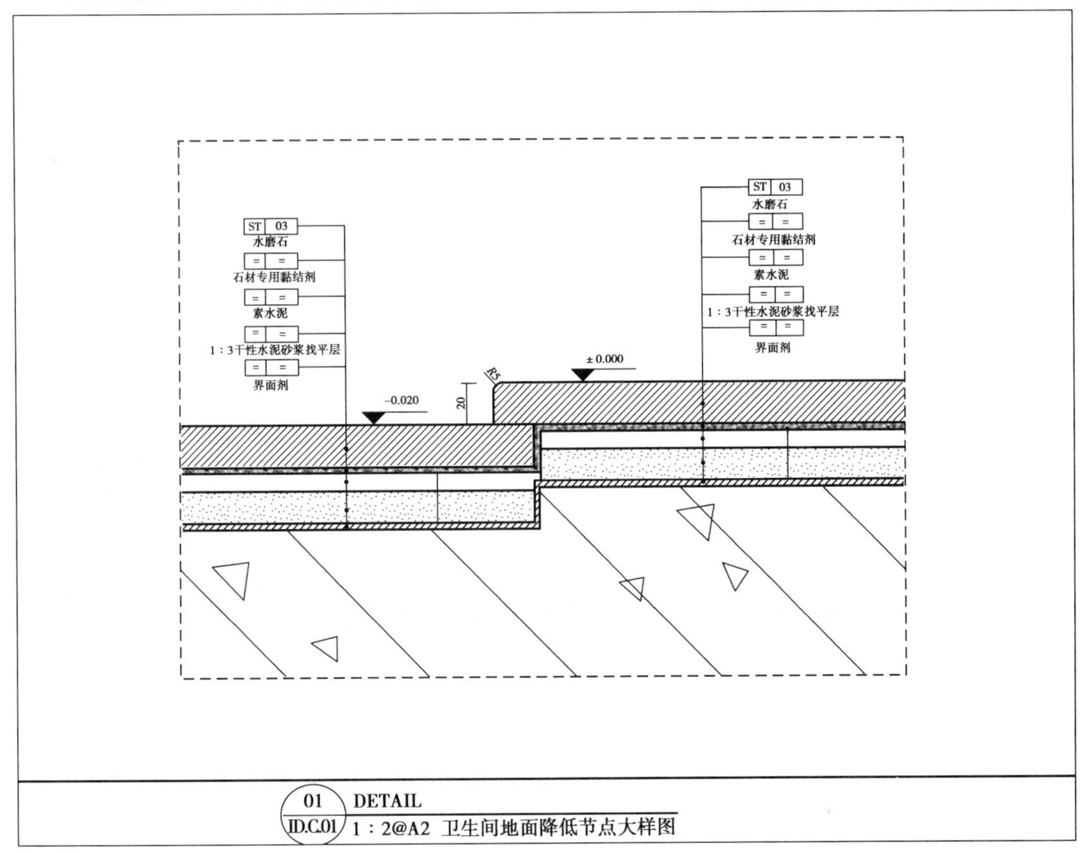

图 8.39　卫生间地面降低节点大样图

模块 5

建筑电气施工图识读与绘制

任务9 建筑电气施工图识读

任务目标

知识目标:

(1)了解建筑电气施工图的内容及绘图步骤。

(2)了解建筑电气平面图、系统图、大样图的用途、形成、图示内容、制图规范、画图步骤及图例。

(3)了解建筑电气施工图的用途及绘图要求。

能力目标:

掌握建筑电气施工图的内容及绘图步骤。

任务情境:

随着现代建筑、高层建筑和建筑施工电气化、自动化技术的迅速发展,各种先进的机电设备、电子电气设备得到了广泛应用,并且成为现代建筑和施工先进性的标志之一。建筑电气设计与施工已成为从事土木、建筑的工程技术人员必须掌握的专业基础技术知识。在房屋建筑中,住宅建筑、高层建筑和商业办公建筑都要安装许多电气设施,如照明灯具、电源插座、电视、电话、网络消防控制装置、各种工业与民用的动力装置、控制设备及避雷装置等。每一项电气工程或设施,都需要经过专门设计表达在图纸上,这些有关的图纸就是电气施工图(也称电气安装图)。建筑电气施工图是建筑电气工程的指导图样,是研究设计方案、指导和组织施工、预决算及验收不可缺少的依据。本任务主要介绍在建筑电气制图与绘图中,结合实际情况,参考建筑设计制图规范,详细学习电气平面图、系统图、大样图等识读及绘图过程。

9.1 建筑电气施工图识读

9.1.1 建筑电气施工图的用途

建筑电气施工图主要用来表达建筑中电气工程的构成、布置和功能,描述电气装置的工作原理,提供安装技术数据和使用维护依据。按照《建筑工程施工质量验收统一标准》(GB 50300—2013)的规定,建筑电气工程包括7个子分部工程,24个分项工程(表9.1)。

表 9.1 建筑电气工程分部分项工程划分

分部工程	子分部工程	分项工程
建筑电气	室外电气	架空线路及杆上电气设备安装,变压器箱式变电所安装,成套配电柜、控制柜(展、台)和动力,照明配电箱(盘)及控制柜安装,电线,电缆导管和善槽敷设,电线,电缆穿管和线槽敷线,电缆头制作、导线连接和线路电气试验,建筑物外部装饰灯具、航空障喧标志灯和庭院路灯安装,建筑照明通电试运行,接地装置安装
	变配电室	变压器、箱式变电所安装,成套配电柜、控制柜(屏、台)和动力,照明配电箱(盘)安装,裸母线、封闭母线、插接式母线安装,电缆沟内和电缆竖井内电缆敷设,电缆头制作、导线连接和线路电气试验,接地装世安装,避雷引下线和变配电室接地干线敷设
	供电干线	裸母线、封闭母线、插接式母线安装,桥架安装和桥架内电缆敷设,电缆沟内和电缆竖井内电缆敷设,电线、电缆导管和线槽敷设,电线、电缆穿管和线槽敷线,电缆头制作、导线连接和线路电气试验
	电气动力	成套配电柜、控制柜(屏、台)和动力配电箱(盘)及安装,低压电动机、电加热器及电动执行机构检查,接线,低压电气动力设备检测、试验和空载试运行,桥架安装和桥架内电缆敷设,电线、电缆导管和线槽敷设,电线、电缆穿管和线槽敷线,电缆头制作、导线连接和线路电气试验
	电气照明安装	成套配电柜、控制柜(屏、台)和动力、照明配电箱(盘)安装,电线、电缆导管和线槽敷设,电线、电缆穿管和线槽敷线,槽板配线,钢索配线,电缆头制作、导线连接和线路电气试验,普通灯具安装,专用灯具安装,插座、开关、风扇安装,建筑照明通电试运行
	备用和不间断电源安装	柴油发电机组安装,不间断电源的其他功能单元安装
	防雷及接地安装	接地装置安装,避雷引下线和变配电室接地干线敷设,建筑物等电位连接,接闪器安装

9.1.2 建筑电气施工图的组成

建筑电气施工图的图样一般有封面、图纸目录、电气设计说明、主要设备材料表、电气总平面图、电气系统图、电气平面布置图、电路图、安装接线图、安装大样图等,具体内容见表 9.2。

表9.2　建筑电气施工图的组成

图　样	组　成
封面	封面主要标明工程项目名称、分部工程名称、设计单位等内容
图纸目录	图纸目录是图纸内容的索引,主要有序号、图纸名称、图号、张数等。便于有目的、有针对性地查找、阅读图纸
电气设计说明	电气设计说明主要标注图中交代不清或没有必要用图表示的要求、标准、规范等
主要设备材料表	以表格的形式给出该工程设计所使用的设备及主要材料。主要包括序号、设备材料名称、规格型号、单位、数量等主要内容,为编写工程概预算及设备、材料订货提供依据
电气总平面图	电气总平面图是在建筑总平面图上表示电源及电力负荷分布的图样,主要表示各建筑物的名称或用途、电力负荷的装机容量、电气线路的走向及变配电装置的位置、容量和电源进户的方向等。通过电气总平面图可了解该项工程的概况,掌握电气负荷的分布及电源装置等。一般大型工程都有电气总平面图,中小型工程则由动力平面图或照明平面图代替
电气系统图	电气系统图是用单线图表示电能或电信号按回路分配出去的图样,主要表示各个回路的名称、用途、容量以及主要电气设备、开关元件及导线电缆的规格型号等。通过电气系统图可以知道该系统的回路个数及主要用电设备的容量、控制方式等。建筑电气工程中系统图用处很多,动力、照明、变配电装置,通信广播,电缆电视,火灾报警,防盗保安等都要用到系统图
电气平面布置图	电气平面布置图是在建筑物的平面图上标出电气设备、元件、管线实际布置的图样,主要表示其安装位置、安装方式、规格型号数量及防雷装置、接地装置等。通过平面图可以知道每幢建筑物及其各个不同的标高上装设的电气设备、元件及其管线等
电路图	电路图人们习惯称为控制原理图,它是单独用来表示电气设备和元件控制方式及其控制线路的图样,主要表示电气设备及元件的启动、保护、信号、连锁、自动控制及测量等。通过控制原理图可以知道各设备元件的工作原理、控制方式,掌握建筑物的功能实现方法等
安装接线图	接线图是与电路图配套的图样,用来表示设备元件外部接线以及设备元件之间接线。通过接线图可以知道系统控制的接线方式和控制电缆、控制线的走向及其布置等。动力、变配电装置、火灾报警、防盗保安、电梯装置等都要用到接线图。一些简单的控制系统一般没有接线图
安装大样图	安装大样图(详图)一般是用来表示某一具体部位或某一设备元件的结构或具体安装方法的图样,通过大样图可以了解该项工程的复杂程度。一般非标准的配电箱、控制柜等的制作安装都要用到大样图,大样图通常均采用标准通用图集。其中剖面图也是大样图的一种

9.1.3　建筑电气施工图的识读方法

配电系统图和平面图是电气工程图的主要图纸,是编制工程造价和施工方案,进行安装施工和运行维修的重要依据之一。由于配电平面图涉及的知识面较广,在识读配电系统图和平面图时,除要了解系统图和平面图特点与绘制基本知识外,还要掌握一定的电工基本知识和施工基本知识。一套建筑电气工程图包含很多内容,图纸也有多张,一般应按照以下顺序依次阅读和必要的相互对照参与。具体的读图方法如下所述。

(1)阅读标题栏和图纸目录

了解工程名称、项目内容、设计日期等。

(2)阅读设计说明

了解工程总体概况及设计依据,了解图纸中未能表达清楚的有关事项。如供电电源的来源,电压等级,线路敷设方式、设备安装方式,补充使用的非国标图形符号。施工时应注意的事项等。

(3)阅读电气系统图

各分项图纸中都包含系统图,如变配电工程供电系统图、电力工程的电力系统图、电气照明工程的照明系统图以及各种弱电工程的系统图等。看系统图的目的是了解系统的基本组成,主要电气设备、元件的联系及它们的规格、型号、参数等,以掌握该系统的主要情况。

(4)阅读电路图和接线图

了解系统中用电设备的电气自动控制原理,用来指导设备的安装和控制系统的调试。因为电路多是采用功能布局法绘制的,看图时应该根据功能关系从上至下或从左至右逐个回路地阅读,在进行控制系统的配线和调试工作中,还可以配合接线图进行阅读。

(5)阅读平面布置图

平面布置图是建筑电气工程图纸中的最重要图纸之一,是用来表示设备安装位置、线路敷设部位、敷设方法及所用电缆导线型号、规格、数量、管径大小的,是安装施工、编制工程预算的主要依据图纸,必须熟读。

(6)阅读安装接线图

安装接线图是按照机械制图方法绘制的用来详细表示设备安装方法的图纸,也是用来指导施工和编制工程材料计划的重要图纸。

(7)阅读设备材料表

设备材料表是提供该工程所使用的设备、材料的型号、规格和数量,编制购置主要设备、材料计划的重要依据之一。

总之,阅读图纸的顺序没有统一的规定,可根据需要灵活掌握,并有所侧重。在阅读方法上,可采取先粗读,后细读,再精读的步骤。

粗读就是先将施工图从头到尾大概浏览一遍,主要了解工程的概况,做到心中有数。细读就是按照读图程序和要点仔细阅读每一张施工图,有时一张图纸需要阅读多遍。为了更好地利用图纸指导施工,使之安装质量符合要求,阅读图纸时,还应配合阅读有关施工及检验规范、质量检验评定标准以及全国通用电气装置标准图集,以详细了解安装技术要求及具体安装方法等。

精读就是将施工图中的关键部位及设备、贵重设备及元件、电力变压器、大型电动机及机房设施、复杂控制装置的施工图仔细阅读,系统掌握中心作业内容和施工图要求。

9.2　建筑电气施工图常用的图形符号、文字符号、标注

9.2.1　建筑电气施工图的图形符号

常用电气设备图形及符号见表9.3。

表9.3　常用电气设备图形及符号

设备名称	图　例	符　号	设备名称	图　例	符　号
发电机	G	G	变压器		T
电动机	M	M	接触器		KM
电流互感器		TA	电压互感器		TV
隔离开关		QS	断路器		QF
避雷器		F	熔断器		FU

照明施工图中常用的图形符号见表9.4。

表9.4　照明施工图中常用的图形符号

图例	名称	图例	名称	图例	名称	图例	名称
	灯具一般符号		深照明		双联单控防水开关		单相三极防水插座
	顶棚灯		墙上座灯		双联单控防爆开关		单相三极防爆插座
	四火装饰灯		疏散指示灯		三联单控暗装开关		三相四极暗爆插座
	六火装饰灯		疏散指示灯		三联单控防水开关		三相四极防水插座
	壁灯	EXIT	出口标志灯		三联单控防爆开关		三相四极防爆插座
	单管荧光灯		应急照明灯		声光控延时开关		双电箱切换箱
	双管荧光灯	E	应急照明灯		单联暗装拉线开关		明装配电箱
	三管荧光灯		换气扇		单联双控暗装开关		暗装配电箱
	防水防尘灯		吊扇		吊扇调速开关		漏电断路器
	防爆灯		单联单控暗装开关		单相两极暗装插座		低压断路器
	泛光灯		单联单控防水开关		单相两极防水插座		弯灯
	单联单控防爆开关		单相两极防爆插座		广照灯		双联单控暗装开关
	单相三极暗装插座						

9.2.2 建筑电气施工图的文字符号

导线敷设方式的标注符号见表9.5。

表9.5 导线敷设方式的标注符号

名称	新代号	名称	新代号
导线和电缆穿焊接钢管敷设	SC	用钢线槽敷设	SR
穿电线管敷设	TC	用电缆桥架敷设	CT
穿水煤气管	RC	用塑料夹敷设	PLC
穿硬聚氯乙烯管敷设	PC	穿蛇皮管敷设	CP
穿阻燃半硬聚氯乙烯管敷设	FPC	穿阻燃塑料管敷设	PVC
用塑料线槽敷设	PR		

导线敷设部位的标注符号见表9.6。

表9.6 导线敷设部位的标注符号

名称	新代号	名称	新代号
沿钢索敷设	SR	暗敷设在梁内	BC
沿屋架或跨屋架敷设	BE	暗敷设在柱内	CLC
沿柱或跨柱敷设	CLE	暗敷设在墙内	WC
沿墙面敷设	WE	暗敷设在地面或地板内	FC
沿天棚面或顶板面敷设	CE	暗敷设在屋面或顶板内	CC
在能进人的吊顶内敷设	ACE	暗敷设在人不能进入的吊顶内	ACC

9.2.3 建筑电气施工图的标注方法

1)配电线路的标注

标注方式： a-b(c×d)e-f

当导线截面不同时,应分别标注： a-b(c×d+n×h)e-f

式中 a——线路编号(也可不标)；

b——导线或电缆的型号；

c,n——导线根数；

d,h——导线或电缆截面,mm^2；

e——敷设方位及穿管管径,mm；

f——敷设部位。

例如:BV(3×50+2×25)SC50-FC,表示该线路采用的导线型号是铜芯塑料绝缘导线,3根50 mm^2,2根35 mm^2。穿管径为50 mm的焊接钢管,沿地面暗装敷设。

2)开关及断路器的标注

一般标注方式： a-b-c/i

式中　a——设备编号；

b——设备型号；

c——额定电流；

i——极数。

例如：开关标注 DZ47-63 20A/1P，表示 DZ47-63 系列、一极、脱扣器额定电流为 20 A 的微型断路器。大型断路器还应注明脱扣器整定电流。

3）导线根数标注

标注方式：

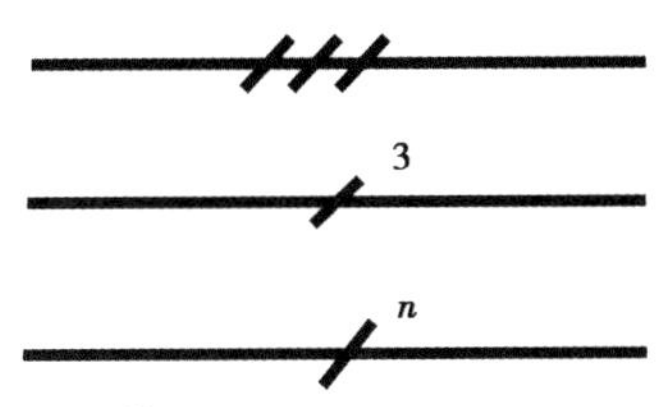

说明：用具体数字说明导线的根数。

9.3　识图训练

9.3.1　配电系统图

系统图识图训练以图 9.1、图 9.2 为例。图 9.1 为某高层建筑高低压配电系统图，图 9.2 为某宿舍一层照明配电箱配电系统图。

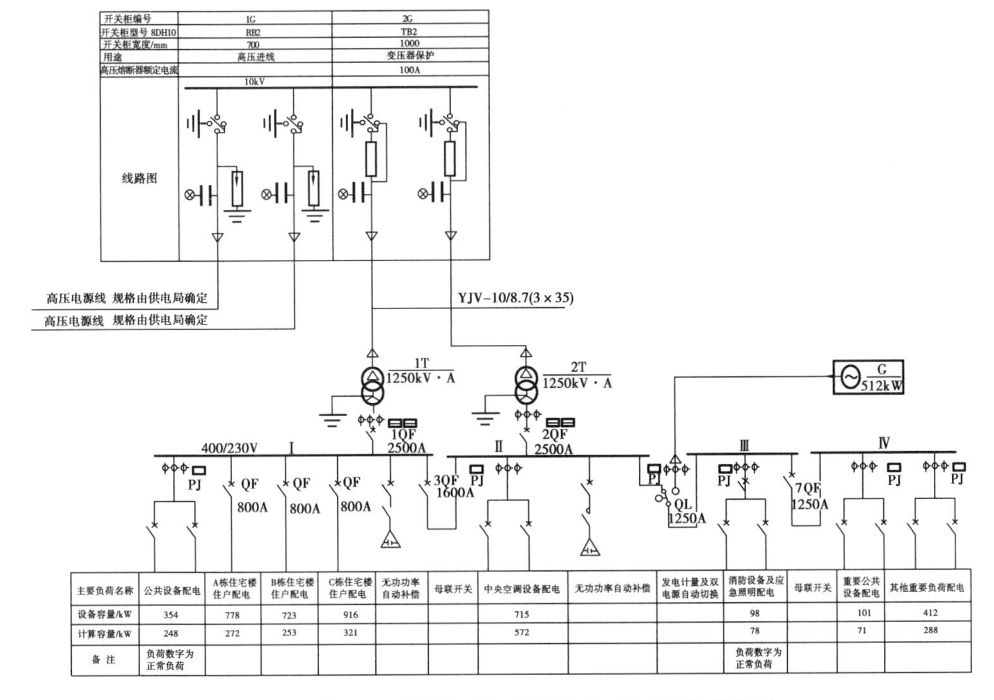

主要负荷名称	公共设备配电	A栋住宅楼住户配电	B栋住宅楼住户配电	C栋住宅楼住户配电	无功功率自动补偿	母联开关	中央空调设备配电	无功功率自动补偿	发电计量及双电源自动切换	消防设备及应急照明配电	母联开关	重要公共设备配电	其他重要负荷配电
设备容量/kW	354	778	723	916			715			98		101	412
计算容量/kW	248	272	253	321			572			78		71	288
备　注	负荷数字为正常负荷									负荷数字为正常负荷			

图 9.1　高层民用建筑配变电所的高、低压配电系统图

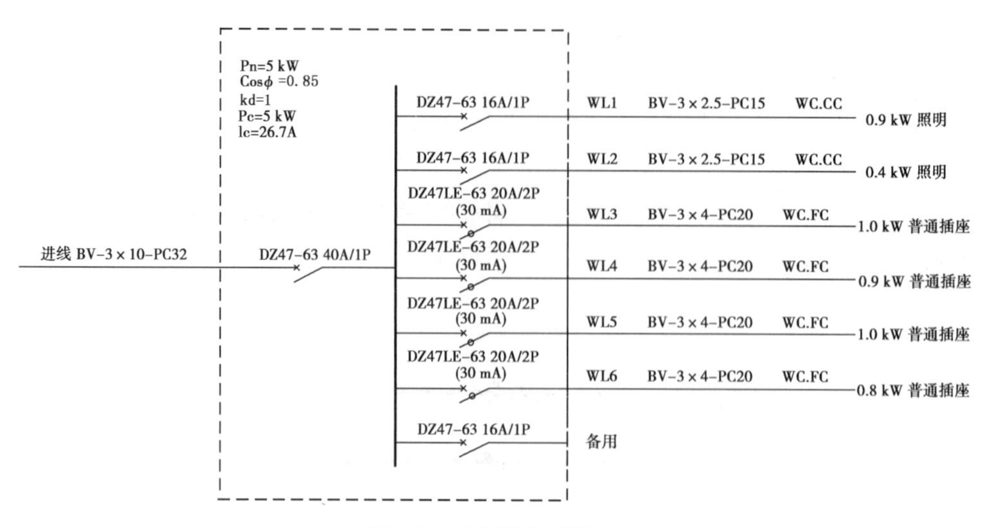

图 9.2 照明配电系统图

9.3.2 平面图

平面图识图训练以图 9.3、图 9.4 为例。图 9.3、图 9.4 分别为某宿舍照明、插座平面图。

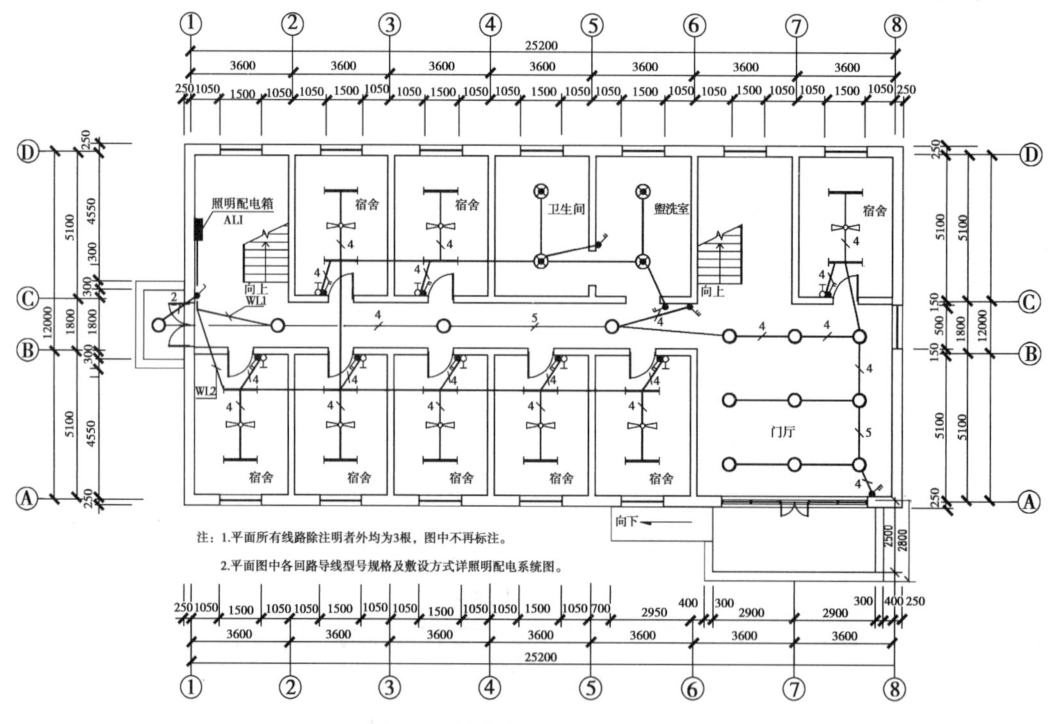

图 9.3 某宿舍一层照明平面图

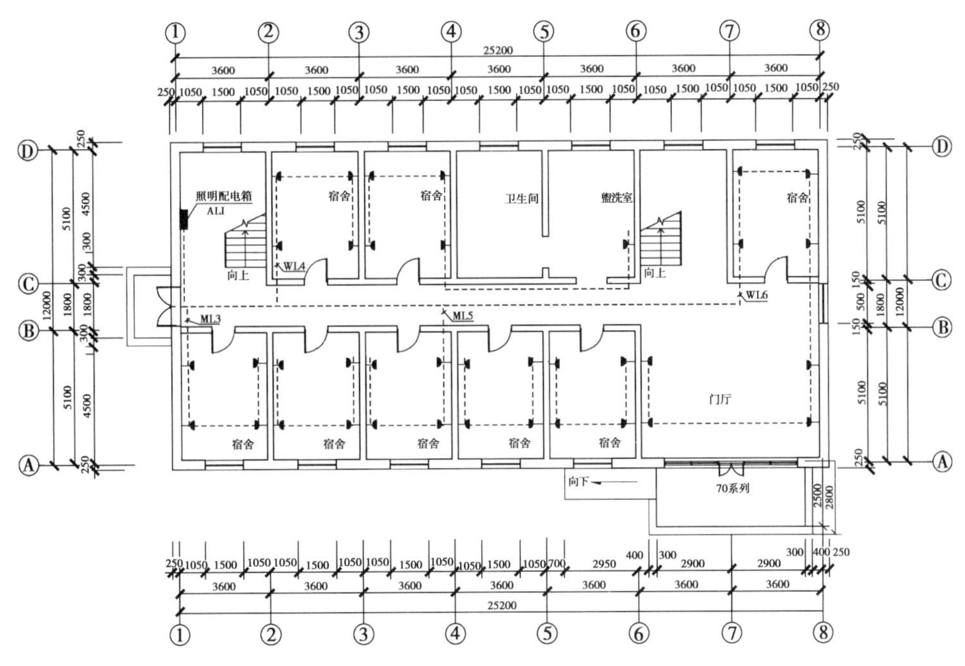

图9.4　某宿舍一层插座平面图

习题

1. 简述建筑电气施工图的主要内容。
2. 简述建筑电气施工图的用途。
3. 简述建筑电气施工图的绘图步骤。

任务10　建筑电气施工图绘制

任务目标

知识目标：

(1)建筑电气施工图的绘图方法。

(2)建筑电气施工图的绘图方法。

(3)掌握电气设备图块在电气图中添加的方法。

能力目标：

能够利用CAD绘制建筑电气施工图。

任务情境：

建筑电气平面图是建筑电气设计的主要环节，是建筑电气设备的安装依据，可以反映建筑的特点，一般在建筑平面图的基础上画电气元件及导线的配置。电气设计强电部分主要包括供配电系统图、电气平面图、竖向图、防雷平面图等。弱电部分主要包括电视、电话、宽带系统图和弱电平面图。所有电气平面图均围绕建筑平面进行。一般在绘制建筑图的基础上制作一些元件的块，插入布置好后再连接导线，要注意适当的线宽、线型、图层、颜色等，对技术标准也要加以标注。使分散孤立的各部分元件连接成协调统一的整体。

10.1　电气照明平面图绘制

设计应该以满足功能照明为根本，兼顾美观和节能。以下是一组室内照明效果图，如图10.1所示。

图 10.1　照明设计方案图

10.1.1　绘制照明平面图

任务:完成照明平面图的绘制,如图 10.2 所示。

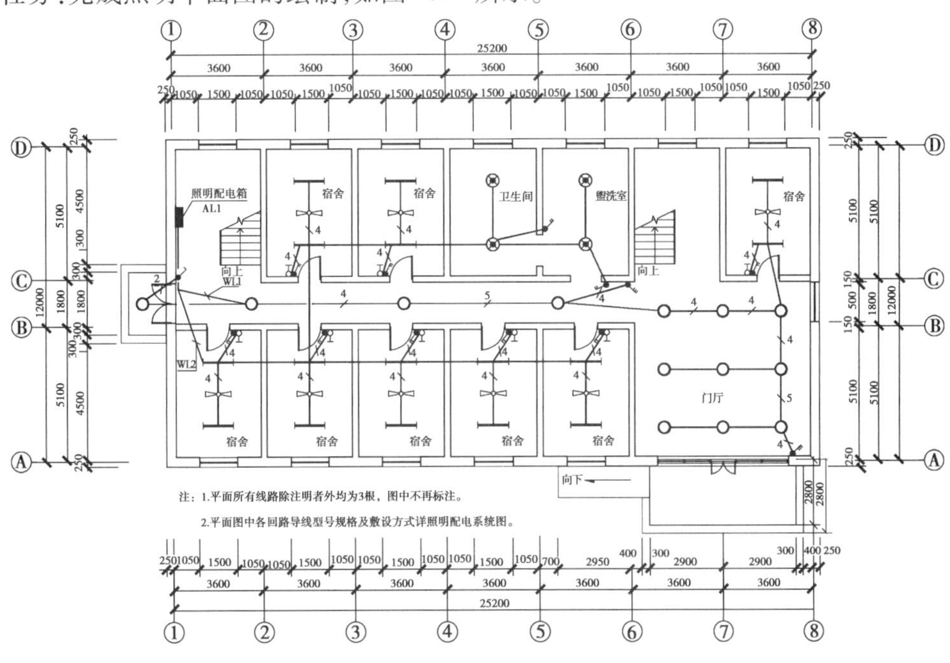

图 10.2　照明平面布置图

10.1.2　设置绘图环境

1)保存新图形文件

打开 AutoCAD2018 程序后,将建筑提供的图形文件夹按“文件”→“另存为”路径保存为”一层照明平面图. dwg”名称。

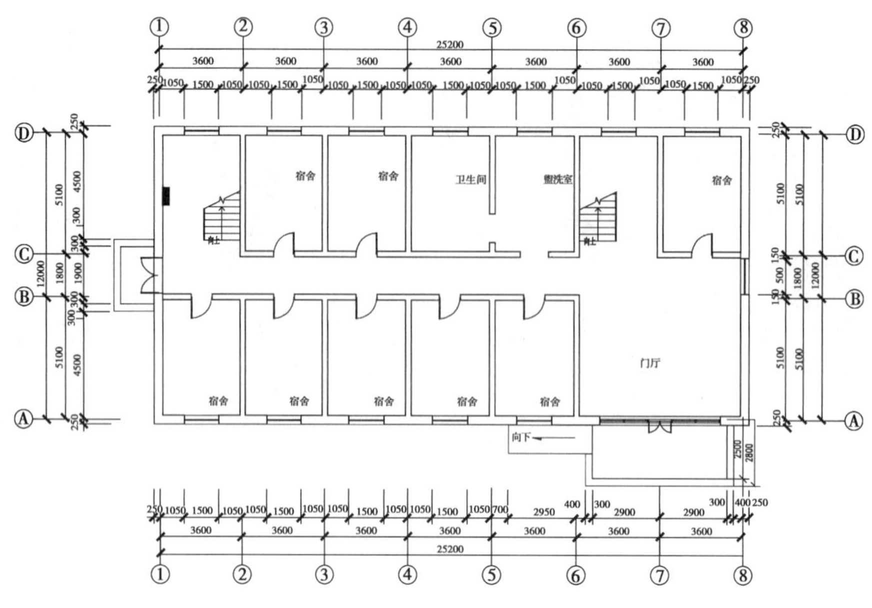

图 10.3　照明平面布置图(底图)

2)设置绘图环境

设置单位、图形界限、文字样式、标注样式、线型、多线样式等,参考建筑平面图的绘图环境。

3)新建图层

在"图层"工具栏上单击,在弹出的"图层特性管理器"对话框中单击"新建"按钮,创建"电气设备、照明线路、插座线路、文字标注"等图层,然后给各图层设置相应的"颜色、线型"。最终建立的图层参数,如图 10.4 所示。

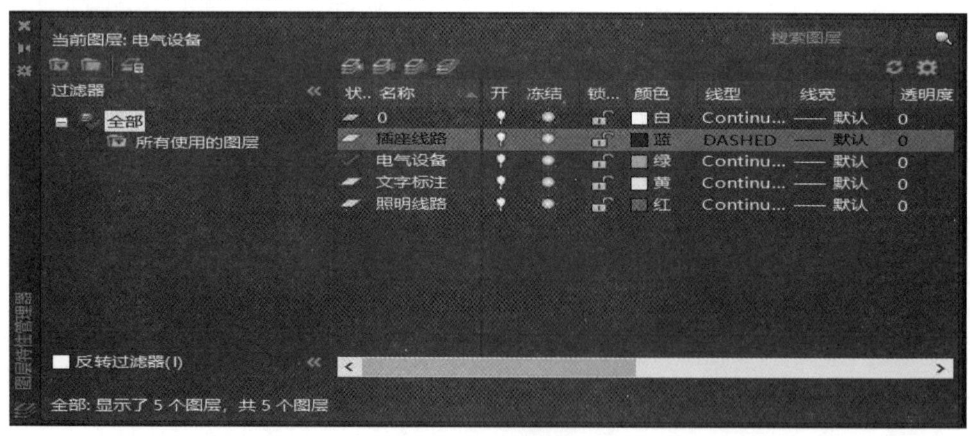

图 10.4　图层设置

10.1.3　绘制电气元件

1)绘制灯具

(1)绘制吸顶灯

吸顶灯如图 10.5 所示。

命令:C↵
CIRCLE
指定圆的圆心或［三点(3P)/两点(2P)/切点、切点、半径(T)］:（平面图上选一点）
指定圆的半径或［直径(D)］<00.0000>:225↵
选中刚才画的圆,点击特性工具将线宽改为0.5mm。打开状态栏的线宽显示。
(2)绘制防水防尘灯
防水防尘灯如图10.6所示。

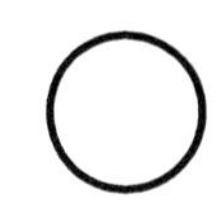

图10.5　吸顶灯

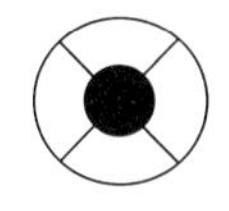
图10.6　防水防尘灯

命令:C↵
CIRCLE
指定圆的圆心或［三点(3P)/两点(2P)/切点、切点、半径(T)］:（平面图上选一点）
指定圆的半径或［直径(D)］<00.0000>:250↵
命令:L↵
LINE
指定第一个点:(选择圆的左象限点)
指定下一点或［放弃(U)］:(选择圆的右象限点)
命令:L↵
LINE
指定第一个点:(选择圆的上象限点)
指定下一点或［放弃(U)］:(选择圆的下象限点)
命令:RO↵
ROTATE
选择对象:(选中刚才画的两条线段)↵
选择基点:(捕捉对象的交点)
指定旋转角度,或［复制(C)/参照(R)］<90>:45↵
命令:C↵
CIRCLE
指定圆的圆心或［三点(3P)/两点(2P)/切点、切点、半径(T)］:（选择圆的圆心）
指定圆的半径或［直径(D)］<00.0000>:100↵
命令:H↵
HATCH
选择填充图案
添加:选择对象(选择刚画的小圆)↵
点确定。
绘制过程如图10.7所示。

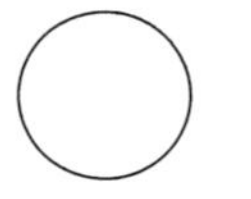 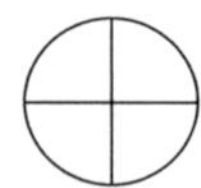  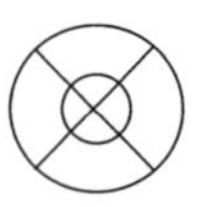 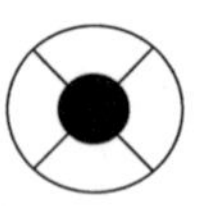

图 10.7　防水防尘灯绘图步骤

(3)绘制单管荧光灯

单管荧光灯如图 10.8 所示。

图 10.8　单管荧光灯

命令:L↵

LINE

指定第一个点:

指定下一点或［放弃(U)］:250↵

命令:O↵

OFFSET

指定偏移距离或［通过(T)/删除(E)/图层(L)］<0.0000>: 1200

选择要偏移的对象,或［退出(E)/放弃(U)］<退出>:(选中刚才画的直线)

指定要偏移的那一侧上的点,或［退出(E)/多个(M)/放弃(U)］<退出>:(往右选一点)

命令:PL↵

PLINE

指定起点:(选中左边直线的中点)

指定下一个点或［圆弧(A)/半宽(H)/长度(L)/放弃(U)/宽度(W)］: W↵

指定起点宽度 <0.0000>: 70↵

指定端点宽度 <0.0000>: 70↵

指定下一个点或［圆弧(A)/半宽(H)/长度(L)/放弃(U)/宽度(W)］:(选中右边直线的中点)

2)绘制吊扇

吊扇如图 10.9 所示。

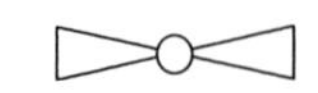

图 10.9　吊扇

命令:L↵

LINE

指定第一个点:

指定下一点或［放弃(U)］:1020↵

ROTATE

选择对象:(选中刚才画的线段)↵

选择基点:(捕捉对象的中点)

指定旋转角度,或［复制(C)/参照(R)］<90>:12↵

ROTATE

选择对象:(选中刚才画的线段)↵

选择基点:(捕捉对象的中点)

指定旋转角度,或［复制(C)/参照(R)］<90>:C↵

指定旋转角度,或［复制(C)/参照(R)］<90>:-24↵

用直线命令(L)连接吊扇两端。

命令:C↵

CIRCLE

指定圆的圆心或［三点(3P)/两点(2P)/切点、切点、半径(T)］:(选择中间两条线段的交点)

指定圆的半径或［直径(D)］<00.0000>:83↵

命令:TR↵

TRIM

选择对象或 <全部选择>:↵

选择要修剪的对象,或按住 Shift 键选择要延伸的对象:(选中圆中间的线段)

绘制过程如图 10.10 所示。

图 10.10　吊扇绘图步骤

3)绘制开关

(1)绘制照明开关及吊扇调速开关

绘制照明开关及吊扇调速开关如图 10.11 所示。

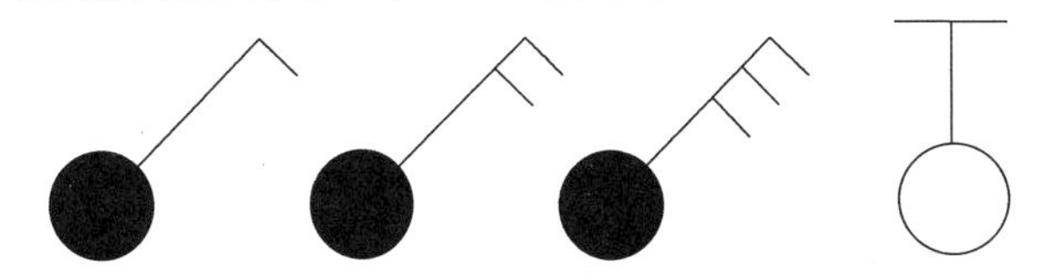

图 10.11　照明开关及风扇调速开关

(2)绘制三联单控照明开关

绘制三联单控照明开关如图 10.12 所示。

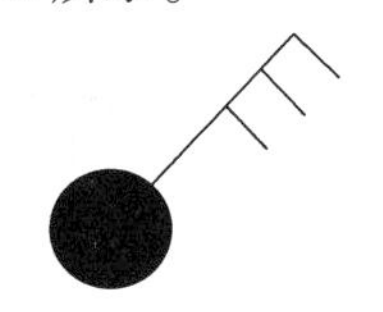

图 10.12　三联单控照明开关

命令:C↵

CIRCLE

指定圆的圆心或［三点(3P)/两点(2P)/切点、切点、半径(T)］:(选择中间两条线段的

交点)

指定圆的半径或［直径(D)］<00.0000>:105↵

命令:L↵

LINE

指定第一个点:(选中圆的上象限点)

指定下一点或［放弃(U)］:340↵

指定下一点或［放弃(U)］:100↵

命令:O↵

OFFSET

指定偏移距离或［通过(T)/删除(E)/图层(L)］<0.0000>: 80

选择要偏移的对象,或［退出(E)/放弃(U)］<退出>: (选中最上方的直线)

指定要偏移的那一侧上的点,或［退出(E)/多个(M)/放弃(U)］<退出>: (往下任选一点)

选择要偏移的对象,或［退出(E)/放弃(U)］<退出>: (选中刚才画的直线)

指定要偏移的那一侧上的点,或［退出(E)/多个(M)/放弃(U)］<退出>: (往下任选一点)

命令:H↵

HATCH

选择填充图案

添加:选择对象(选中圆的轮廓线)↵

点确定。

ROTATE

选择对象:(全选刚才画的图块)↵

选择基点:(捕捉圆的下象限点)

指定旋转角度,或［复制(C)/参照(R)］<90>:-45↵

绘制过程如图10.13所示。

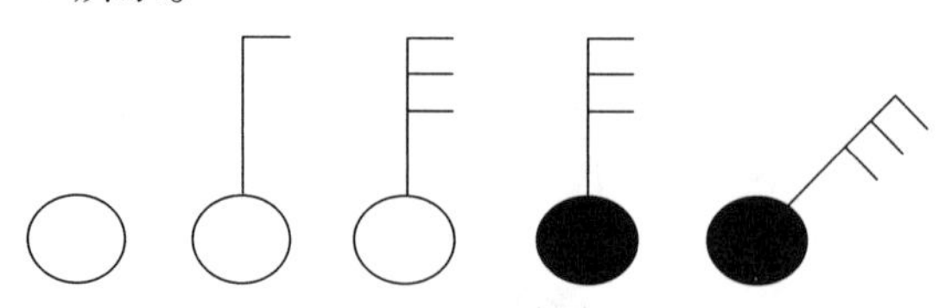

图10.13　三联单控开关绘制过程

用同样的方法可绘制另外3个开关。

4)绘制照明配电箱

照明配电箱如图10.14所示。

图 10.14　照明配电箱

命令:REC↵

RECTANG

指定第一个角点或[倒角(C)/标高(E)/圆角(F)/厚度(T)/宽度(W)]:(任意选一点)

指定另一个角点或[面积(A)/尺寸(D)/旋转(R)]:D↵

指定矩形的长度 <10.0000>:780↵

指定矩形的宽度 <10.0000>:350↵

指定另一个角点或[面积(A)/尺寸(D)/旋转(R)]:(确定第二个角点)

10.1.4　电气元件插入

将配电箱、灯、吊扇及开关图块等电气元件插入建筑平面图。图 10.15 所示为插入了电气元件的平面图。

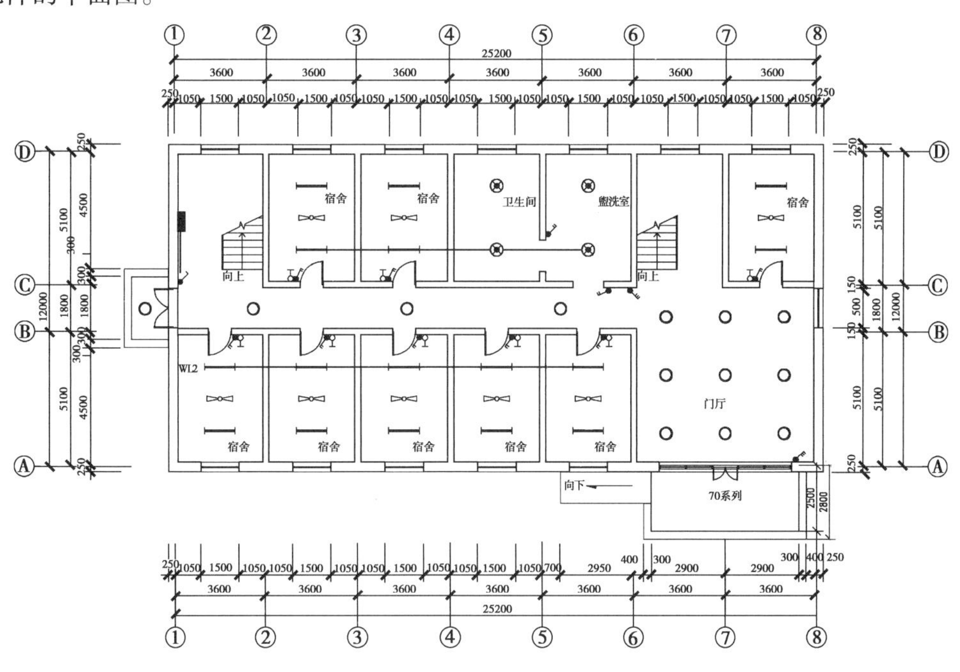

图 10.15　插入了电气元件的平面图

10.1.5　导线连接

设置照明线路图层的线型为实线,将照明线路图层置为当前。用多段线绘制照明线路,多段线宽度设定为50,结果如图 10.16 所示。

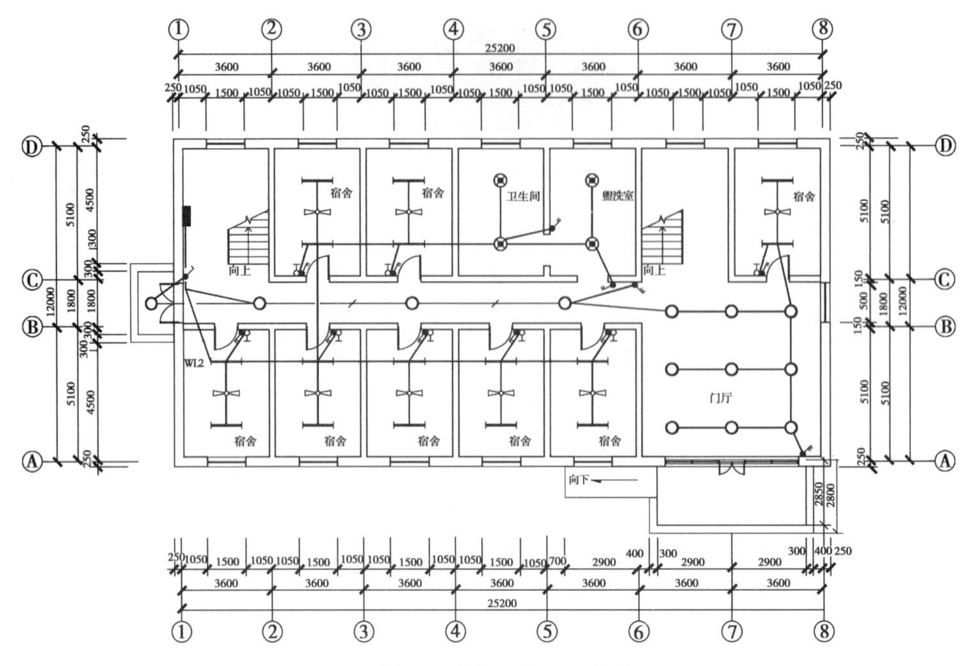

图 10.16　插入了电气元件及导线的平面图

10.1.6　设备、导线标注

先用直线画出标注线，再采用单行文字输入法（“菜单”→“绘图”→“文字”→“单行文字”），在图中相应位置输入文字，根据比例调整文字高度为“300”，角度默认为“0”。导线根数标注可以在输入第一个标注后将该标注用带基点复制（CO）的方法复制到其他线路，然后再对其他线路的标注文字进行编辑修改，如图 10.17 所示。

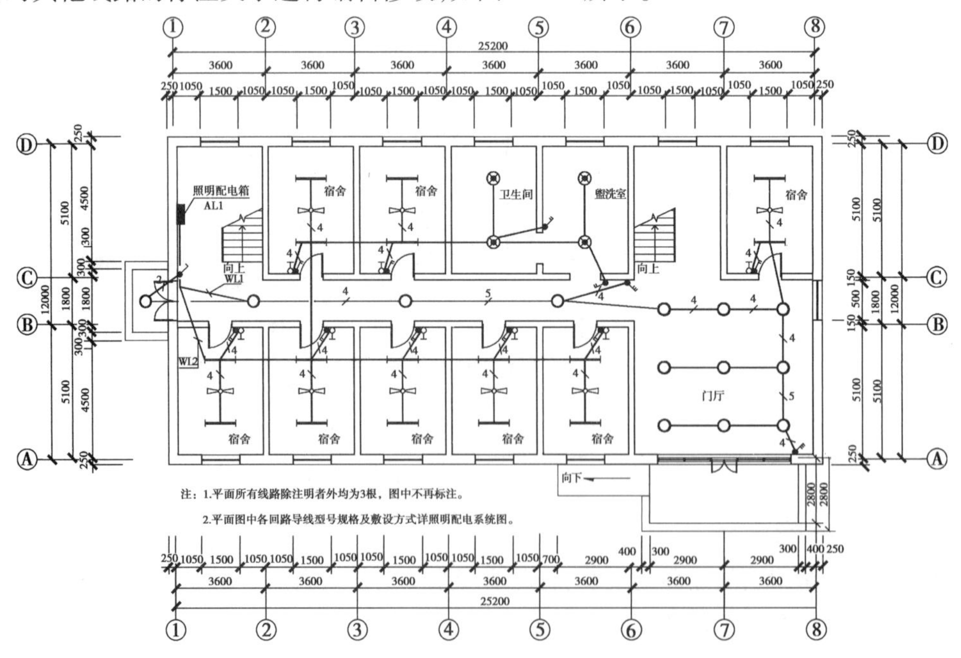

图 10.17　插入了电气元件、导线、设备标注的平面图

习题

完成如图 10.18 所示照明平面图的绘制。

10.2　绘制电气插座平面图

任务:绘制如图 10.19 所示一层插座平面图。

绘图准备:复制一张一层建筑平面图作为底图,将图名改为一层插座平面图,如图 10.20 所示。将电气设备图层置为当前。

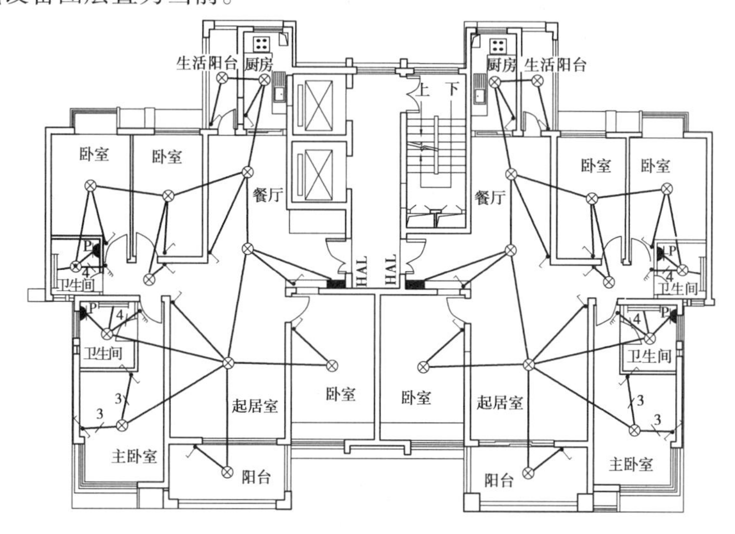

图 10.18　照明平面布置图

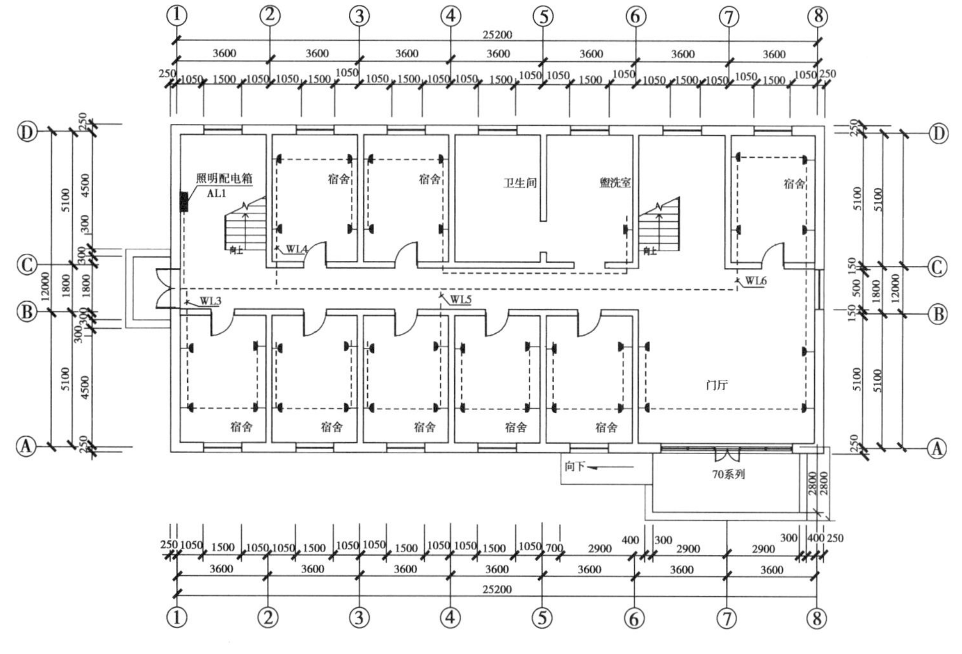

图 10.19　一层插座平面图

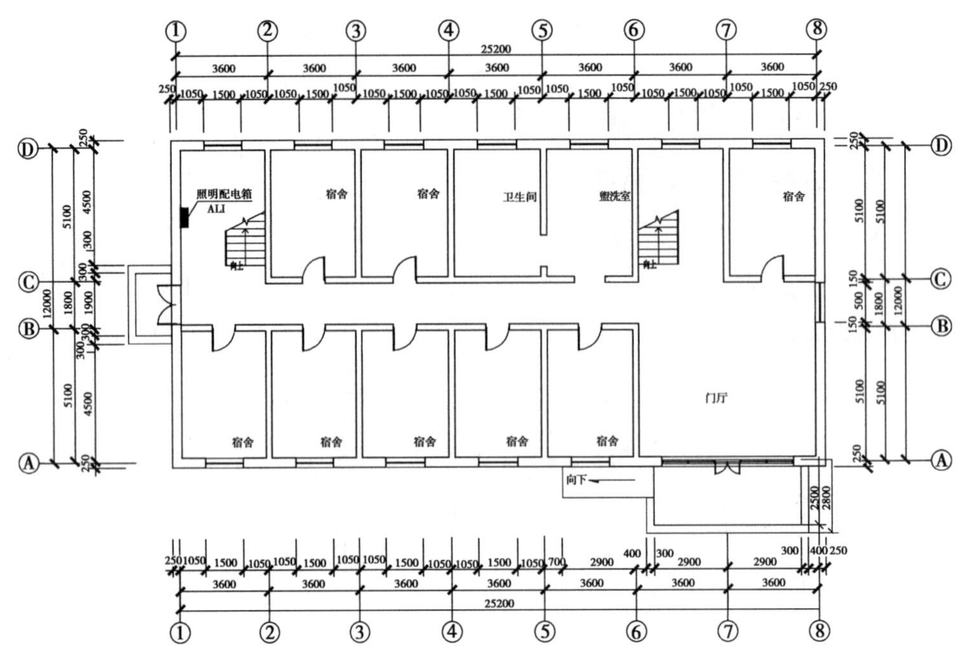

图 10.20　一层插座平面图(底图)

10.2.1　绘制电气元件

插座图例如图 10.21 所示。

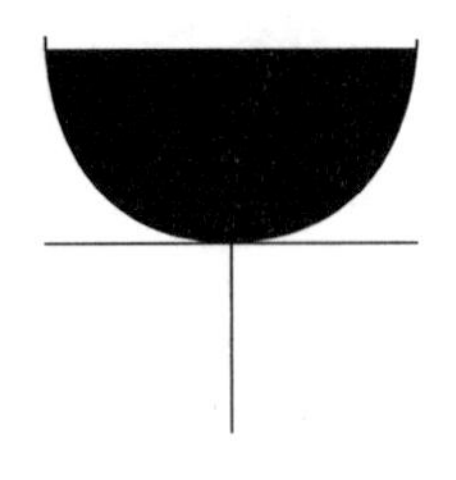

图 10.21　插座图例

绘图步骤:

命令:L↵

LINE

指定第一个点:

指定下一点或[放弃(U)]:500↵

命令:L↵

LINE

指定第一个点:(捕捉刚才所画线段的中点)

指定下一点或[放弃(U)]:250↵

命令:C↵

CIRCLE

指定圆的圆心或[三点(3P)/两点(2P)/切点、切点、半径(T)]:

指定圆的半径或[直径(D)] <00.0000>:250↵

命令:M↵

MOVE

选择对象:(选中刚才画的圆)↵

指定基点或［位移(D)］<位移>:(捕捉圆下方的象限点)

指定第二个点或 <使用第一个点作为位移>:(捕捉第一条直线的中点)

绘制过程如图 10.22 所示。

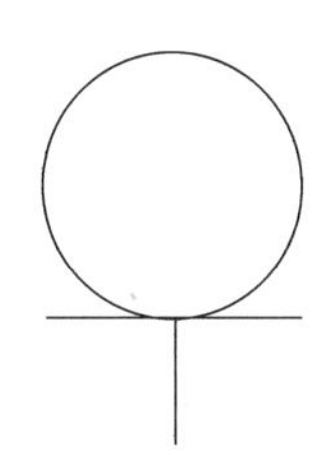

图 10.22　插座绘制过程 1

命令:L↵

LINE

指定第一个点:(捕捉圆左边的象限点)

指定下一点或［放弃(U)］:(捕捉圆右边的象限点)

命令:O↵

OFFSET

指定偏移距离或［通过(T)/删除(E)/图层(L)］<20.0000>: 20

选择要偏移的对象,或［退出(E)/放弃(U)］<退出>: :(选中圆中心的直线)

指定要偏移的那一侧上的点,或［退出(E)/多个(M)/放弃(U)］<退出>:(往上选一点)

命令:TR↵

TRIM

选择对象或 <全部选择>: ↵

选择要修剪的对象,或按住 Shift 键选择要延伸的对象:(选中圆的上轮廓线)

命令:E↵

ERASE

选择对象:(选最上方的直线)

命令:H↵

HATCH

选择填充图案

添加:拾取点(点击半圆内的任意一点)↵

点确定。

绘制过程如图 10.23 所示。

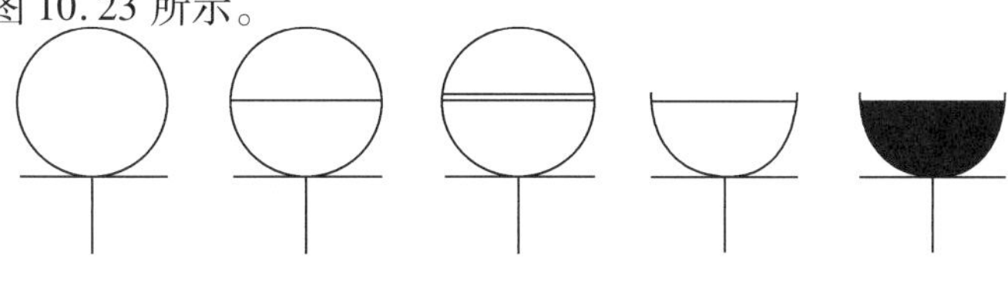

图 10.23　插座绘制过程 2

10.2.2 电气元件插入

将配电箱及插座图块插入建筑平面图。图 10.24 所示为插入了配电箱及插座图块的平面图。

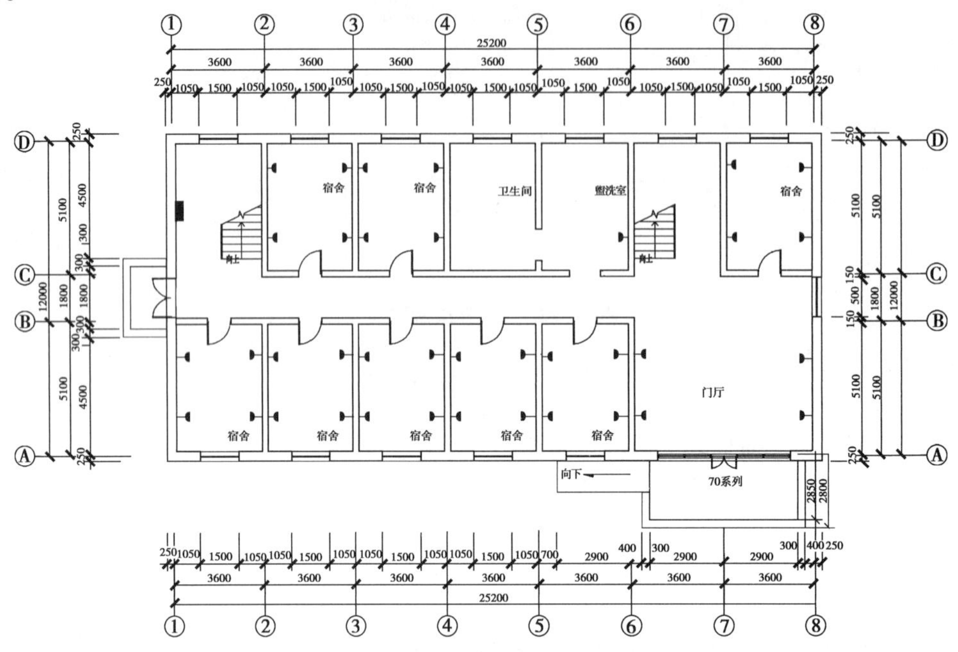

图 10.24　插入了配电箱及插座图块的平面图

10.2.3 导线连接

设置插座线路图层的线型为虚线(DASH),将插座线路图层置为当前。用多段线绘制插座线路,多段线宽度设定为"50",结果如图 10.25 所示。

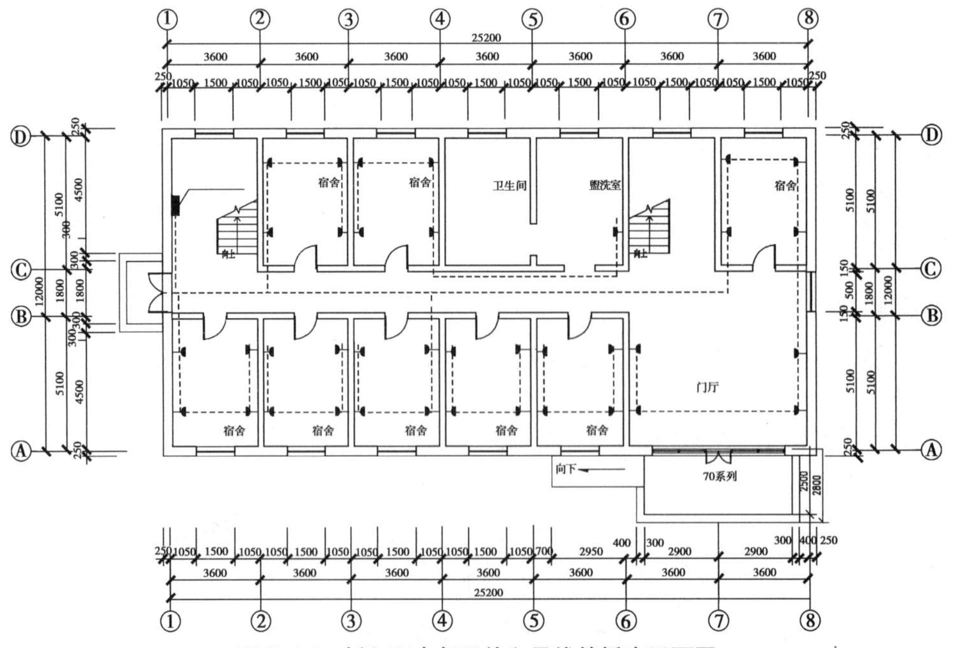

图 10.25　插入了电气元件和导线的插座平面图

10.2.4　导线及设备标注

先用直线画出标注线，再采用单行文字输入法（“菜单”→“绘图”→“文字”→“单行文字”），在图中相应位置输入文字，根据比例调整文字高度为“300”，角度默认为“0”　。输入第一个回路编号标注后可将该标注用带基点复制（CO）的方法复制到其他回路，然后再对其他回路的标注文字进行编辑修改，如图 10.26 所示。

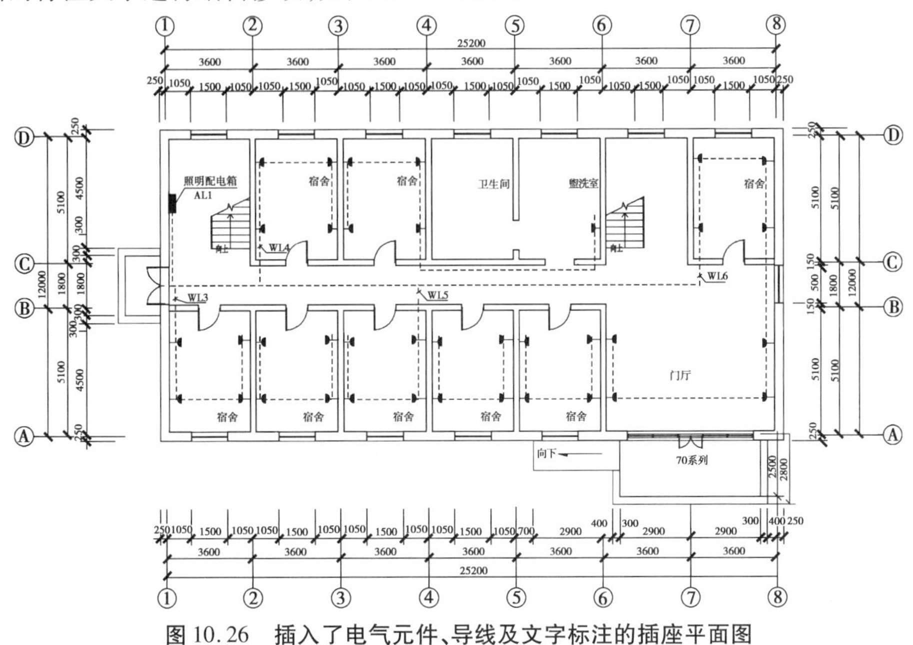

图 10.26　插入了电气元件、导线及文字标注的插座平面图

习题

完成如图 10.27 所示插座平面图的绘制。

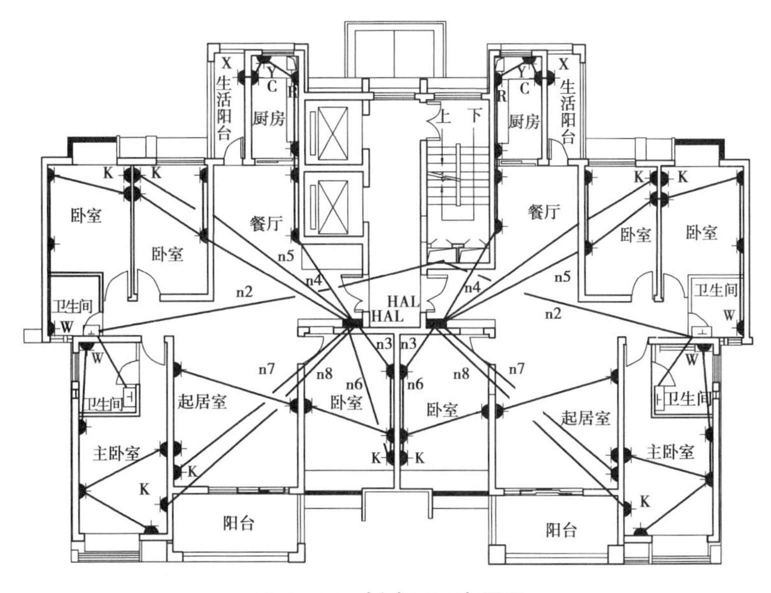

图 10.27　插座平面布置图

10.3 照明配电系统图的绘制

绘制照明配电系统图,如图 10.28 所示。

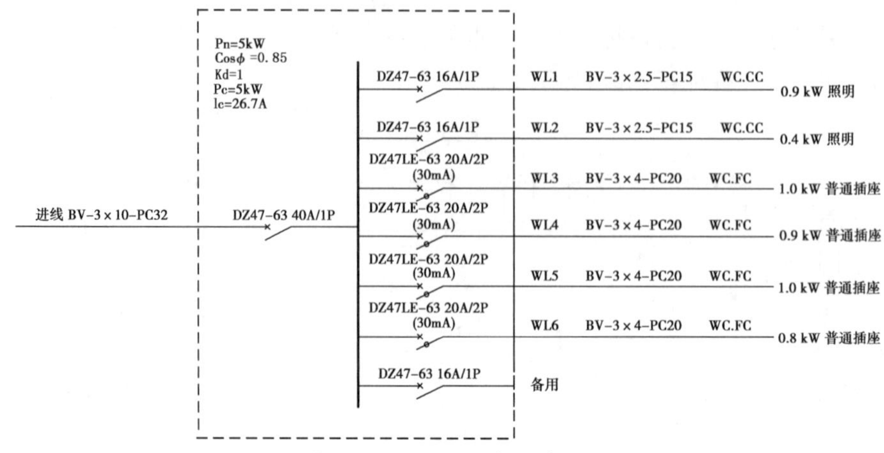

图 10.28 照明配电系统图

10.3.1 绘制电气元件

1)绘制普通断路器

断路器图例如图 10.29 所示。

图 10.29 断路器图例

绘图步骤:

命令:L↵

LINE

指定第一个点:

指定下一点或[放弃(U)]:375↵

命令:L↵

LINE

指定第一个点:(捕捉刚才所画线段的右端点)

指定下一点或[放弃(U)]:906↵

命令:RO↵

ROTATE

选择对象:(选中刚才画的线段)↵

选择基点:(捕捉对象的右端点)

指定旋转角度,或[复制(C)/参照(R)] <90>:25↵

命令:L↵

LINE

指定第一个点:(捕捉刚才旋转线段的右端点)

指定下一点或[放弃(U)]:375↵

绘制步骤如图 10.30 所示。

图 10.30　断路器绘图步骤 1

命令:L↵
LINE
指定第一个点:
指定下一点或［放弃(U)］:200↵
命令:RO↵
ROTATE
选择对象:(选中刚才画的线段)↵
选择基点:(捕捉对象的中点)
指定旋转角度,或［复制(C)/参照(R)］<90>:C↵
指定旋转角度,或［复制(C)/参照(R)］<90>:90↵
命令:RO↵
ROTATE
选择对象:(选中刚才画的两条线段)↵
选择基点:(捕捉对象的交点)
指定旋转角度,或［复制(C)/参照(R)］<90>:45↵
绘制步骤如图 10.31 所示。

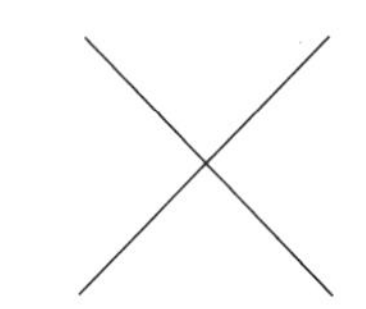

图 10.31　断路器绘图步骤 2

命令:M↵
MOVE
选择对象:(选中刚才画的两条线段)↵
指定基点或［位移(D)］<位移>:(捕捉对象的交点)
指定第二个点或 <使用第一个点作为位移>:(捕捉第一个线段的右端点)
完成断路器图例,如图 10.32 所示。

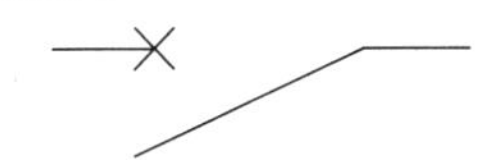

图 10.32　完成的断路器

2)绘制漏电保护断路器

漏电保护断路器如图 10.33 所示。

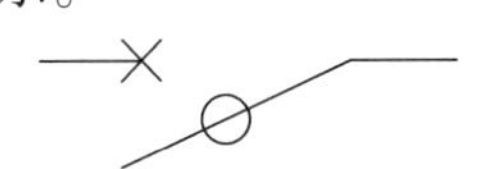

图 10.33　漏电保护断路器

在图 10.33 的普通断路器的基础上，增加一个圆，步骤如下：

命令：CO↵

COPY

选择对象：(选中刚才画的普通断路器图例)↵

指定基点或［位移(D)/模式(O)］<位移>：(捕捉对象任意一点)

指定第二个点或［阵列(A)］<使用第一个点作为位移>：(选择对象外任意一点)

命令：C↵

CIRCLE

指定圆的圆心或［三点(3P)/两点(2P)/切点、切点、半径(T)］：(捕捉图例中长斜线的中点)

指定圆的半径或［直径(D)］<00.0000>：92↵

命令：M↵

MOVE

选择对象：(选中刚才画的圆)↵

指定基点或［位移(D)］<位移>：(捕捉圆与斜线的右交点)

指定第二个点或 <使用第一个点作为位移>：(捕捉斜线的中点)

10.3.2　配电箱进线、出线回路的绘制

首先用多段线绘制竖母线，多段线宽度设定为“100”；然后用定数等分的方法用点等分，将竖线分为 8 等份，并在该线段上的等分点上画若干直线。相同的直线用带基点复制的方法进行绘制。用夹点编辑的方法，选中竖母线，用光标点两端略向内移动，结果如图 10.34 所示，在画好的线段端点插入已绘制好的断路器，如图 10.35 所示。

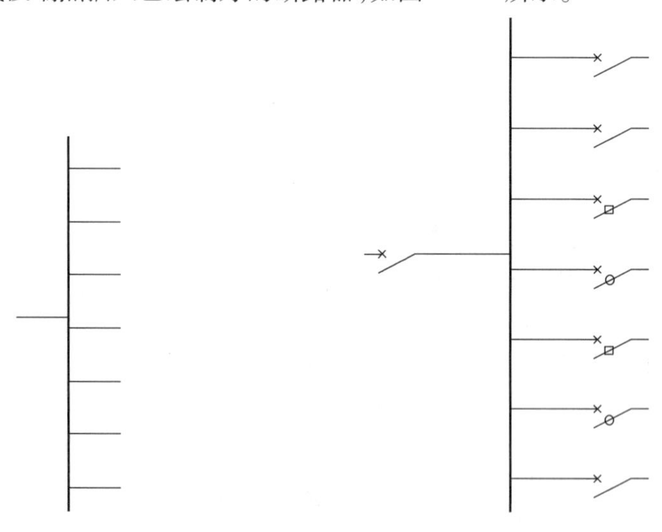

图 10.34　配电箱母线绘制　　　　图 10.35　插入了断路器的配电箱

在左侧断路器的左边画一条直线，右侧第一个断路器右边画直线，用带基点复制的方法将这条直线复制到右侧其他断路器上，如图 10.36 所示。

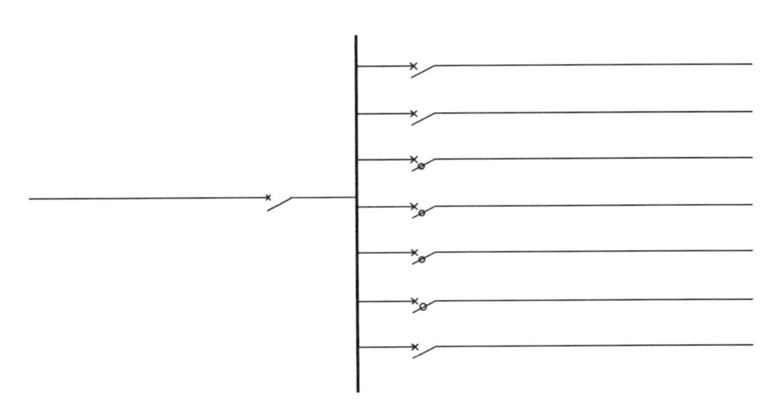

图 10.36　配电箱进出线回路绘制

10.3.3　配电系统图文字标注

采用单行文字输入法（“菜单”→“绘图”→“文字”→“单行文字”），在图中相应位置输入文字，根据比例调整文字高度为“260”，角度默认为“0”，对右部导线输入第一行文字后可将该行文字用带基点复制（CO）的方法复制到其他行，然后再对其他行的文字进行编辑修改。断路器的文字标注与输入方式与导线标注的输入方式相同。用矩形命令绘制矩形框，并选中该矩形框，用特性工具将线型改为虚线，如图 10.37 所示。

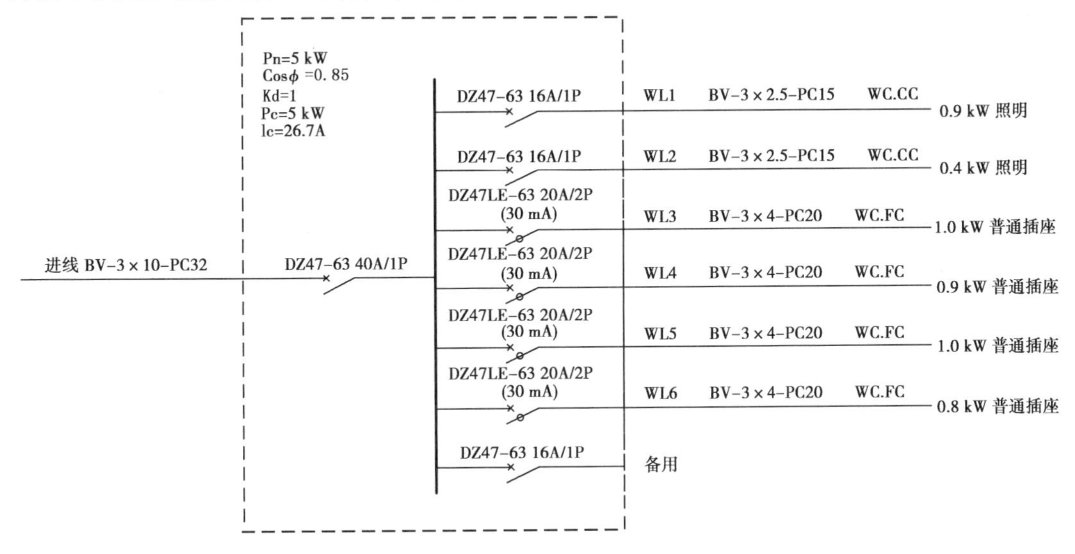

图 10.37　输入文字标注的配电系统图

习题

完成配电系统图如图 10.38 所示的绘制。

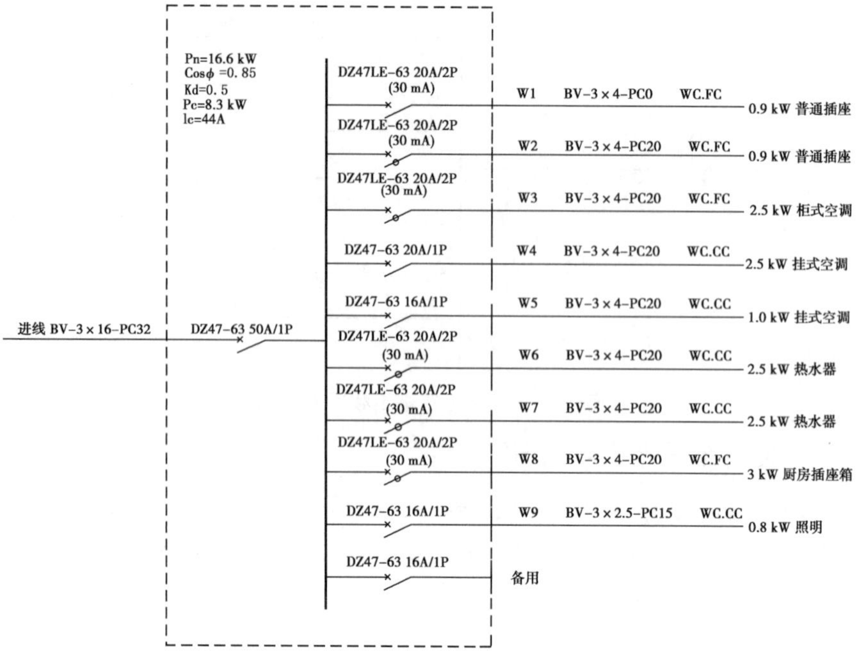

Pn=16.6 kW
Cosϕ =0. 85
Kd=0. 5
Pc=8.3 kW
Ic=44A
进线 BV-3×16-PC32
DZ47-63 50A/1P
DZ47LE-63 20A/2P
(30 mA)
W1 BV-3×4-PC0 WC.FC 0.9 kW 普通插座
DZ47LE-63 20A/2P
(30 mA)
W2 BV-3×4-PC20 WC.FC 0.9 kW 普通插座
DZ47LE-63 20A/2P
(30 mA)
W3 BV-3×4-PC20 WC.FC 2.5 kW 柜式空调
DZ47-63 20A/1P
W4 BV-3×4-PC20 WC.CC 2.5 kW 挂式空调
DZ47-63 16A/1P
W5 BV-3×4-PC20 WC.CC 1.0 kW 挂式空调
DZ47LE-63 20A/2P
(30 mA)
W6 BV-3×4-PC20 WC.CC 2.5 kW 热水器
DZ47LE-63 20A/2P
(30 mA)
W7 BV-3×4-PC20 WC.CC 2.5 kW 热水器
DZ47LE-63 20A/2P
(30 mA)
W8 BV-3×4-PC20 WC.FC 3 kW 厨房插座箱
DZ47-63 16A/1P
W9 BV-3×2.5-PC15 WC.CC 0.8 kW 照明
DZ47-63 16A/1P
备用

图 10.38 配电系统图

模块 6

打印出图

任务11　图纸打印及输出

任务目标

知识目标：

(1)在布局中打印图纸。

(2)为图形对象指定打印样式。

(3)设置出图比例。

(4)插入图框。

(5)打印。

能力目标：

能够准确设置并打印绘制好的CAD图纸。

任务情境：

CAD绘制完毕好，要对图形进行打印或者输出。如何进行图形输出的设置，如何新建布局，如何输出PDF格式，是本项目的学习内容。

11.1　CAD模型和布局的区别

CAD模型和布局的区别如下所述。

①作用不同，模型空间作用是放置设计模型；布局空间作用是对设计的模型进行图纸布局。

②效果不同，模型空间有画图的效果；布局空间有打印预览的效果。

在布局中可以创建并放置视口对象，还可以添加其他几何图形。也可以在图形中创建多个布局以显示不同视图，每个布局可以包含不同的打印比例和图纸尺寸。布局显示的图形与图纸页面上打印出来的图形完全一样。

①打开一个平面图文件，如图11.1所示。

②单击命令栏上方的“布局1”，如图11.2所示。

③在命令栏中输入“MV”，如图11.3所示。确定后，用鼠标在布局窗口任意框出一个矩形，这个矩形称为视口。这时，视口会出现模型中绘制的图形。

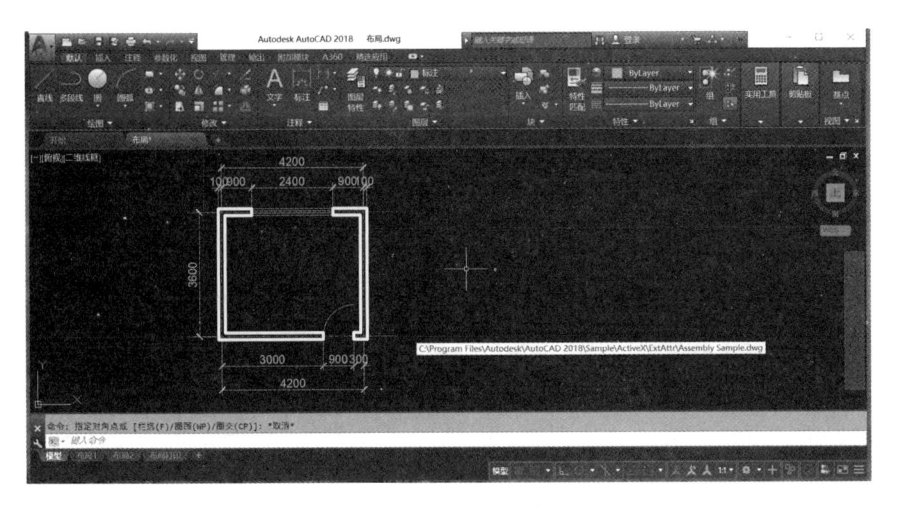

图 11.1　打开文件

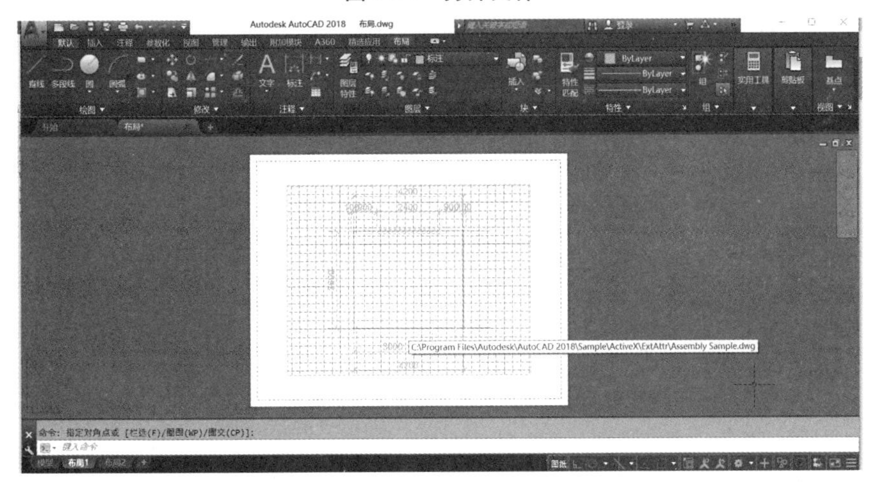

图 11.2　选择布局

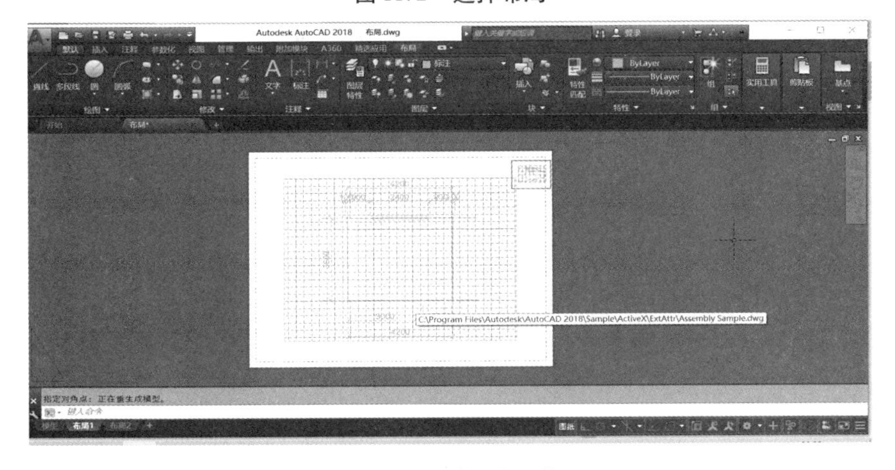

图 11.3　输入“MV”

④将鼠标放在其中一个视口内,双击鼠标左键。这时,视口框的边线变粗,此时可以对这个视口框内的图形进行编辑,如图 11.4 所示。但是,编辑后另外视口内的图形也随之变

化,如图 11.5 所示。

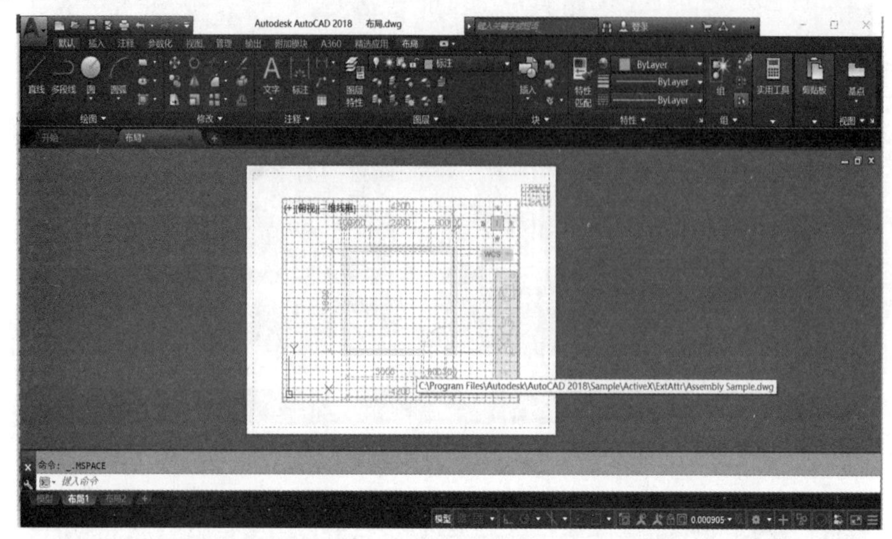

图 11.4　编辑视口

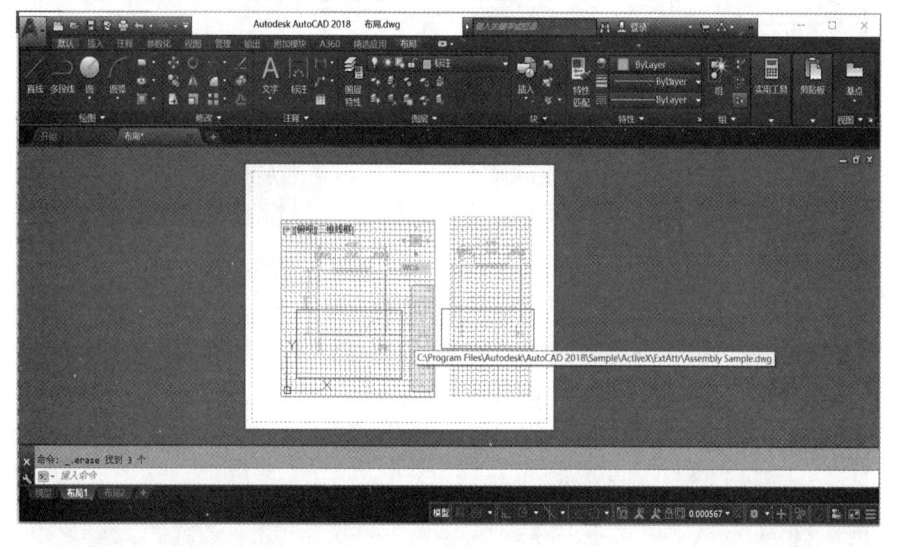

图 11.5　视口变化

⑤单击视口的边框,会出现 4 个点,这时选中任意一个点,可对视口行进行调整,单击视口的边框,输入删除命令,可将选中的视口删掉。

⑥点开图层特性管理器,选择墙体一图层中的在当前视口中冻结或解冻,这时在该视口内的这一图层上的所有图形均隐藏,但在其他视口仍能看见,如图 11.6 所示。

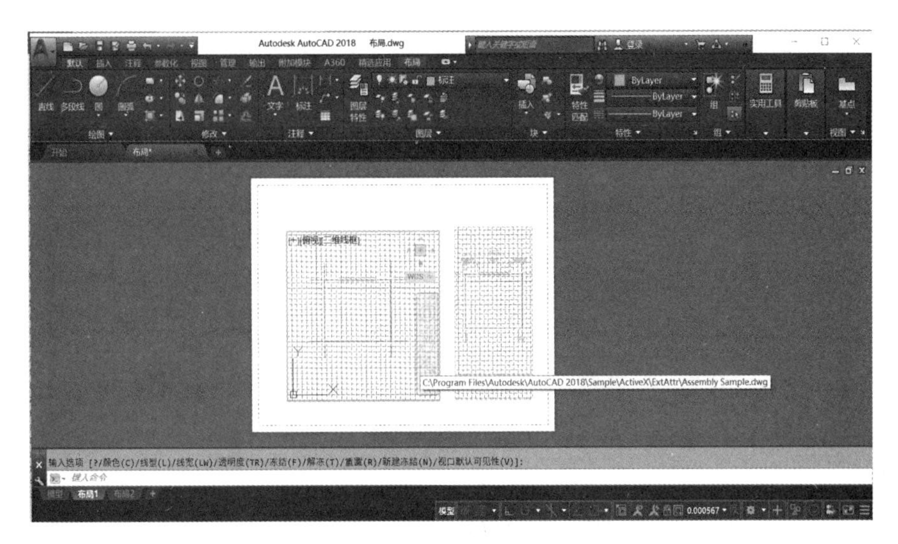

图 11.6　编辑视口

11.2　布局出图创建与要求

(1)创建布局

①在菜单栏中选择“插入”→“布局”→“创建布局向导”命令。打开“创建布局—开始”对话框,输入新的布局名称,单击“下一步”,如图 11.7、图 11.8 所示。

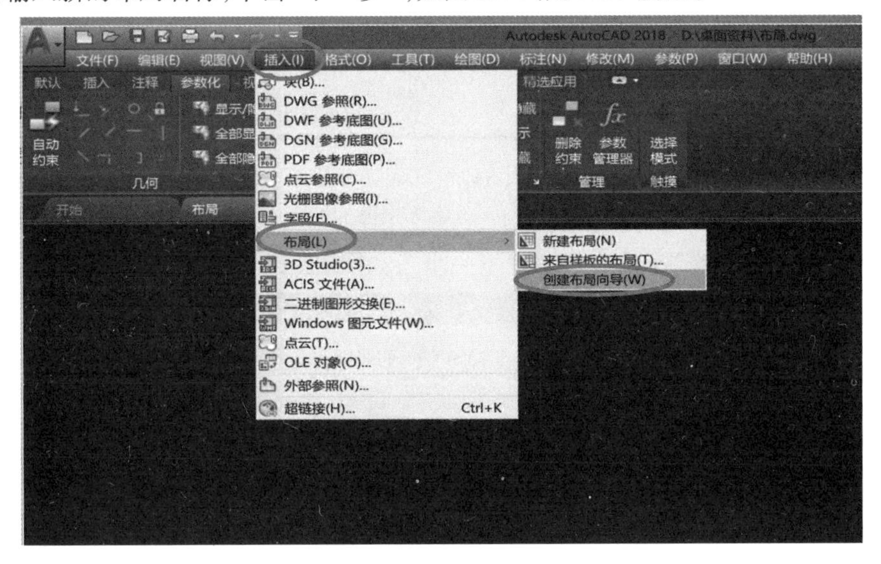

图 11.7　创建布局向导

②在创建布局界面选择“打印机”界面列出的设备中,选择“DWG To PDF. pc3”命令,单击“下一步”,如图 11.9 所示。

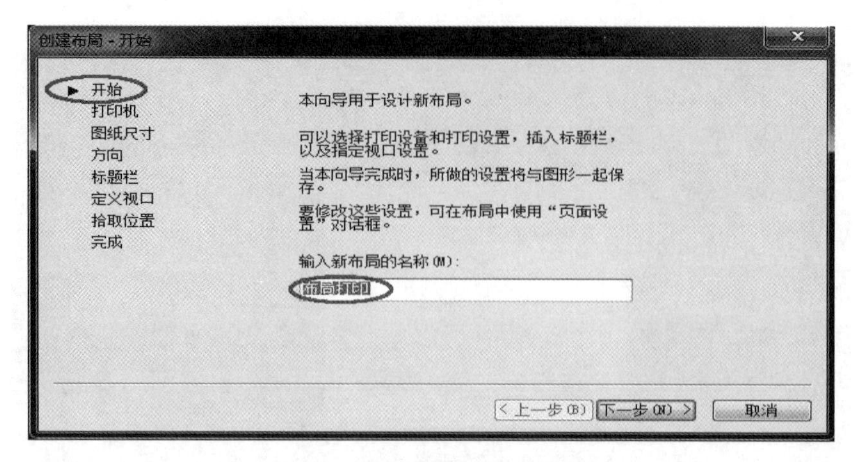

图 11.8　输入新布局的名称

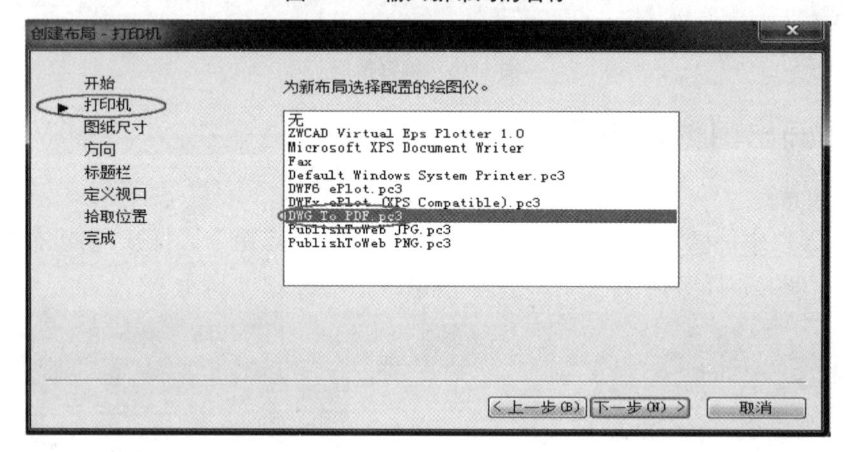

图 11.9　输入打印机“DWG To PDF.pc3”

③在“创建布局”界面,在“图纸尺寸”界面列出的设备中选择“ISO A3(420.00×297.00毫米)”→“图形单位:毫米”命令,单击“下一步”,如图 11.10 所示。

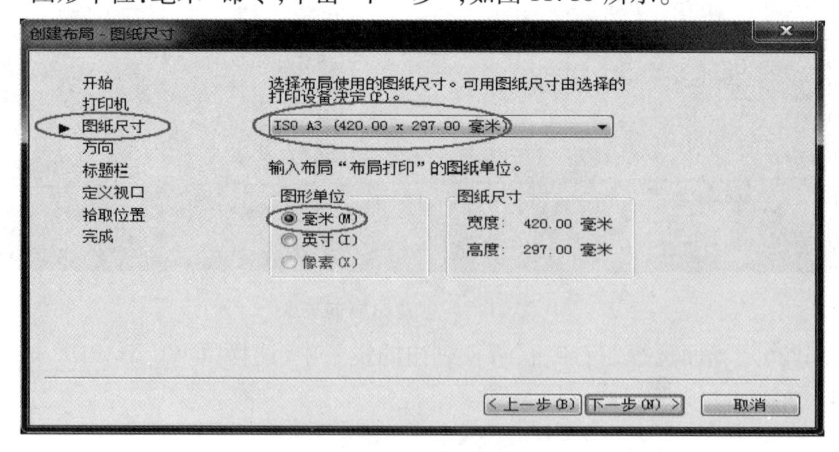

图 11.10　输入布局使用图纸尺寸

④在“创建布局”界面,在“方向”界面列出的设备中选择“横向”命令,单击“下一步”,如图 11.11 所示。

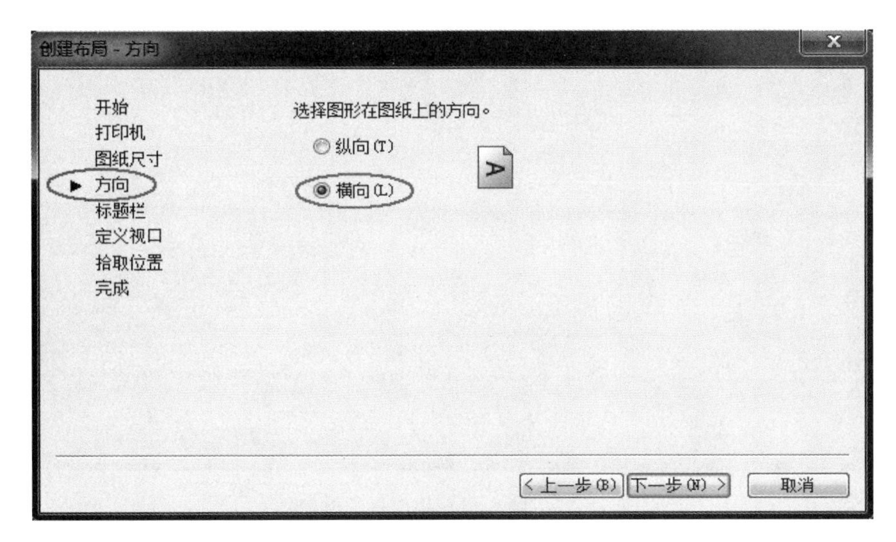

图 11.11　设置图形在图纸方向

⑤在“创建布局”界面,在“标题栏”界面列出的设备中选择“无”命令,单击“下一步”,如图 11.12 所示。

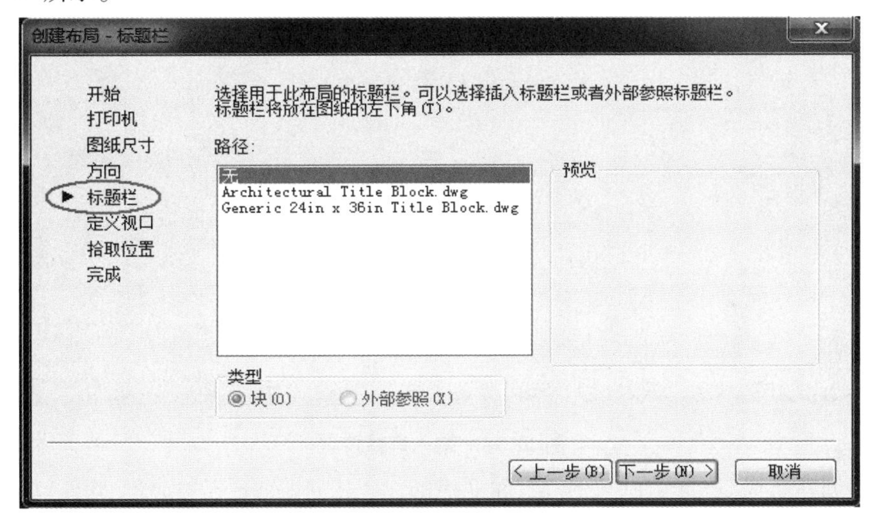

图 11.12　设置标题栏

⑥在“创建布局”界面,在“定义视口”界面列出的设备中选择“单个(S)”命令,单击“下一步”,如图 11.13 所示。

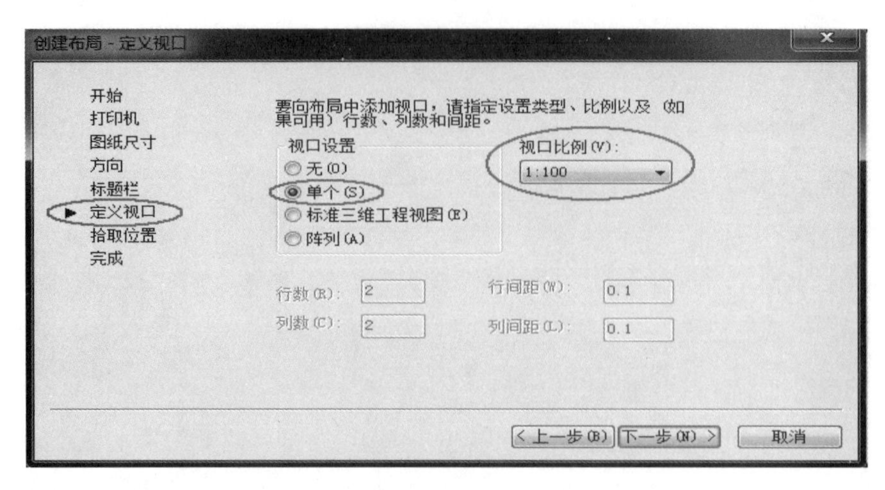

图 11.13　输入定义视口与比例设置

⑦在“创建布局”界面,在“拾取位置”界面列出的设备中选择“下一步”命令,如图 11.14 所示。

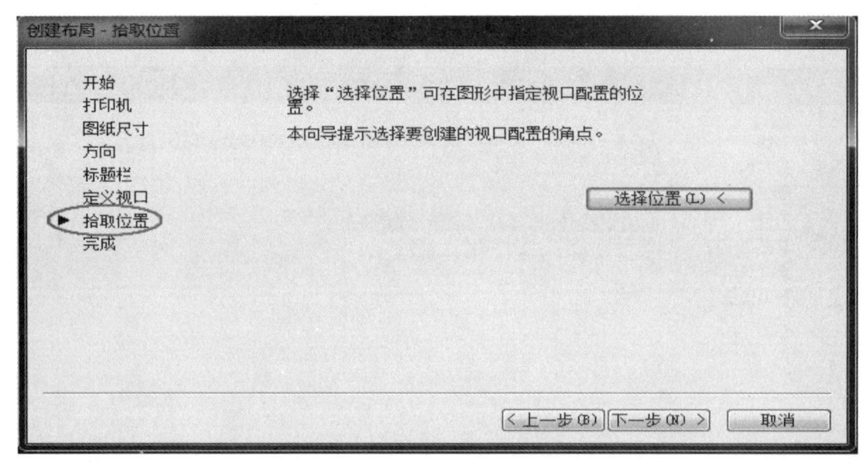

图 11.14　输入选择位置

⑧在“创建布局”界面,在“完成”界面列出的设备中选择“完成”命令,如图 11.15 所示。

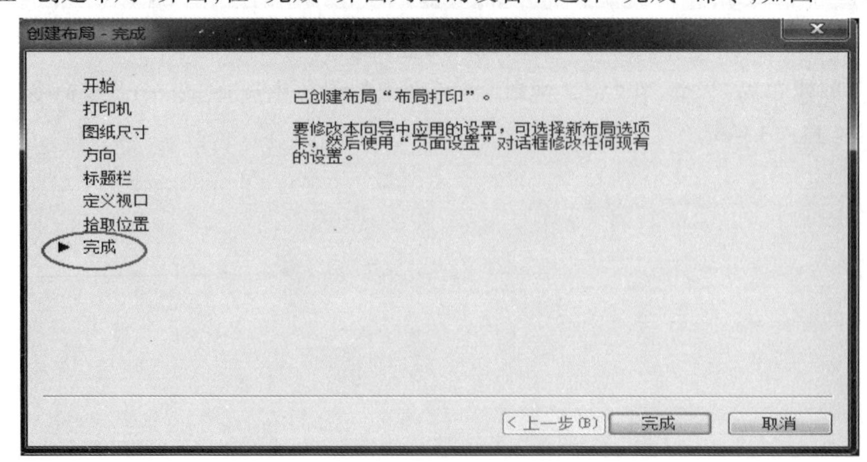

图 11.15　完成布局打印

⑨完成后绘图窗口由模型转为布局打印。

(2)调整页面设置管理器

①在“菜单栏”中选择“文件”→“页面设置管理器”命令。打开“页面设置管理器”对话框,如图 11.16 所示。

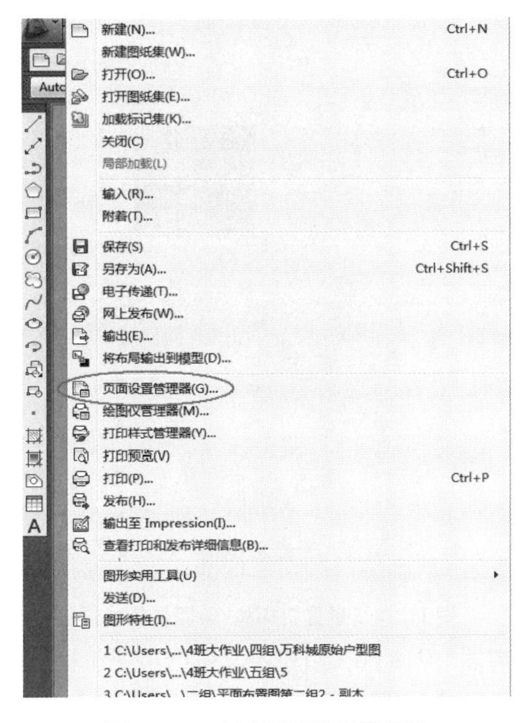

图 11.16　创建页面设置管理器

②在“页面设置管理器”界面,在“布局打印”界面列出的设备中选择“修改”命令,如图 11.17 所示。

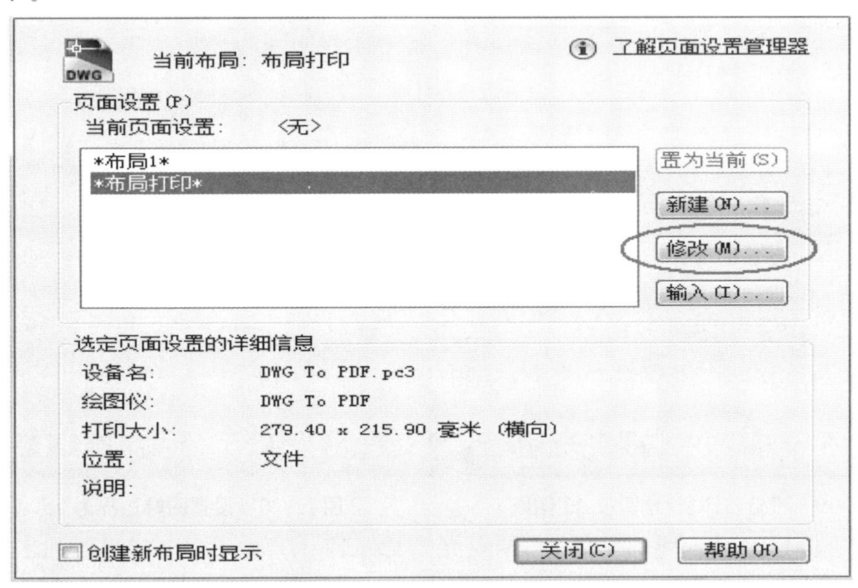

图 11.17　输入布局打印修改

③在“页面设置管理器”界面，在“打印机/绘图仪”界面列出的设备中选择“特性”命令，如图 11.18 所示。

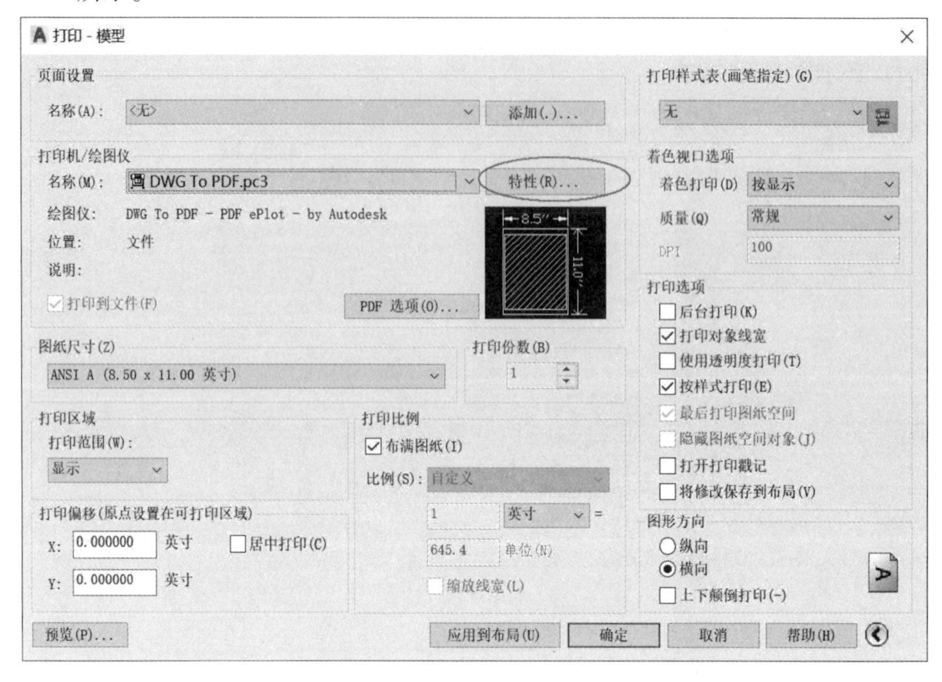

图 11.18　设置打印机/绘图仪的特性

④在“绘图仪配置管理器”界面，在“用户定义图纸尺寸与校准→修改标准图纸尺寸（可打印区域）→修改标准图纸尺寸 ISO full bleed A3（420.00 mm×297.00 mm）”界面列出的设备中选择“修改”命令，如图 11.19 所示。

⑤在“自定义图纸尺寸—可打印区域”界面，将“上、下、左、右”边界设置为“0”，选择“下一步”命令，如图 11.20 所示。

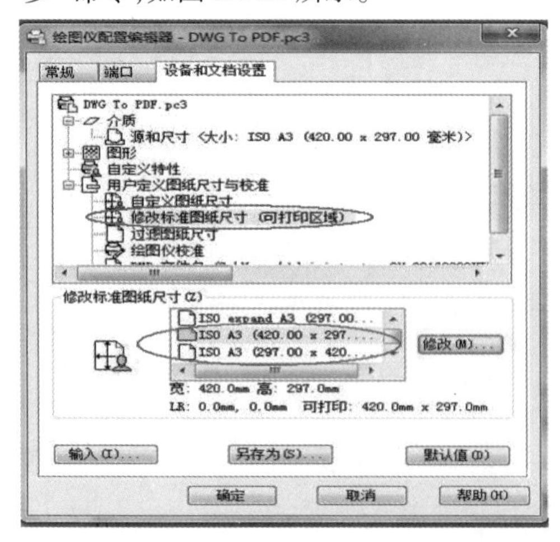

图 11.19　设置打印机/绘图仪 A3 图纸

图 11.20　设置图幅边界为“0”

⑥在“自定义图纸尺寸—文件名”界面，在“文件名→DWG To PDF”界面列出的选项中选择“下一步”命令，如图 11.21 所示。

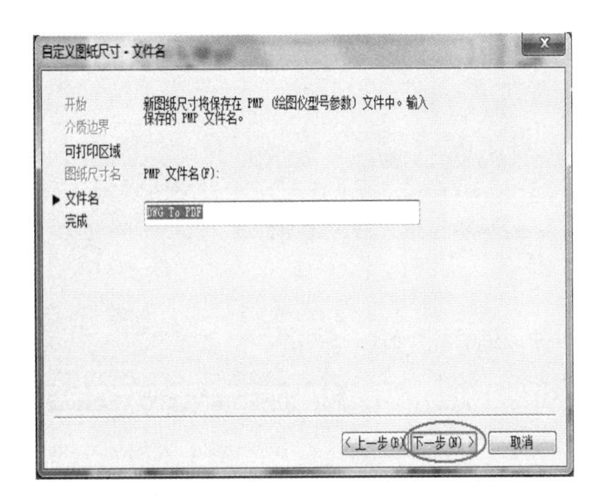

图 11.21　**输入文件名** DWG To PDF

⑦在“自定义图纸尺寸—完成”界面,选择“完成”命令,如图 11.22 所示。

⑧在“绘图仪配置管理器”界面,选择“确定”命令,如图 11.23 所示。

⑨在“修改打印机设置文件”界面,选择“确定”命令,如图 11.24 所示。

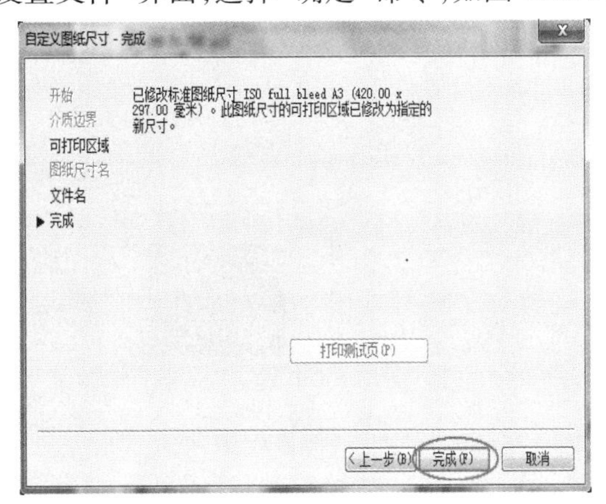

图 11.22　**设置完成**

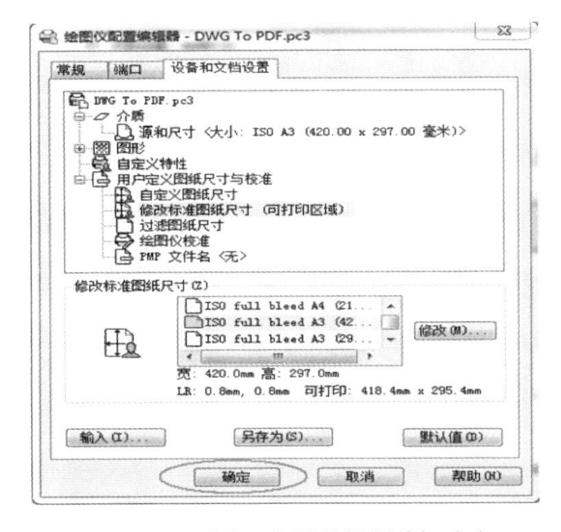

图 11.23　**对绘图仪器编辑器选择确定**

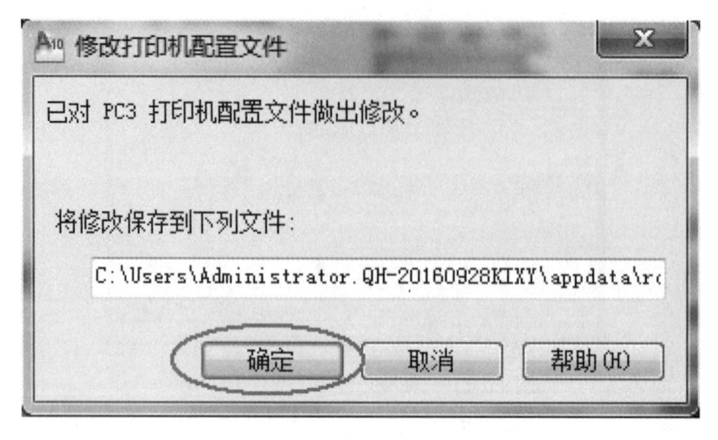

图 11.24　设置确定

⑩在“页面设置—布局打印”界面，选择“打印样式表”下拉菜单“monochrome. ctb”→“确定”命令，如图 11.25 所示。

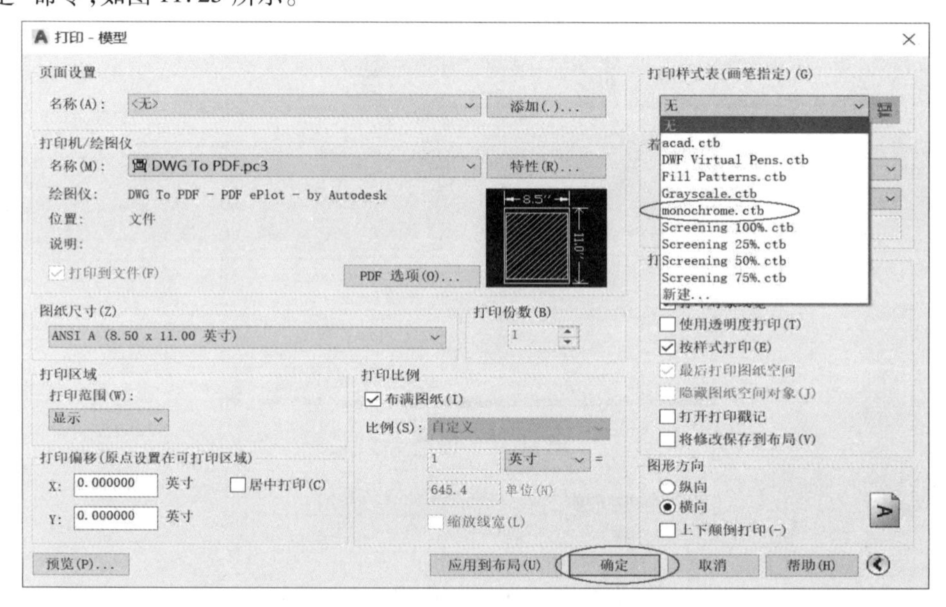

图 11.25　页面设置—布局打印

11.3　图纸出图

(1)调入 DWG 出图图纸

①在菜单栏选项中单击“文件”，选择“文件”→“打开”命令，如图 11.26 所示。

②在操作窗口打开案例文件平面图，如图 11.27 所示。

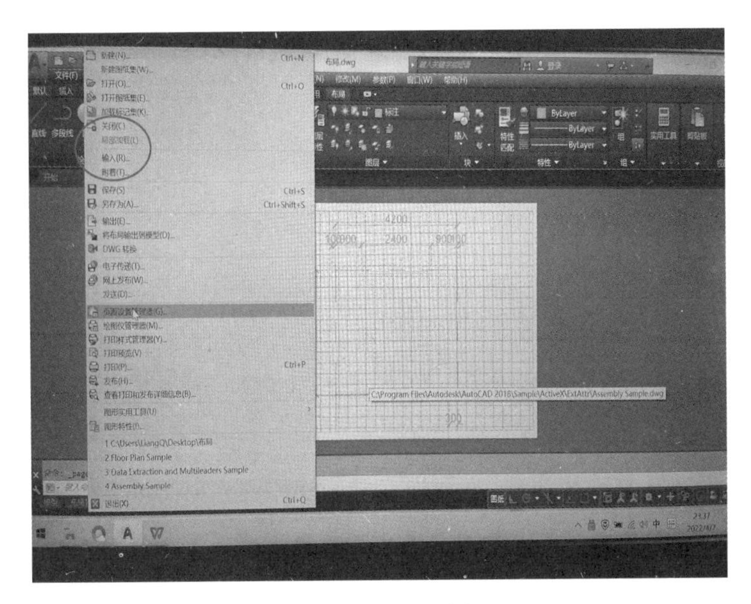

图 11.26 创建文件打开

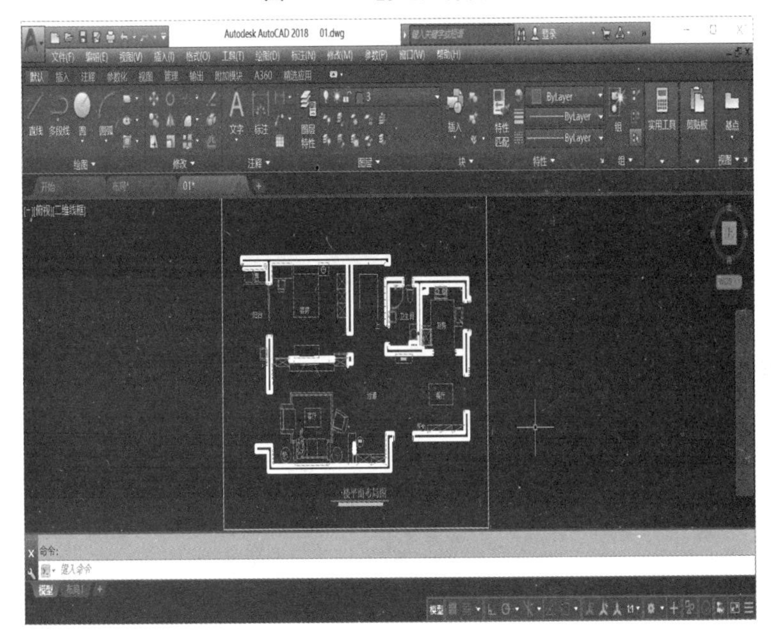

图 11.27 案例平面图

(2)调入图框

①打开 A3 图框,在菜单栏选项中单击“文件”。选择“文件”→“打开”命令,如图 11.28 所示。

②将 A3 图框复制到布局打印中去,如图 11.29 所示。

③将默认不想要的视口在布局打印中的视口删除,再将 A3 图款对齐布局打印,如图 11.30、图 11.31 所示。

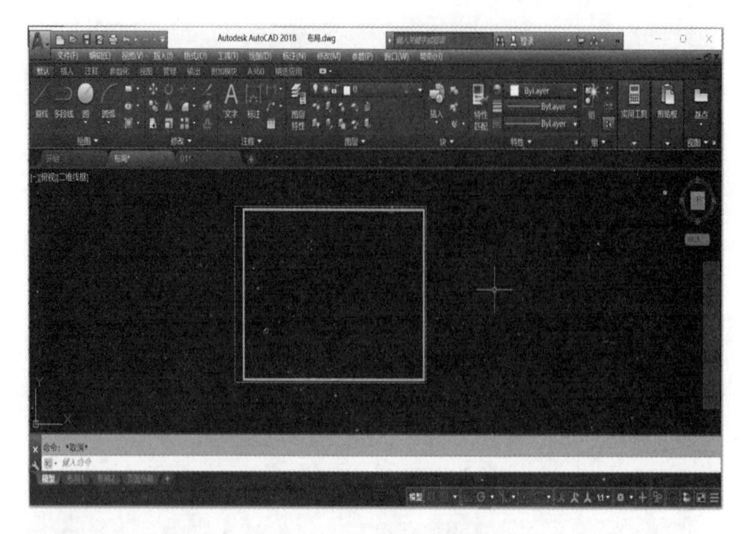

图 11.28　打开 A3 图框

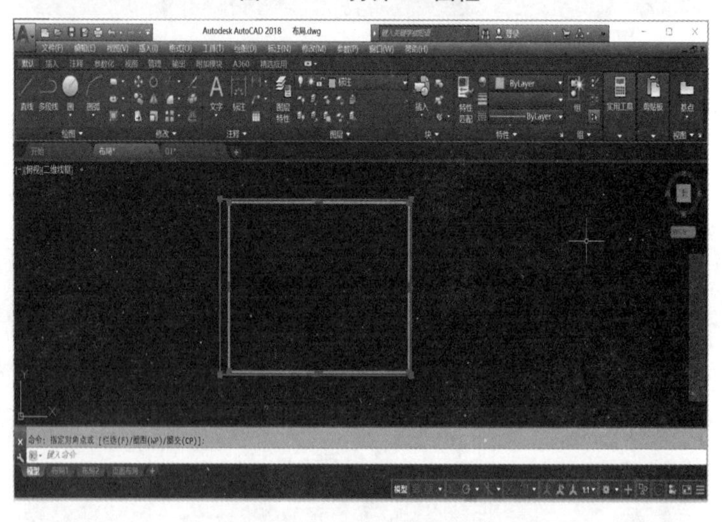

图 11.29　复制到布局打印

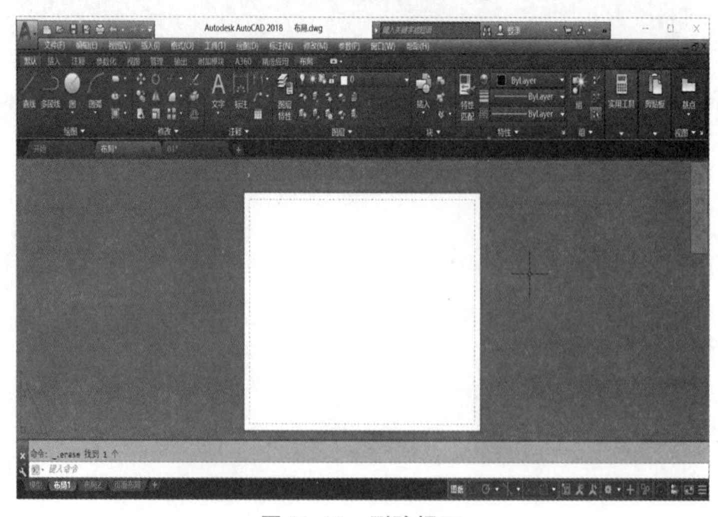

图 11.30　删除视口

图 11.31　对齐 A3 图框

(3)新建视口

①在菜单栏选项中单击“视图”菜单。选择“视图”→“视口”→“新建视口”命令,如图11.32 所示。

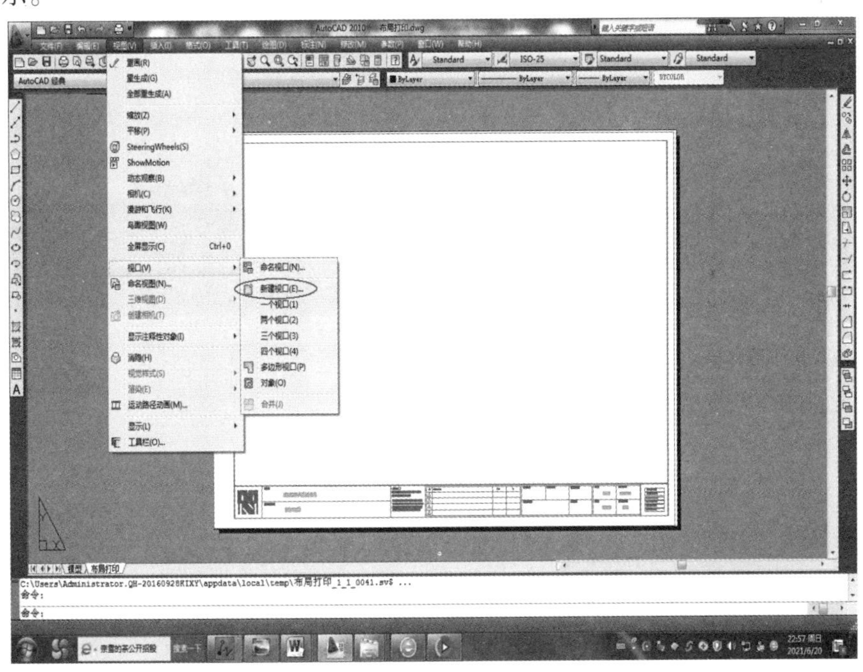

图 11.32　创建新建视口

②在弹出的“视口”窗口中单击“确定”命令,选择“视口”→“确定”命令,如图 11.33 所示。

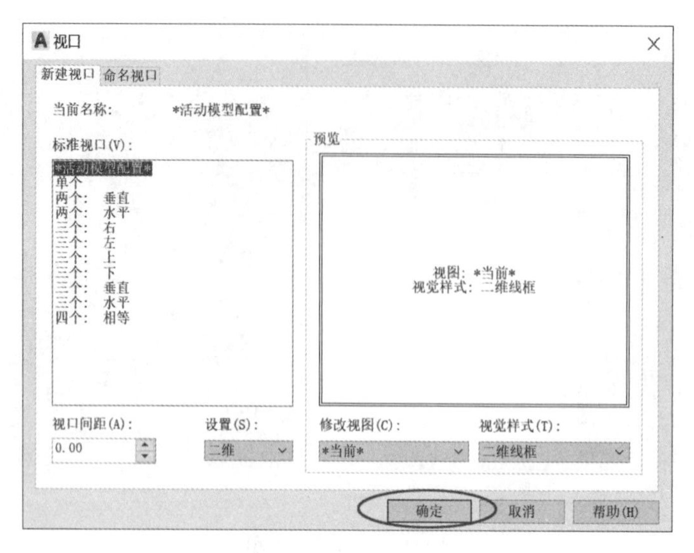

图 11.33　新建视口

③在命令行窗口中输入“f”按回车。输入“F”命令,如图 11.34 所示。

图 11.34　输入 f 布满视口

④在“布局打印”窗口调整案例平面图大小与合适的位置。单击界面右下角“模型”命令,如图 11.35 所示,单击后,将模型改为图纸。

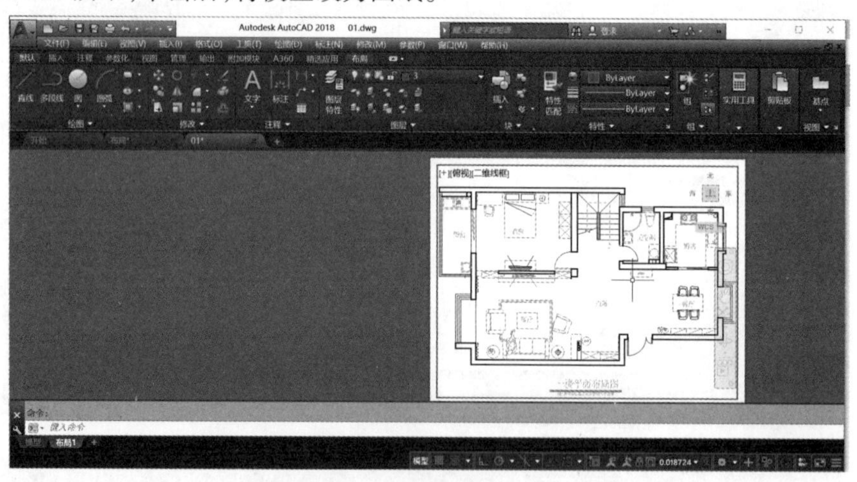

图 11.35　设置图纸位置与大小

⑤在“布局打印”窗口调整案例平面图大小与位置,可通过鼠标滚轮进行大小调整,如图 11.36 所示。

⑥在“布局打印”窗口调整案例平面图大小与位置后,单击界面右下角“模型”菜单,如图 11.37 所示。

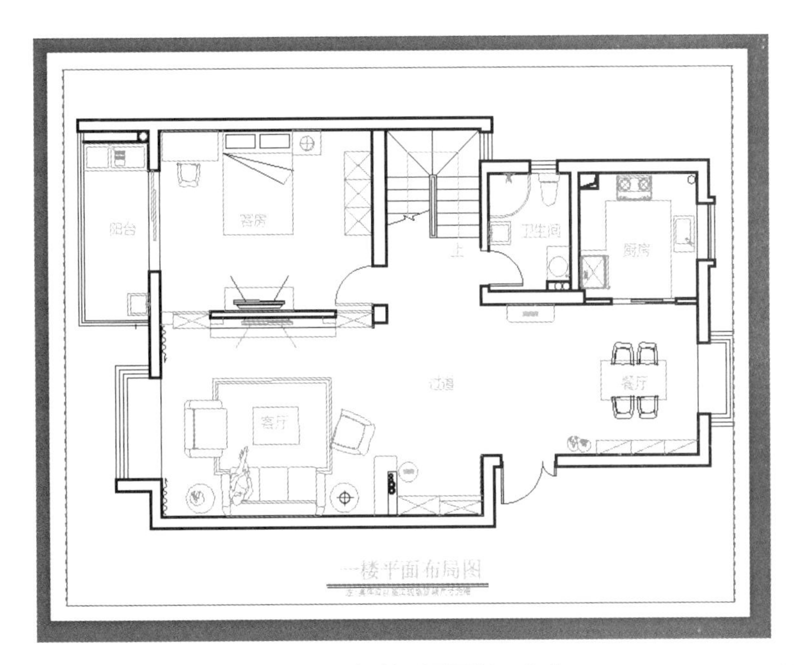

图 11.36　调整平面图视口大小

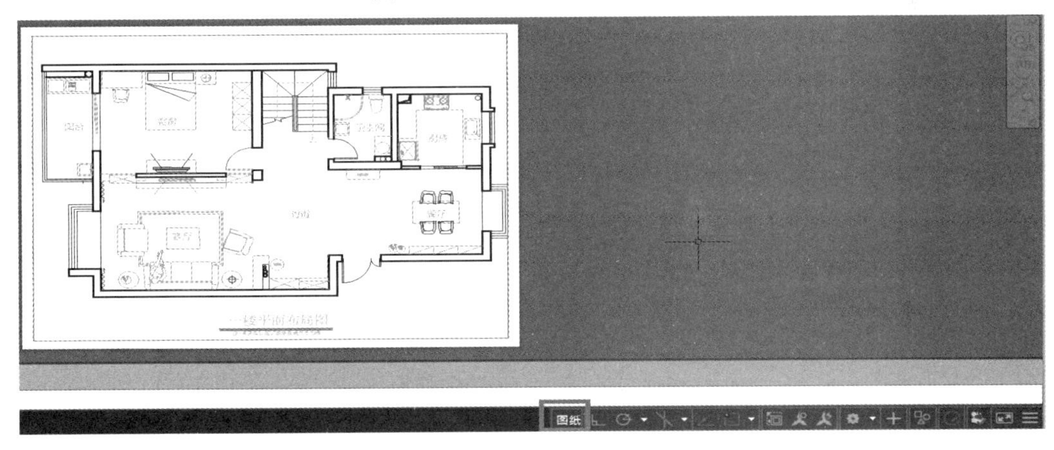

图 11.37　调整完成点模型菜单

⑦若需按比例出图，可在“布局打印”窗口调整案例平面图打印的比例，单击界面右下角“视口比例”菜单，选择相应的比例，即按比例出图，如图 11.38 所示。

图 11.38　设置按比例出图

(4) PDF 出图

为了方便审阅、查看、打印、传输，很多情况下会将 dwg 格式图纸输出为 PDF 格式，dwg 格式图纸在查看时，需要使用如 AutoCAD 、中望 CAD、CAD 看图软件等特定软件才能打开，其中涉及版本、兼容性很不方便。PDF 格式图纸拥有体积小、查看方便等优势，不会因为字体、打印样式、软件、移动设备限制，还能进行“打开/关闭图层”“批注”等操作。

①在 AutoCAD 软件界面中单击“文件”菜单。选择“文件→打印”命令,如图 11.39 所示。

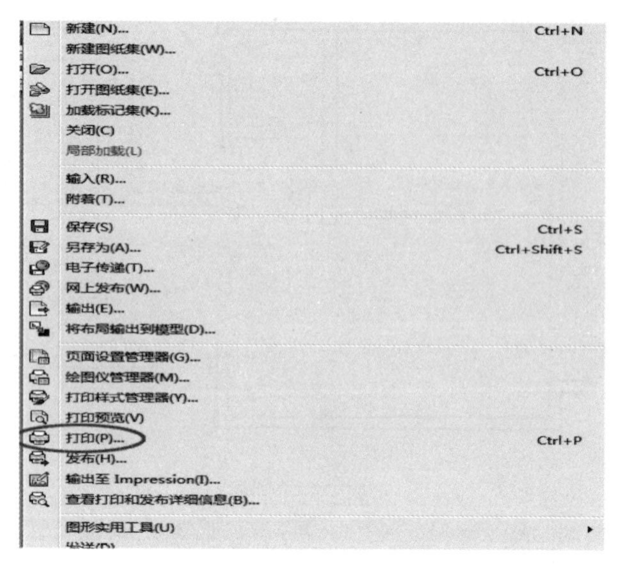

图 11.39 创建打印命令

②输出 PDF 格式前,要对 dwg 格式图纸的线条颜色图层进行深与浅、前与后、线条主次的调节,在“打印—布局”打印中点击“打印样式表”菜单。选择“monochr ome. ctb→编辑”命令,如图 11.40 所示。

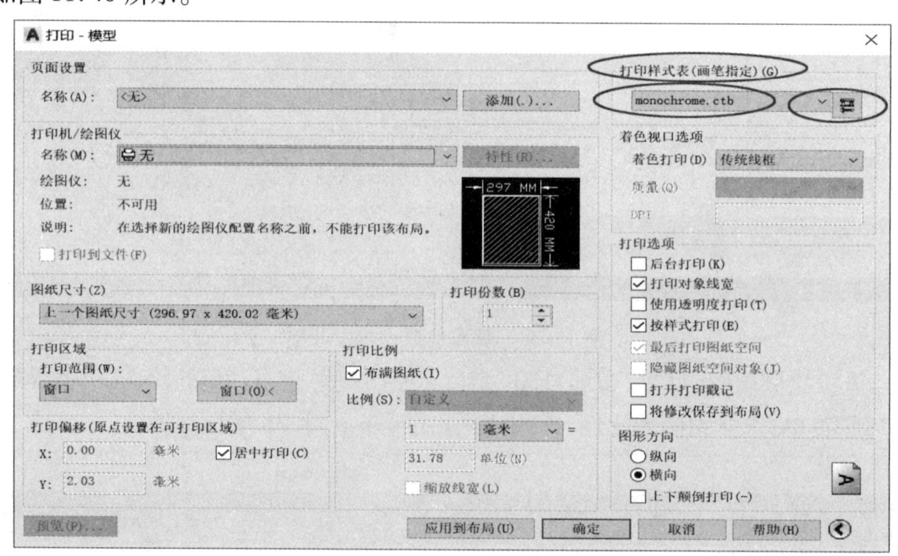

图 11.40 输入 monochr ome. Ctb 编辑命令

③在“打印样式表编辑器”界面中调整平面图中飘窗大理石纹理与地面波打线,单击“表格视图”菜单。选择“表格视图”→“颜色 8”→“颜色”命令,如图 11.41 所示。

④在“打印样式表编辑器”界面中调整地面铺装,单击“表格视图”菜单。选择“表格视图”→“颜色 250”→颜色”命令,如图 11.42 所示。

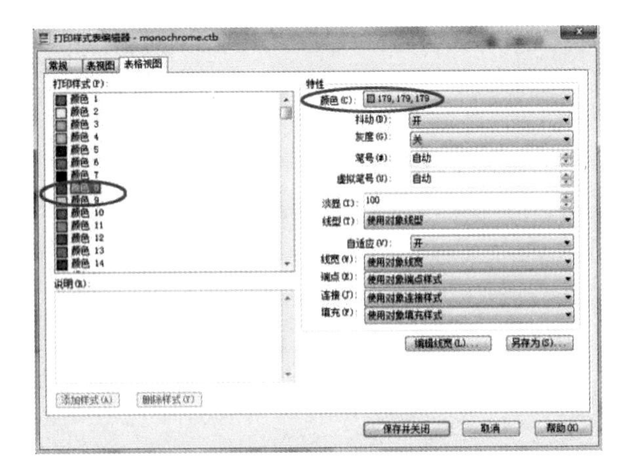

图 11.41　调整大理石与地面波打线纹理颜色

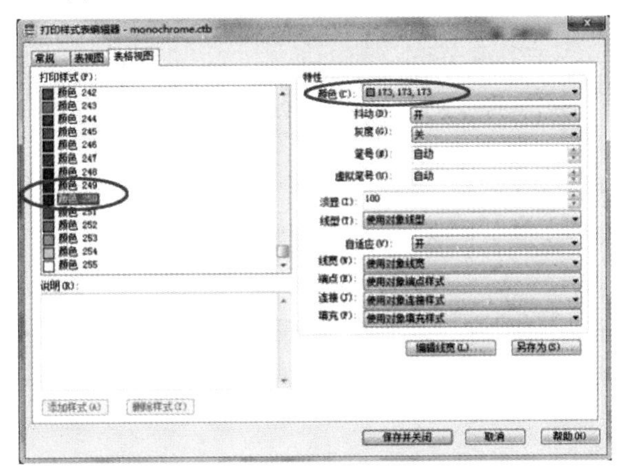

图 11.42　调整地面铺装颜色

⑤预览调整好的打印样式结果，在“打印—布局打印”界面中选择“预览”命令，如图 11.43 所示。

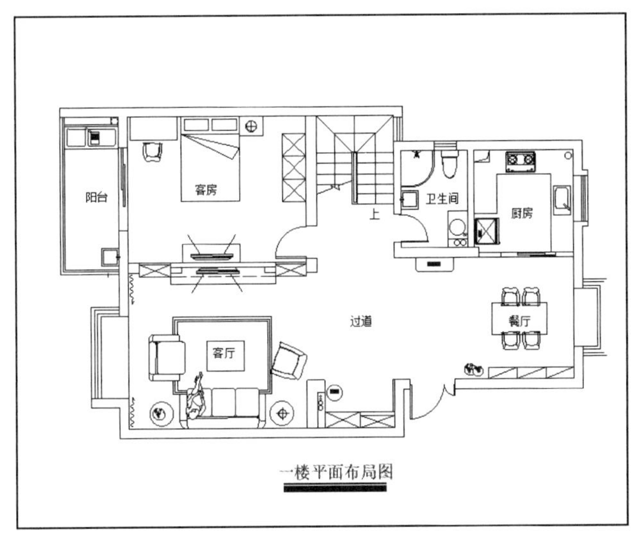

图 11.43　出图预览

⑥返回“打印—布局打印”界面，选择“确定”命令，如图 11.44 所示。

⑦将已调整好的打印样式结果，保存到桌面或是想要保存的文件夹中，单击“保存”命令，如图 11.45 所示。

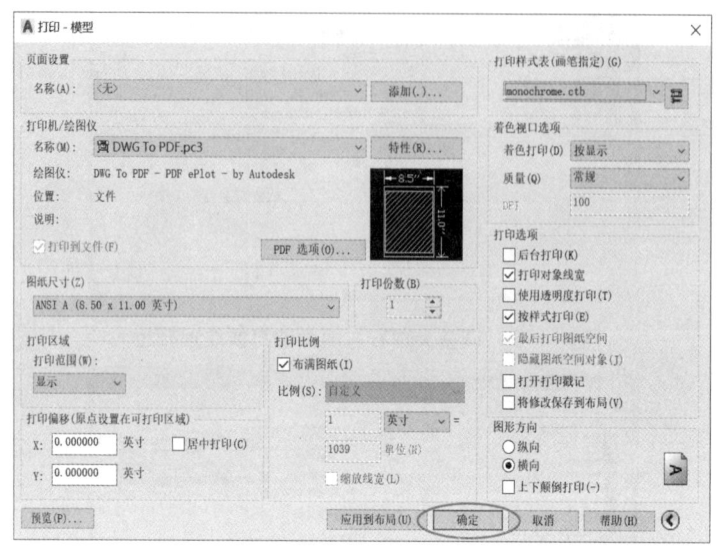

图 11.44　预览结果确定

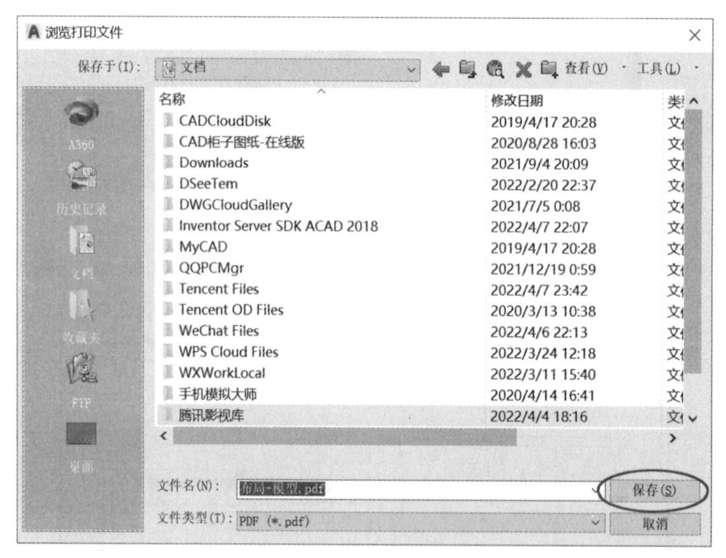

图 11.45　保存预览内容

习题

请为我们之前学习的施工图进行 PDF 出图操作。

参考文献

[1] 孙成明,付国江.建筑电气 CAD 制图[M].2 版.北京:化学工业出版社,2016.
[2] 郭燕萍,王晓喜,叶湘明.建筑电气工程 CAD 实用教程[M].北京:机械工业出版社,2008.
[3] 李梅芳,李庆武,王宏宇.建筑供电与照明工程[M].北京:电子工业出版社,2013.
[4] 白丽红.土木工程识图(房屋建筑类)[M].北京:机械工业出版社,2019.
[5] 孙秋荣.建筑识图与绘图[M].2 版.北京:中国建筑工业出版社,2015.
[6] 张煜,李伟珍.建筑 CAD[M].哈尔滨:哈尔滨工业大学出版社,2016.
[7] 傅竹松.建筑 CAD 实例教程[M].北京:中国电力出版社,2011.
[8] 尚久明.建筑识图与房屋构造[M].2 版.北京:电子工业出版社,2010.
[9] 张艳芳.房屋建筑构造与识图[M].北京:中国建筑工业出版社,2017.
[10] 张小平.建筑识图与房屋构造[M].3 版.武汉:武汉理工大学出版社,2018.
[11] 中华人民共和国住房和城乡建设部.房屋建筑制图统一标准(GB/T 50001—2017)[S].北京.中国建筑工业出版社,2017.
[12] 夏玲涛.建筑 CAD[M].2 版.北京:中国建筑工业出版社,2018.
[13] 胡小玲.建筑制图与 CAD[M].北京:国家开放大学出版社,2018.
[14] 中华人民共和国住房和城乡建设部.房屋建筑制图统一标准(GB/T 50001—2017).
[15] 李瑞,李小霞.建筑识图与构造[M].北京:中国建筑工业出版社,2018.
[16] 孙俏,杨亚琴,江梅.建筑构造与识图[M].南京:河海大学出版社,2021.